# INNOVATION

LUTZ LUNGERSHAUSEN

PLUG & PLAY

# INNOVATION

## 99½ EFFIZIENTE TOOLS

FÜR KREATIVITÄT, NEUE PRODUKTE UND SERVICES

mitp

Bibliografische Information der Deutschen Nationalbibliothek
Die Deutsche Nationalbibliothek verzeichnet diese Publikation in der Deutschen Nationalbibliografie; detaillierte bibliografische Daten sind im Internet über <http://dnb.d-nb.de> abrufbar.

Bei der Herstellung des Werkes haben wir uns zukunftsbewusst für umweltverträgliche und wiederverwertbare Materialien entschieden.
Der Inhalt ist auf elementar chlorfreiem Papier gedruckt.

ISBN 978-3-7475-0295-2
1. Auflage 2021

www.mitp.de
E-Mail: mitp-verlag@sigloch.de
Telefon: +49 7953 / 7189 - 079
Telefax: +49 7953 / 7189 - 082



Klimaneutral
Druckprodukt
ClimatePartner.com/12036-2109-1004

Lektorat: Katja Völpel
Sprachkorrektorat: Petra Heubach-Erdmann
Cover: Lutz Lungershausen, Christian Kalkert
Satz: Petra Kleinwegen
Druck: Impress Media, Mönchengladbach

# INHALT

# SO GEHT INNOVATION PLUG & PLAY

## EINSTÖPSELN UND LOSLEGEN: DIE SPIELREGELN

Innovation Plug & Play gibt Ihnen effektive Konzepte, Tools, Methoden und Denkimpulse an die Hand und in den Kopf, mit denen Sie Ihre Innovationsfähigkeit aus dem Stand von 0 auf 100 bringen. Die vorgestellten Tools sind praxiserprobt, effizient und kommen ohne gruppendynamisches Selbsterfahrungs-Gedöns aus. Aber das Beste ist: Sie sind schnell und Sie können sie selbst durchführen – es ist Ihr Spielplan. Und wie bei jedem anspruchsvollen Spiel gibt es ein paar einfache Regeln, ohne die es nicht funktioniert. Eine lautet: »Sie müssen nicht bei ›Start‹ beginnen.« Eine sehr wichtige andere: »Kritisieren Sie nie zu früh.«

Es gibt so viele Innovationsprozesse, wie es Unternehmen oder Produkte gibt – jeder Impuls benötigt und nimmt seinen eigenen Weg. Allen gemeinsam sind jedoch unterschiedlich ausgeprägte Phasen der Divergenz und Konvergenz: Öffnung des kreativen Möglichkeitsraums mit einem **Setup** und die anschließende Verdichtung und Bewertung der Ergebnisse via **Evaluate**. Wer das Maximum herausholen will, bereitet sich und seine Mitspieler mit der **PREPARE**-Phase möglichst gut vor. Zu jedem Zeitpunkt können, dürfen, sollten Sie noch Schritte erneut durchlaufen – iterieren –, wenn die Qualität der Ergebnisse nicht mit Ihren Erwartungen übereinstimmt.

1. **PREPARE**
2. **INITIATE**: hier starten, wenn man weder Plan noch Idee hat
3. **IDEATE**: hier, wenn es vage Vorstellungen gibt
4. **GENERATE**: und hier, wenn schon eine gute Idee existiert
5. **ITERATE**

Einige Abbildungen aus dem Buch, die Sie praktisch einsetzen können, finden Sie zum Download unter *www.mitp.de/0295*.

## PREPARE

Was Sie unbedingt über die Natur von Ideen und den Umgang mit Ihnen wissen müssen.
Welche förderlichen Voraussetzungen können und sollten Sie in Ihrem Unternehmen oder Bereich installieren, um Innovationen nicht nur punktuell entstehen zu lassen? Mindset: Was muss in den Köpfen der Beteiligten und des Unternehmens passieren?

## INITIATE

Handlungsfelder identifizieren: Finden Sie systematisch und konstruktiv heraus, wo Sie innovativ ansetzen können.

## IDEATE

Systematische Ideenproduktion: Mit den produktivsten Kreativmethoden und -techniken generieren Sie zu den vielversprechendsten Ansatzpunkten spannende Impulse, Lösungsansätze, Ideen und Visionen.

## GENERATE

Es wird konkret, denn kaum eine Idee kommt als fertiges Produkt auf die Welt: Aus den gefilterten Ideen werden Innovationssteckbriefe, Grobkonzepte und Geschäftsmodellszenarien, die sich schließlich zu Prototypen, Umsetzungskonzepten und Businessplänen verdichten.

## ITERATE

Nach der Innovation ist vor der Innovation – und mittendrin auch. Vom Lernen, Neuanfangen, Zurückgehen, Abbrechen, Iterieren und Verstetigen erfolgreicher Prozesse über Verbesserungs- und Routine-Innovationen und Next-Generation-Denke.

Dieses Plug&Playbook gibt Ihnen Handlungs- und Denkanleitungen, zahlreiche Tools und erprobte Workshopformate an die Hand, um Ihre Innovationsfähigkeit produktiver, kreativer und vor allem zielgerichteter zu gestalten.

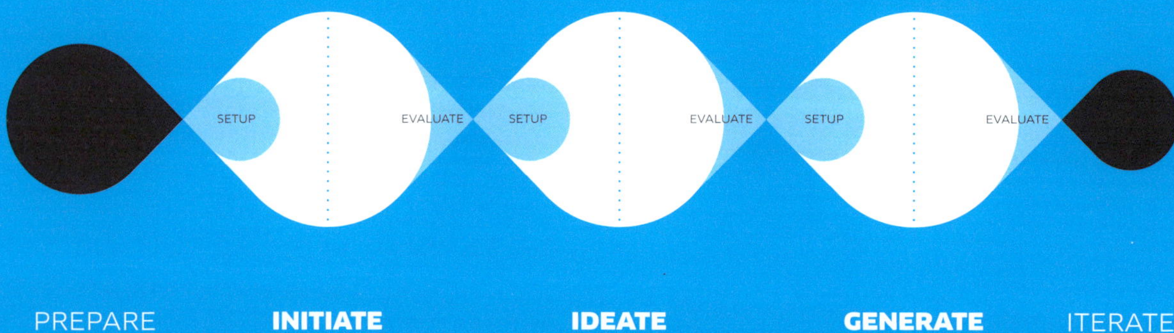
SETUP
EVALUATE
SETUP
EVALUATE
SETUP
EVALUATE
PREPARE
INITIATE
IDEATE
GENERATE
ITERATE

# PREPARE

## STATUS QUO: INNOVATION MÖGLICH MACHEN

### Status quo

In nahezu allen Unternehmen existiert das Bewusstsein, innovativ sein zu müssen, oder der Wille, es zu werden … nach dem nächsten Projekt, wenn sich dann endlich die erhoffte Zeit und Gelegenheit dazu findet: »Ich habe keine Zeit, meine Axt zur schärfen – ich muss Bäume fällen.«

Und dort, wo erste Initiativen zur Steigerung der Innovationsfähigkeit ergriffen wurden, erschöpfen sie sich nur allzu häufig in betrieblichen Verbesserungs- oder Vorschlagswesen. Die führen zweifellos auch zu Routine-Innovationen und mitunter zu Effizienzsteigerungen. Allerdings sind das nur allzu oft lediglich inkrementelle, eben sehr kleine Schritte.

Von oben verordnete – Top-down – oder im Team hinter vorgehaltener Hand praktizierte Prozesse – Bottom-up – funktionieren hier auch nicht, weil der Innovationswille idealerweise von allen getragen werden muss. »Nun seid mal schön kreativ« ohne entsprechende Kompetenzen, Freiräume und Strukturen ist ebenso zum Scheitern verurteilt wie: »Ich hab' da eine Idee, aber bei uns interessiert sich keiner dafür.«

In jüngerer Vergangenheit werden nach Vorlage der FabLabs hippe Innovation-Hubs in leer stehenden Werkstätten mit lustigen Möbeln und obligatorischen Kickertischen eingerichtet – der Rest kommt dann von allein, so die Hoffnung. Mitnichten. Die Schaffung kreativitätsfördernder Arbeitsumgebungen ist sicher ein wichtiger Baustein, aber eben nur einer, und das auch längst nicht für alle Beteiligten in gleicher Art und mit gleicher Wirkung.

Innovation ist vor allem eine Frage Ihrer Werte und Identität – Skills, Verhalten und Einrichtungen folgen.

### Warum Innovation?

Warum ist Innovation sinnvoll und wichtig? Ganz einfach: Für nahezu jede Produkteigenschaft lassen sich schnellere, einfachere, besser angepasste, nachhaltigere, wirksamere, stärkere … Erwartungen formulieren. Die gilt es mit Innovationen zu entdecken und zu befriedigen. Und: Soziale, technologische, ökonomische, ökologische, politische, rechtliche, ethische und demografische Treiber verändern Gebrauchsgewohnheiten, Märkte, Obsoleszenzen und uns als Gesellschaft insgesamt. Was einst als der hipste Shit vom Ponyhof galt, wird irgendwann Standard, später zur Lame Duck. Beharren ist nur in Nischen möglich. Das Kano-Modell beschreibt diese Entwicklung von Begeisterungs- über Leistungs- bis zu Basismerkmalen sehr anschaulich.

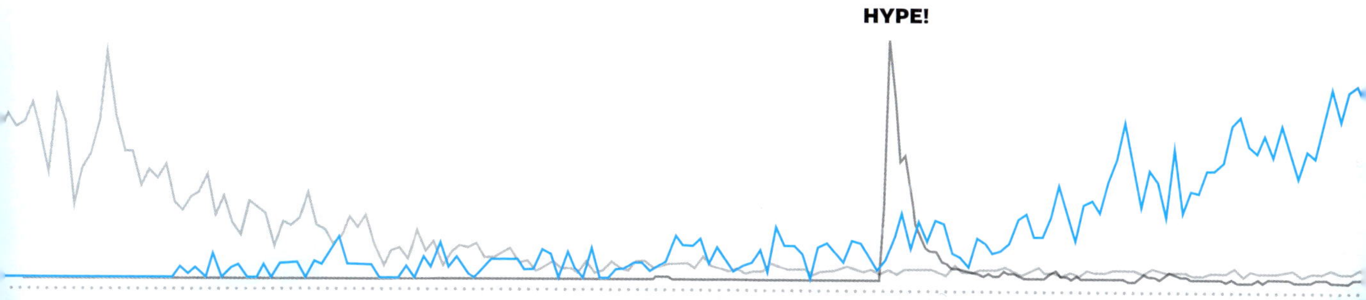

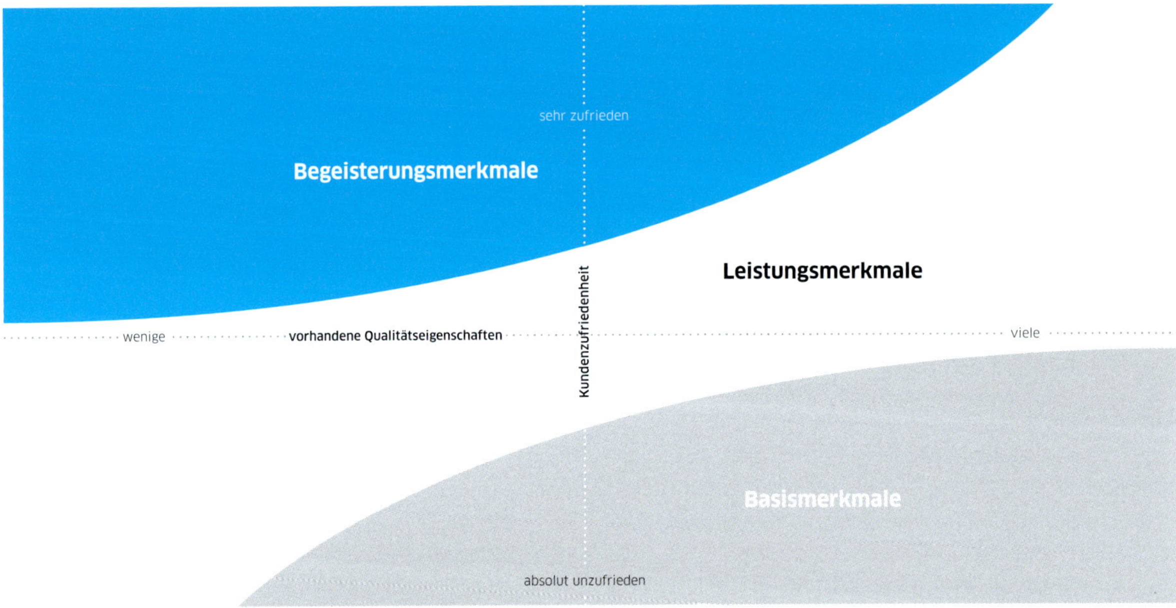


## Innovation ist aktiv

Wie kommt man aber zu den großen, umwälzenden, aufsehenerregenden, radikalen, disruptiven Innovationen, die alle für sich herbeihoffen? Innovation sollte als eigenständiges Tätigkeitsfeld begriffen werden, das nicht beiläufig und nebenher »passiert«, sondern proaktiv betrieben werden muss. Schließlich heißt es Innovationsmanagement und nicht Innovationsphlegmatismus.

## Zuversicht

Warten Sie nicht auf »den« Geistesblitz. Durch die intensive, kreativ geführte Auseinandersetzung mit unterschiedlichsten Handlungsfeldern, mit Treibern und diversen Gegenstandsbereichen entstehen automatisch enorm viele Inspirationen und Impulse. Innovationsmanagement sorgt dafür, dass daraus Ideen entstehen, dass zunächst keine verloren geht, dass spannende Impulse weiterkommen und die wirklich, wirklich dummen Gedanken auf dem Weg fallen gelassen werden. Dass Ansätze ausgiebig untersucht und bewertet werden, zu starken Konzepten veredelt und schließlich in hervorragende Produkte, Prozesse oder Dienstleistungen umgesetzt werden.

Nicht jeder Gedanke ist eine Spitzenidee, aber wenn Sie eine gute Idee haben wollen, brauchen Sie erst einmal viele Ideen. Häufig entsteht daraus sogar eine Art Luxusproblem: nämlich mit welchem vielversprechenden Ansatz Sie beginnen wollen.

## Vom Reflex zur Idee

Kennen Sie Daniel Kahnemanns »Schnelles Denken, langsames Denken«: Den Namen der französischen Hauptstadt schütteln Sie aus dem Ärmel; wenn Sie 237 mit 49 multiplizieren sollen, müssen Sie (höchstwahrscheinlich) wirklich nachdenken. Disruptive Innovation funktioniert ähnlich: Die spannenden Lösungen sind keine reflexhaften Antworten, sondern Ergebnis intensiver Beschäftigung, darüber hinaus kreativer Auseinandersetzung und einer guten Portion Vorstellungsvermögen. Geben Sie sich nicht mit den erstbesten Ideen zufrieden, graben Sie weiter, denken Sie Kahnemann-langsam.

*»Wenn man eine gute Idee haben will, muss man viele Ideen haben.«*

**Linus Pauling**
zweifacher Nobelpreisträger

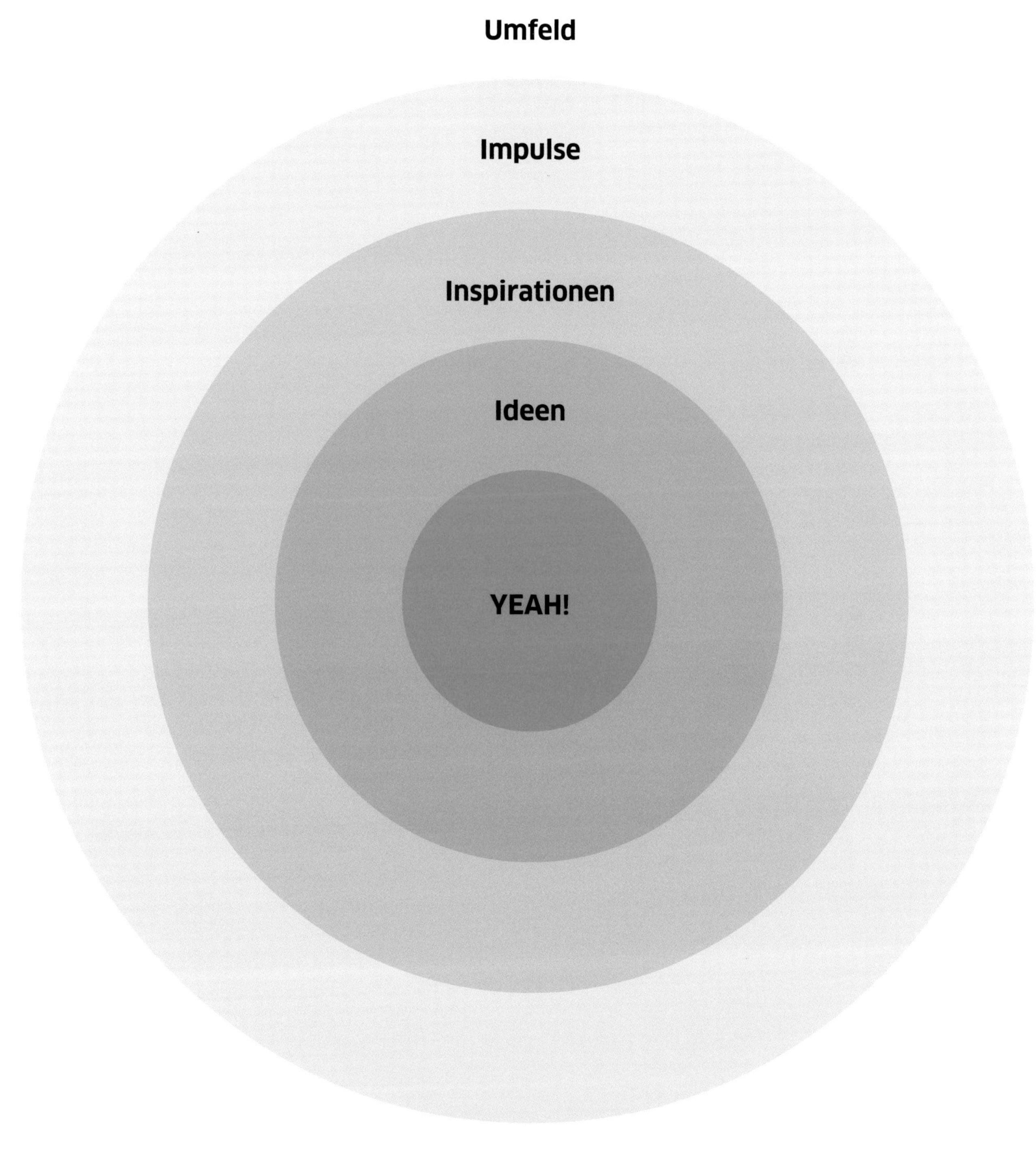
Umfeld
Impulse
Inspirationen
Ideen
YEAH!

## Ideen generieren – Ideen bewerten

Im Umgang mit Ideen sollten Sie einen Grundsatz konsequent beachten: Trennen Sie die Ideengenerierung von der Ideenbewertung. Diese einfache Regel wird Ihnen deutlich mehr, und vor allem besseren, vielfältigeren, abwegigeren und disruptiveren kreativen Output liefern. Nicht jede verrückte Idee wird umgesetzt. Aber jeder verrückte Gedanke wird weitergesponnen, anskizziert und zumindest zu Ende gedacht. Erst zum Schluss werden Ideen und Ansätze bewertet. Wie Sie mit Ideenkillern umgehen, lesen Sie im Abschnitt *Mindset*.

## Neugier kultivieren

Sie ist wesentlicher Treiber von Innovationen und Charaktereigenschaft kreativer Menschen schlechthin – Neugier. Damit ist jedoch keinesfalls soziale Sensationslust gemeint, die von Klatschblättern und vom Flurfunk befeuert wird, sondern epistemische Neugier: etwas Unbekanntes erkunden, Wissen aneignen, sich neuen Eindrücken aussetzen, Logiken erschließen, den wahren Ursachen auf den Grund gehen. Stellen Sie sich ein Team zusammen, das neugierig ist, und sorgen Sie für ein Umfeld, das Neugier fördert, Impulse liefert, die zu Nachfragen, Nachhaken, Dranbleiben ermutigt. Mehr dazu im Abschnitt *Kreativkiller*.

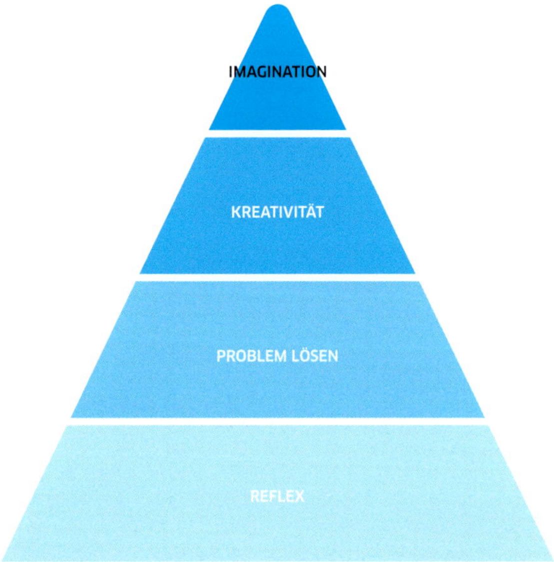


*»Perlen liegen nicht am Ufer, man muss nach ihnen tauchen.«*

**Chinesisches Sprichwort**

## Aufwand

Der Aufwand für einen Innovationsprozess oder ein -management ist mindestens so flexibel wie Ihre Ansprüche an den Erfolg oder die Erwartungen Ihrer Innovationsstrategie. Von einfachen, überschaubaren Aktionen bis zu unternehmensweiten und langfristig angelegten Innovationsprozessen, von Sessions über Tagesworkshops bis zu verstetigten Abläufen, von agilen, kreativen Schnellbooten bis zum mächtigen, aber behäbigen Innovationstanker ist alles denk- und machbar.

Es ist Ihr Unternehmen und Ihr Projekt – der Innovationsprozess muss Ihren Zielen und Möglichkeiten angepasst sein. Starten Sie mit einem kleinen, motivierten Team und überschaubaren (Teil-)Projekten. Lassen Sie sich bei den allerersten Schritten von einem erfahrenen Innovationsmanager führen oder begleiten, um operative Fehler zu vermeiden. Probieren Sie unterschiedliche Verfahren, Schritte, Methoden, Techniken aus. Erlangen Sie als Team und Unternehmen Methodenkompetenz und damit Sicherheit und Zuversicht. Verstetigen Sie Prozesse, die sich für Sie als produktiv und effizient erwiesen haben.

Die Frage »Was kostet ein Auto« ist genauso einfach zu beantworten.

## Doing

Bieten Sie jedem Innovationsprojekt eine angemessene Bühne: Bereiten Sie sich, das Team und Unternehmen vor – mental und organisatorisch. Identifizieren Sie mögliche Handlungsfelder, die Sie mit kreativen Methoden und Techniken durchpflügen. Denken Sie in Chancen und Möglichkeiten, wenn Sie Ideen bewerten und zu Konzepten, Prototypen oder Geschäftsmodellen ausarbeiten. Blieben Sie agil und scheuen Sie sich nicht, einen oder mehrere Schritte zurückzugehen. Und beziehen Sie alle entscheidenden Stakeholder mit ein, wenn aus den Ansätzen schließlich konkrete Produkte und Services werden sollen.

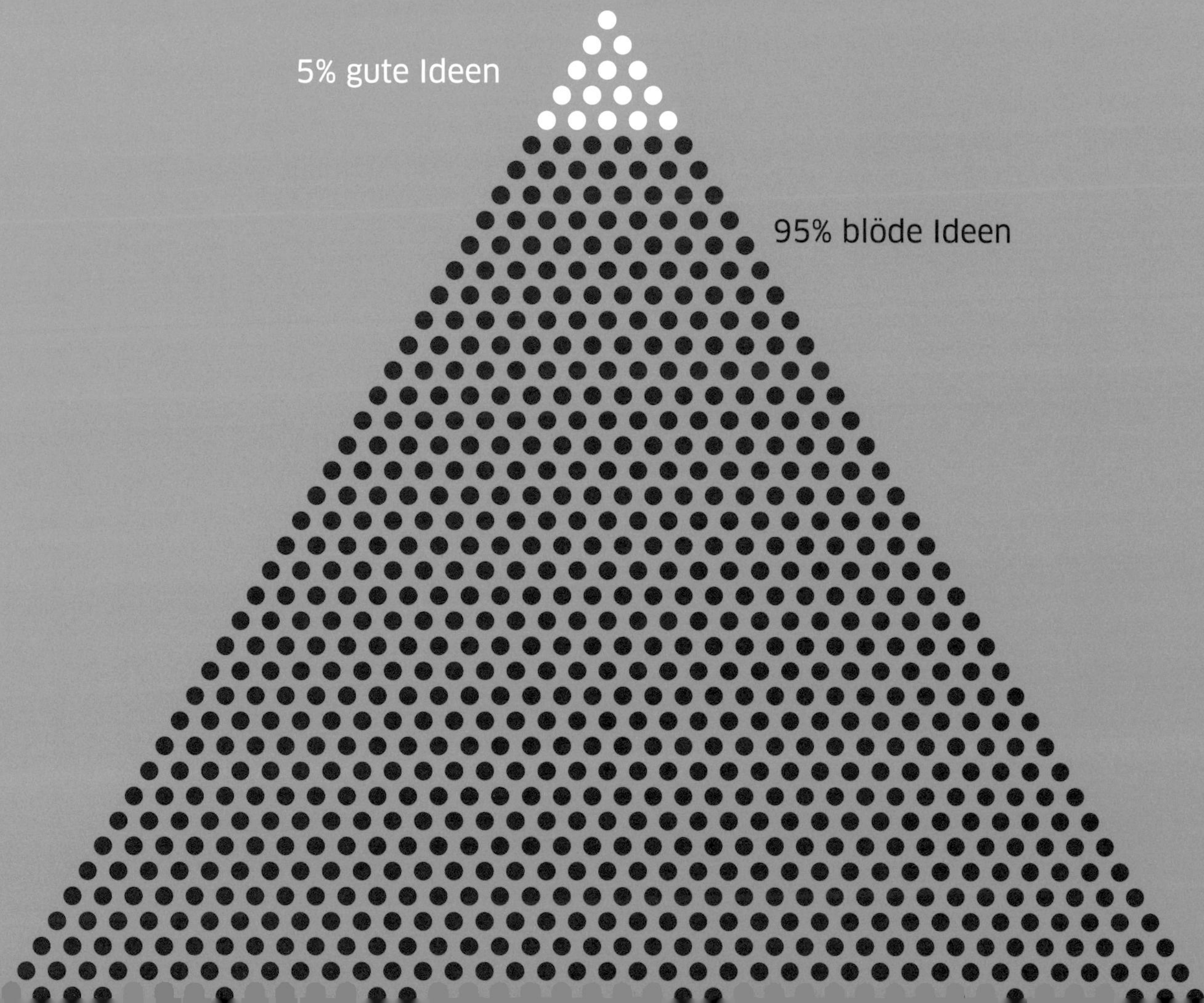
5% gute Ideen
95% blöde Ideen

# MINDSET

Neben dem puren Willen, Innovation voranzutreiben, und Mitteln, dies umzusetzen, braucht es vor allem motivierte und kompetente Teamer mit der richtigen Innovations- und Chancen-Denke – einem offenen, kreativen Mindset.

Denn jeder Einzelne trägt mit seinem Kopf und Können sehr individuell zum Erfolg bei – mit jedem einzelnen Gedankenschritt. Ein kreatives Mindset ist unter anderem durch Neugier, Aufmerksamkeit, Problembewusstsein, Experimentierfreude und Frustrationstoleranz geprägt. Sie kennen und verlassen Ihre Komfortzone, beziehen alle Sinne in Überlegungen ein und lassen Ideen erst einmal im Kopfkino spielen. Und Sie wissen Kreativkiller zu vermeiden, doch dazu im nächsten Abschnitt mehr.

## Kreativsein ist auch Arbeit

Viele glauben, dass Kreativität eine Gabe ist und Ideen einfach irgendwann auftauchen – oder eben nicht. Ist einem etwas eingefallen, muss man sich nur noch an die Realisation machen, und fertig ist die Laube. Tatsächlich arbeiten nicht wenige Künstler so, aber überraschenderweise auch viele Wissenschaftler, Produktentwickler, Designer, ja ganze Abteilungen und Unternehmen setzen z.B. auf das betriebliche Vorschlagswesen.

Systematische Kreativmethoden, wie Brainstorming oder Mindmapping, sind zwar namentlich bekannt, werden aber selten angewandt. Und wenn, dann leider viel zu häufig auch noch dysfunktional oder ineffizient, was schnell zu enttäuschenden Ergebnissen, Frustration und schließlich Ablehnung dieser Methoden führt.

Andere schwören auf Radfahren, Joggen oder Duschen – grundsätzlich und wissenschaftlich bewiesen funktioniert das auch –, allerdings in einem reichlich begrenzten Rahmen. Denn dort entsteht fast immer nur eine Idee.

Und so führen das beengte (Miss-)Verständnis von Kreativität und die missglückte Ausführung moderner Methoden dazu, dass viele Einzeltäter und mit ihnen ihre Unternehmen deutlich hinter ihrem kreativen Potenzial bleiben.

Gute Ideen poppen zwar sporadisch auch von allein auf, aber will man sich auf den Zufall, eine günstige Gelegenheit oder einen zeitlich unbestimmten Punkt verlassen? Wer will oder kann mit einem aktuellen, vielleicht dringenden Problem so lange warten, bis ihm irgendwann eine intelligente Lösung dafür zufliegt?

Angesichts der vielen Hoffnungen und hohen Erwartungen, die man in die Ergebnisse der Ideenfindung setzt, ist die Art und Intensität der kreativen Auseinandersetzung mit dem Problem häufig erschreckend schwach ausgeprägt. Vergleichen Sie mal: Wie lange haben Sie zum Beispiel an Ihrer letzten Präsentation oder etwas Vergleichbarem gearbeitet, und wie lange haben Sie sich zuletzt mit der kreativen Lösung eines Problems beschäftigt? So sorgfältig, ausdauernd und systematisch, wie man sich der Vorbereitung einer Präsentation, einem Konzept, der Steuererklärung, einem Hobby oder der Urlaubsplanung widmet, so ernsthaft und intensiv sollte man sich auch um die Ideenfindung kümmern.

So gesehen ist Kreativsein zwar auch Arbeit – zum Glück aber eine, die richtig viel Spaß machen kann. Genau dafür finden Sie hier eine sehr gut gefüllte Kiste mit den besten Denkwerkzeugen, die ich in vielen Jahren in der Praxis ausprobiert und jetzt für Sie zusammengestellt habe.

Erkennen Sie Kreativsein als eine aktive, konzentrierte Tätigkeit. Nehmen Sie sich ausreichend Zeit dafür. Lassen Sie sich nicht ablenken, bleiben Sie dran.

*»Ein bisschen Spaß muss sein.«*

**Roberto Blanco**
Entertainer

## Aufmerksamkeit

Wer regelmäßig aktiv nach Inspirationen Ausschau hält, bewegt sich automatisch aufmerksamer in seinem Umfeld: Man nimmt Dinge wahr, die sonst unbemerkt blieben. Das mag häufig ziemlich unspektakulär sein, birgt aber auch Potenzial für interessante Produkte oder Services. Denn oft sind es eben nur Kleinigkeiten, die das Gewöhnliche zum Außergewöhnlichen machen, die den entscheidenden Unterschied machen. Und genau diese Kleinigkeiten gilt es zu entdecken und zu nutzen.

Wichtig ist: genau hinschauen, vergleichen und vor allem entdecken. Details, Unterschiede, Verwendungsalternativen, bislang für Sie Unbekanntes. Umwege erhöhen die Ortskenntnis.

*»Im Optimismus steckt eine gesunde Missachtung des Unmöglichen.«*

**Frederik Pferdt**

Google Innovation and Creativity Programs

## Experimentierfreude

Etwas kreativ Neues wird kaum entstehen, wenn man immer den gleichen, ausgelatschten Weg geht. Immer die gleichen Methoden, immer die gleichen Werkzeuge, die gleichen Materialien, die gleichen Prozesse. Um in der Weg-Metapher zu bleiben: Entweder passiert dort rein zufällig etwas Besonderes, aber dann sind Sie nicht der Kreator, sondern Beobachter. Oder Sie verändern etwas: Dann sind Sie kreativ.

Statt also auf dem ausgelatschten Weg zu gehen, können Sie auch rollen, mal Gas geben, auf den Händen laufen, auf einem Bein entlanghüpfen, krabbeln, mit dem Bulldozer fahren, einen Weg parallel dazu erschließen oder ihn nur kreuzen.

Es gilt, die Routinen zu verlassen und mehr herumzuprobieren. Dabei beschränkt sich die Experimentierfreude hier ausdrücklich nicht nur auf Ihre Arbeit.

Immer nur ein Parameter wird Stück für Stück verändert und anschließend auf das Ergebnis geschaut. In der Produktentwicklung können das Materialien, Mengenverhältnisse oder wechselnde mechanische Prinzipien sein (siehe weiter hinten im *Kapitel 3 GENERATE TRIZ*); Dienstleister probieren unterschiedlichste Features ihrer Produkte aus.

Dabei wünscht man sich natürlich einen erfolgreichen, nützlichen Ausgang des Experiments, aber oft sind völlig unerwartete Ergebnisse der Beginn für etwas komplett Neues – die Produkt-Kategorie »versehentlich erfunden« ist ziemlich groß.

Variieren Sie systematisch Ihre konkreten Arbeitstechniken und -prozesse und vergleichen Sie die unterschiedlichen Ergebnisse miteinander. Freunde des »Was wäre wenn«-Spiels kommen hier voll auf ihre Kosten.

## Entdeckerqualität Neugier

Betrachtet man die Persönlichkeit von kreativen Menschen, fällt auf, dass die meisten sich für mehr als nur eine Sache interessieren, begeistern, dranbleiben, manchmal sammeln. Sie begnügen sich nicht mit nur einem Interessengebiet und haben häufig auch mehr als nur eine Begabung. Sie schauen genauer hin. Und sie fragen nicht nur, »Warum ist das so?«, sondern auch, »Seit wann?« und »Wer hat's gemacht?«

Wo liegen Ihre beruflichen Interessen und Begabungen und wo Ihre anderen Interessen und Talente? Wann haben Sie sich zuletzt mit etwas völlig Fremdem befasst oder sich ein komplett neues Wissensgebiet angeeignet, aus freien Stücken, einfach, weil Sie es wollten?

Eine gute Antwort wäre jetzt: letzten Monat oder jedes Jahr. Denn sich regelmäßig mit etwas Neuem zu beschäftigen, hält flexibel im Kopf.

Zwar nicht schlimm, aber mit großem kreativen Optimierungspotenzial wäre die Antwort: vor drei oder sieben Jahren. Bitte nicht falsch verstehen: Sich intensiv, ausdauernd (und hoffentlich mit Begeisterung) mit einer Sache auseinanderzusetzen, ganz in sie einzutauchen, ist hervorragend und gut. Aber das macht irgendwann auch ein bisschen blind und müde für etwas Neues. Besonders wenn es so einigermaßen okay läuft. Nur wer neugierig bleibt, findet Neues.

*»Wenn man nur einen Hammer als Werkzeug hat, sieht jedes Problem wie ein Nagel aus.«*

**Paul Watzlawick**
Kommunikationswissenschaftler

## Komfortzone

Kennen Sie Ihre persönliche Komfortzone? Das ist der Bereich, in dem man sich wohl und sicher fühlt, beruflich wie privat. Hier erzielt man vorhersagbare Ergebnisse, man kennt den Aufwand für bestimmte Arbeiten, es gibt keine oder kaum Risiken. Allerdings: Wer immer das Gleiche macht, erhält auch immer das gleiche Ergebnis. Hier stehen übrigens auch die heiligen Kühe, die angeblich nicht geschlachtet werden dürfen. Wenn man nicht gelegentlich aus der Komfortzone ausbricht, mindestens aber an ihre Grenzen geht und sie kurzzeitig überschreitet, wenn man also immer in seiner Komfortzone bleibt, wird diese immer kleiner und mit ihr der kreative und innovative Radius Ihres Denkens.

Hingegen: Mit jedem Verlassen der Komfortzone, mit jedem auch nur kurzfristigen Überschreiten der Wohlfühlgrenze, mit jedem kleinen Experiment vergrößert man den Bereich, in dem man sich auskennt, sich bewegen mag und agieren kann.

Keine Sorge: Direkt außerhalb der Komfortzone wartet zwar zunächst die Angstzone, die jedoch erfreulicherweise von der Lernzone und schließlich der Wachstumszone überlagert wird. Es gibt Quellen, die von einer Panikzone berichten – finden Sie jemanden, mit dem Sie gemeinsam einen Weg dorthin suchen …

### Do it yourself: Komfortzone

In welche Parameter, Einheiten oder Kategorien können Sie Ihre Arbeit typischerweise zerlegen?

Welche Aspekte Ihrer Arbeit oder Ihres Produkts lassen sich Ihrer Meinung nach nicht parametrisieren? Warum nicht? Was, wenn doch?

Erfinden Sie neue Parameter: Dauer der Benutzung, Ärger bei Fehlfunktion, Gewicht, Skalierbarkeit, Wiederverwendbarkeit, Krankheitsanfälligkeit, Urlaubsreife, Transparenz.

In welchen Bereichen fühlen Sie sich sicher?

In welchen nicht? Warum?

Mit welchen Aspekten Ihrer Arbeit haben Sie Schwierigkeiten? Wie könnten Sie das Problem angehen?

Was ist Ihr erfolgreichstes Produkt? Was könnte man daran verbessern?

## Mit allen Sinnen denken

Beziehen Sie alle Sinne mit in Ihre Überlegungen ein. Man kann Dinge anfassen, sehen, schmecken, manche nur hören oder riechen. Aber nahezu jedes Objekt spricht auch Sinnesebenen an, die nicht offensichtlich oder schon durch seine Kategorie vorgegeben sind. Und die gilt es ebenfalls zu entdecken, wahrzunehmen und zumindest einmal gedanklich zu berücksichtigen.

Es gibt Duft-Bäumchen in der Sorte »Neues Auto«, Texte könnten ins Papier hineingeprägt sein, oder Bücher werden mit Musikchips ausgestattet, die je nach Kapitel entsprechende Geräusche abspielen, so eine Art Retro-Hörbuch.

Daneben gibt es auch eine ganze Reihe unbeabsichtigter, scheinbar nebensächlicher Sinneseindrücke. Denken Sie an Textilien, die Geräusche abgeben, wenn sie aneinander reiben oder man mit dem Fingernagel darüberstreicht – könnte man nicht einen Stoff weben, der eine Melodie spielen kann? Frisch gedruckte Bücher riechen oft unangenehm nach Druckerfarbe, könnte die nicht aromatisiert oder neutralisiert werden? Wie flauschig darf sich ein Werkzeug anfühlen, wie aromatisch darf eine Versicherungspolice sein, wie grell eine Bedienungsanleitung?

Fragen Sie sich stets, welche alternativen oder zusätzlichen Sinneseindrücke Sie mit Ihrem Produkt aktivieren könnten.

*»Manche Menschen fühlen den Regen, andere werden einfach nur nass.«*

**Bob Marley**
Musiker

### Do it yourself: Sinneseindrücke

Welchen Klang kann Ihr Produkt erzeugen?

Keinen? Machen Sie etwas mit ihm und hören Sie genau hin!

Was wäre, wenn Ihr Produkt, Ihre Dienstleistung ein spezifisches Aroma hätte?

Machen Sie sich auf die Suche nach Geräuschen, Gerüchen und Aromen.

Wo finden Sie sie?

Assoziieren Sie völlig frei zwischen Aussehen, Klängen, Gerüchen, Haptik und Aromen.

Spielen und experimentieren Sie mit Ihren Objekten so lange herum, bis diese weitere Sinneseindrücke anregen.

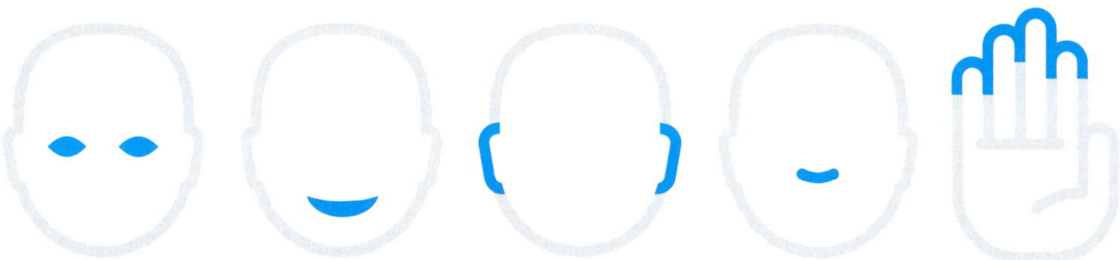

# Ausdauer und Frustrationstoleranz

Aufzuhören, wenn es mal schwierig wird, scheinbar nicht mehr weitergeht oder Rückschläge ihren harten rechten Haken spüren lassen, gehört ganz sicher nicht zu den Charaktereigenschaften eines Kreativen. Ausdauer, Geduld, Zielstrebigkeit, Durchhaltevermögen, Jetzt-erst-recht und der Sieg der Neugier über die Enttäuschung eines (temporären) Misserfolgs sind Tugenden, die uns in der Innovation voranbringen. Dazu gehört allerdings auch, vorab einen Exitpoint (Zeit, Mittel, Qualität) zu definieren, der uns vor Verbissenheit, Unbeirrbarkeit und schließlich auch vor finanziellem Schaden bewahrt. Rovio Entertainment entwickelte 51 erfolglose Videogames und war fast pleite, bevor sich das Team 2009 noch ein letztes Spiel ausdachte: Angry Birds, das mit drei Milliarden Downloads eines der weltweit erfolgreichsten Spiele wurde.

*»Wenn Du denkst, Du kannst nicht mehr, hast Du erst 40 Prozent Deines Potenzials ausgeschöpft.«*

**Navy Seals**

Durchsetzer

# Kopfkino

Mein Lieblingskino an jedem Ort der Welt: das Kopfkino. Es ist unser kostenloses virtuelles Labor und mentaler Prototypenbau. Hier entstehen verrückte, absurde, surreale, lustige, schockierende, vielversprechende, schräge, aber auch langweilige, peinliche, dumme, aber immer spontane Vorstellungen und Ideen.

Im Kopfkino – manche nennen es auch Tagträumen – kann man ganze Welten bauen, aber auch gezielt nur einzelne Produkt- und Dienstleistungs-Parameter verändern. Allein in der Imagination konstruiert man Szenarien, spaziert durch sie hindurch, beeinflusst sie, macht Dinge größer, kleiner, leichter, glatter, tauscht Materialien oder ganze Umgebungen aus. Dann stellt man vielleicht einen Benutzer hinein, stellt ihn um, verändert etwas und nimmt sie wieder heraus. Das Kopfkino lebt von einer starken visuellen Vorstellungskraft, die man aber gut antrainieren kann. Nehmen Sie sich einen kurzen Text, vielleicht eine Nachricht vor und bilden Sie zu jedem Satz eine eigene kleine Welt: Wenn von einem Ort die Rede ist, was war dort vorher, wie sähen erwähnte Objekte in vierfacher Größe aus und was hätten Personen gesagt, wenn sie durch künstliche Intelligenzen ersetzt worden wären? Variieren Sie, was Sie in der Vorstellung Ihres Kopfkinos sehen.

Am Anfang braucht man ein bisschen Übung, aber später schaltet es sich schnell von allein an. Ob man will oder nicht. Dann wird es durch merkwürdige Begriffskombinationen oder Wörter in ungewöhnlichen Zusammenhängen unwillkürlich ausgelöst. Was hat man wohl unter Babywasser zu verstehen? In meinem Kopfkino geht gerade eine Säuglings-Entwässerungsanlage in Betrieb. Beim Samenraub sehe ich maskierte Nordfinnen, und Zapfenstreich ist ein Brotaufstrich aus Nadelgehölzen.

Das Beste: Das Kopfkino kennt keine Grenzen, hat immer geöffnet und der Eintritt ist frei.

# In Möglichkeiten denken

Eine besondere Stärke von Kreativen ist ihr unerschütterlicher Optimismus. Sie glauben an ihre Ideen und Vorstellungen und daran, dass es einen Weg gibt, sie umzusetzen – man muss ihn nur finden.

Ansätze und erste Impulse kommen selten perfekt auf die Welt. Für ein Aha-Erlebnis lassen Sie Ihre Teamer in einer Minute ein Fahrrad aus dem Kopf zeichnen und vergleichen es anschließend gemeinsam mit dem Aufbau tatsächlich funktionierender Räder. Die schnell hingeworfenen Skizzen dürften kaum als technische Konstruktionszeichnung für die Herstellung eines Fahrrads herhalten – aber das Konzept stimmt.

Denken Sie in Chancen, Möglichkeiten, Alternativen, ändern Sie Werkzeuge, Perspektiven, Anwendungsgebiete, nutzen Sie Workarounds, Umwege und Provisorien, drehen Sie an konzeptionellen Stellschrauben. Verwerfen Sie einen Ansatz erst, wenn Sie viele, viele Möglichkeiten durchdacht haben.

*»An einer Raupe gibt es nichts, das Dir sagt, dass es mal ein Schmetterling wird.«*

**Richard Buckminster Fuller**
Architekt

# KREATIVKILLER

## Was Sie tun müssen, um jede Idee im Keim zu ersticken … und was Sie dagegen unternehmen sollten

Die allerallerwichtigste Spielregel für jeden Innovationsprozess lautet:
**keine Kritik.**

Die Ideenbewertung wird konsequent von der Ideenfindung getrennt. Zeitlich, räumlich, inhaltlich, personell, …, egal wie – Hauptsache immer! Verstehen Sie mich nicht falsch: Zu einem bestimmten Punkt im Innovationsprozess wird jeder Ansatz kritisch hinterfragt – jedoch nie, während man noch nach ihm sucht.

Ideen sind, wenn sie das Licht der Welt erblicken, ganz kleine, zarte Pflänzchen. Und so, wie ein Keimling erst seine winzige, grüne Spitze vorsichtig aus der dunklen Erde steckt und kaum jemand sagen kann, ob daraus mal eine Kokospalme oder ein Unkraut wird, so muss auch bei Ideen erst das Potenzial erkannt und entwickelt werden, bevor man sich für Düngen oder Jäten entscheidet. Da muss man großzügig sein, Raum und Mittel geben, in Möglichkeiten denken, zulassen und einfach offen sein. Auch und gerade für Ideen, die roh und unfertig geäußert werden oder die sich zunächst absurd, bizarr oder verrückt anhören mögen.

Gut zu wissen, dass fast nichts fix und fertig und erst recht nicht komplett zu Ende gedacht auf die Welt kommt. Wer das nicht akzeptieren kann und mit jeder Ideenäußerung einen durchkonstruierten Erfolgsplan erwartet, hat ein echtes Kreativ-Problem.

Daneben gibt es noch ein paar andere Kreativkiller, die man aber gut aus dem Weg räumen oder sich abgewöhnen kann.

*»Ich hatte schon Halluzinationen, die besser waren.«*

**Roberto**
Futurama

## Die Schere im Kopf

Da gibt's dieses Bild von der Schere im Kopf. Die hindert uns daran, unsere gewohnten Denkbahnen zu verlassen. Sie schneidet jede Inspiration und jeden Gedanken ab, der nicht einer »Norm«alen Erwartung entspricht oder der nicht sofort DIE Lösung beinhaltet. Die einfach immer alles ganz schnell ganz blöd und unrealistisch findet. Doof. Die Schere schnappt bei jedem mehr oder weniger schnell zu. Trotzdem doof.

So eine Schere im Kopf haben ganz junge Menschen noch nicht. Aber ab einem ganz bestimmten Tag, meist im August im Alter von sechs Jahren, bekommen sie auch eine verpasst. Denn beginnend mit dem Tag der Einschulung wird ihnen beigebracht, was geht, was nicht geht, was man macht, was man nicht macht, wie etwas zu lösen ist, und vor allem: wie nicht. Sie werden auf konvergentes Denken konditioniert, das immer einen bestimmten Lösungsweg vorgibt, der gefälligst einzuschlagen ist. Alternative Lösungswege und -methoden sind nicht gefragt oder gelten im Kontext sogar als falsch. Und so verkümmert das divergente Denken, und schließlich ist da jemand, der kann, was alle können, der es so tut, wie es alle tun, und der denkt, wie alle denken. Geben Sie Grundschulkindern mal ein paar beliebige Objekte und lassen Sie sie völlig frei draufloskonstruieren: Da entstehen die wildesten Erfindungen, völlig losgelöst vom üblichen Verwendungszweck dieser Objekte. Und diese schöpferische Unbefangenheit gilt es zurückzugewinnen.

Zum Beispiel mit Zetteln in der Hosentasche: »Alles ist erlaubt« und »Jede Idee zählt«. Aber es ist wie mit jedem Training: üben, üben, üben.

## Zeitdruck

Ob Zeitdruck ein Kreativitätskiller ist, hängt von Ihrer Persönlichkeit ab. Für einige ist zeitlicher Druck genau der Anschub, den sie – vielleicht auch in anderen Lebenslagen – dringend brauchen, um überhaupt irgendetwas zu einem bestimmten Zeitpunkt fertigzubringen. Andere versetzt ein knappes Timing in phlegmatische Panik, die bekommen dann leider gar nichts mehr hin. Und dann gibt's ja auch noch die Pragmatischen: Plan machen, Ärmel hochkrempeln und einfach anfangen.

Mit dem Wissen um systematisch befruchtete Kreativität und dem Vertrauen darauf, dass es eine Lösung gibt, die es nur zu (er)finden gilt, bekommt man so etwas wie kreative Zuversicht – »Creative Confidence«. Das ist ein wirklich gutes Mittel gegen Stress und sonst vielleicht lähmenden Zeitdruck.

Auch anders herum betrachtet kann ein gesetzter zeitlicher Rahmen anregend sein: Haben Sie alle Zeit der Welt, gibt es keine Notwendigkeit, eine Idee oder einen Ansatz zu einem Produkt weiterzuentwickeln. Wie lange wollen Sie auf eine Lösung warten … bis sie jemand anderes gefunden hat?

Zusammenfassend: Sie müssen sich vor Zeitdruck nicht fürchten. Es gibt Mittel, Wege und Gründe, auch mit einem sehr engen Zeitrahmen interessante Ideen zu haben und umzusetzen.

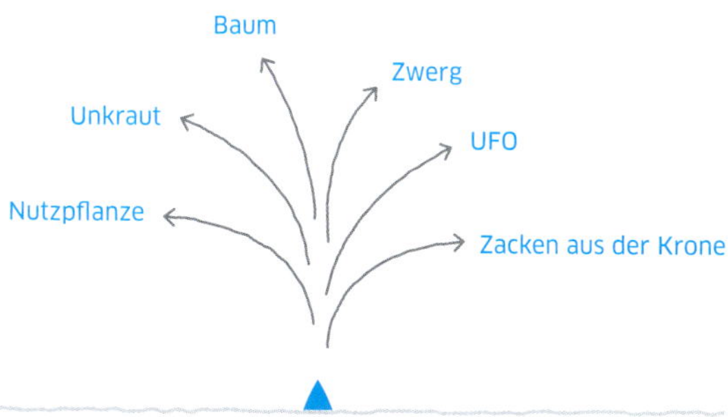

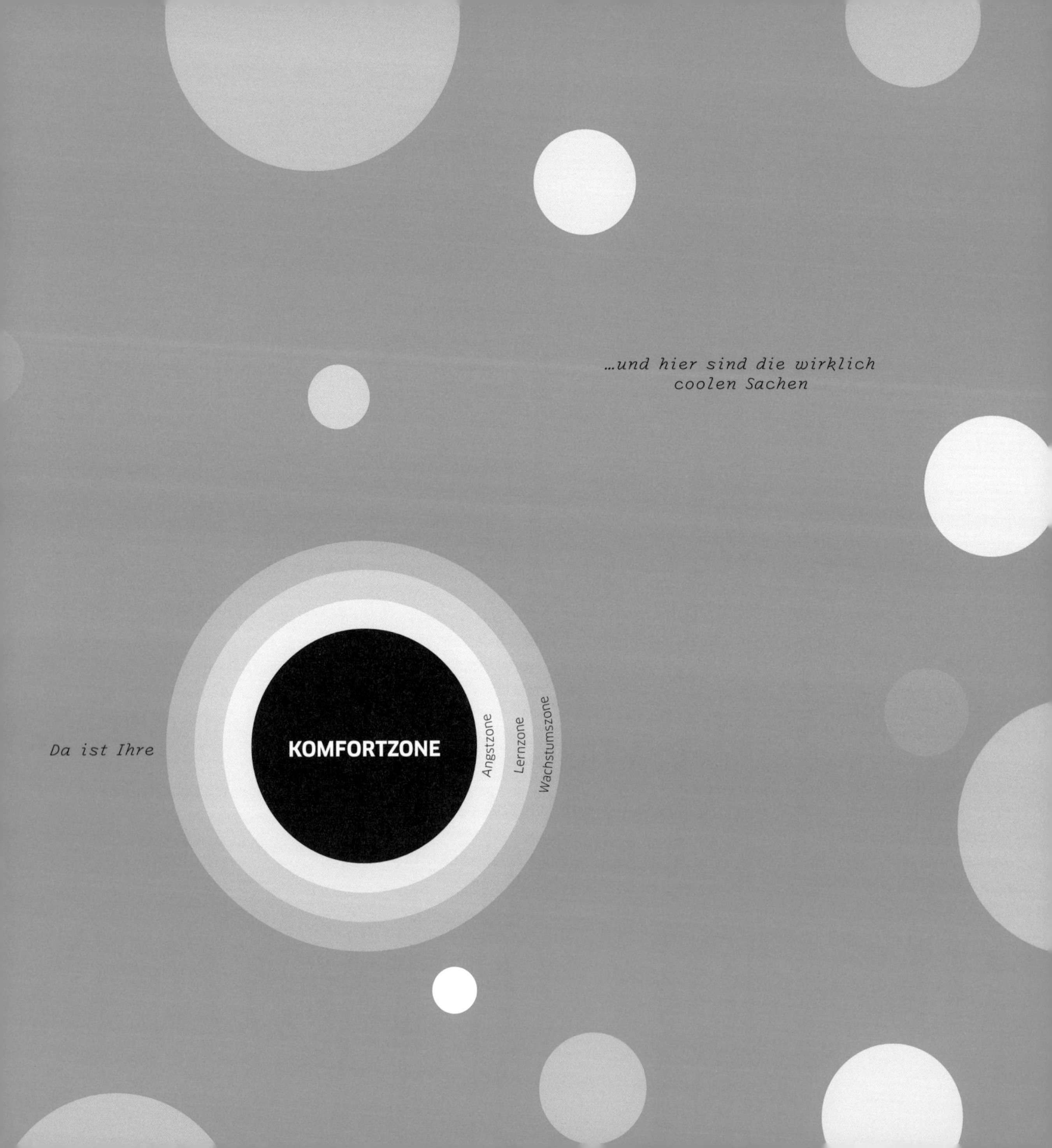
…und hier sind die wirklich coolen Sachen
Da ist Ihre
KOMFORTZONE
Angstzone
Lernzone
Wachstumszone

## Schon wieder: Komfortzone

Ein echtes Hemmnis auf dem Weg zu außergewöhnlichen Ideen ist auch die Komfortzone. Das ist der Bereich, in dem man sich sicher und wohl fühlt, in dem man sich komfortabel eingerichtet hat, der bequem und vertraut ist und der nur an den Grenzen Widerstände bietet. Dazu gehören beruhigende persönliche Rituale und Standards, die Komfortzone ist allerdings auch die Rückzugszone aus allen möglichen Stresssituationen. Für viele Bereiche im Leben ist das total okay und gesund – aber kreative Ideenfindung gehört ganz sicher nicht dazu. Im Gegenteil: Um besondere kreative Leistungen zu bringen, müssen Sie raus aus dieser Komfortzone und rein ins Unbekannte! Das kann alles Mögliche sein: die Reise in ein Land, dessen Sprache man nicht spricht, die Erarbeitung eines völlig neuen Fachgebiets, ein völlig neues Werkzeug, der Wechsel von Windows auf Mac (oder umgekehrt), Dinge essen, die man bislang als – gelinde ausgedrückt – unlecker empfand usw. Für einige ist das aber auch schon das Sonntagsfrühstücks-Brötchen von einem »anderen« Bäcker. Wer das nicht ausprobiert, wird nie erfahren, ob die Brötchen vom »falschen« Bäcker nicht vielleicht noch leckerer sind.

In der aktiven Auseinandersetzung mit dem Fremden, Unbekannten, Neuen findet man Inspiration, Impulse, neue Perspektiven und Sichtweisen, aber vor allem: geistige und kreative Flexibilität und Handlungsfähigkeit.

## Fixierungen

Mit unserem Autopiloten im Kopf steuern wir sicher durch Alltagssituationen. Das ist effektiv, Denkenergie sparend und nützlich. Allerdings führt der Autopilot eben auch dazu, dass wir Dinge nicht hinterfragen, sondern auf deren übliche, eben normale Funktionen, Eigenschaften und Verwendungsziele eingefahren und geradezu fixiert sind.

Funktionale Fixierung hält uns davon ab, eine Vase als Trinkgefäß anzusehen. Designfixierung sorgt dafür, dass Fahrräder immer zwei gleiche Reifen haben – sie dreht allen alternativen Formen und Produkteigenschaften die Luft ab. Und Zielfixierung beschränkt uns vor allem auf sprachlicher Ebene: Wer »kleben« sagt, übersieht Lösungen, die schrauben, nieten, klemmen, löten, tackern, schweißen, nageln, ...

Glücklicherweise lassen sie sich einigermaßen leicht überwinden. Insbesondere die Ideation-Methode »Brainswarming« funktioniert hauptsächlich durch die gezielte Umgehung dieser Fixierungen.

### Funktionale Fixierung

Wir nehmen Dinge meist nur als das wahr, als was wir sie kennen, mit genau der einen spezifischen Funktion: Ein Maulschlüssel dreht Schrauben, ein Bügeleisen glättet Wäsche. Unser Bewusstsein sieht in den Dingen nämlich immer nur das, was gelernt und für die jeweilige Situation und den Kontext notwendig ist – Irrelevantes wird ausgeblendet und findet in unserem Kopf nicht statt. Um durch den Alltag zu kommen, ist das enorm hilfreich, aber es kappt den Blick für Neues, Abwegiges und eben Kreatives.

Die funktionale Fixierung lässt sich allerdings ziemlich leicht austricksen: Definieren Sie ein Objekt einfach mal auf eine andere Art und Weise, ersetzen Sie dabei spezifische durch allgemeinere Begriffe und umgekehrt oder verwenden Sie Synonyme. Zerlegen Sie es in seine Elemente, die Sie ebenfalls alternativ oder beschreibend benennen. Mit unserer Sprache und Begrifflichkeit implizieren wir nämlich meist eine bestimmte Verwendung oder Funktion und schließen alle anderen damit automatisch aus.

Ein Bügeleisen ist zum Beispiel auch eine flache Wärmequelle, also kann man damit eine Mahlzeit erhitzen; ein Kerzendocht ist auch eine Schnur, mit der man Dinge zusammenbinden kann – wenn man das Wachs mit

dem Bügeleisen erst mal abgeschmolzen hat. Und eine Erdbeben-Warn-App kann auch als Messgerät für die Reparaturbedürftigkeit von Fahrradwegen genutzt werden.
Lösen Sie sich mit Sprache durch Neu- und Umdefinition aus dem Kontext, aus der funktionalen Fixierung.

## Designfixierung

Bei Entwicklungsaufträgen hält man zu oft an bereits vorhandenen Produkten und Entwurfsmustern fest und bewegt sich nur minimal davon weg: eine kleine Materialvariation hier, eine Größenänderung da – aber die wirklich interessanten Innovationen entstehen nur dort, wo Sie Eigenschaften ändern, an die bisher eben niemand gedacht hat.
Lösen Sie die Designfixierung mit einer Liste sämtlicher Eigenschaften Ihres Produkts auf – denken Sie an vorher-nebenher-nachher, wer, wann, was, wo, wie, warum-und-warum-nicht, Größe, Material, Form, Bestandteile, schauen Sie auf 360°: oben, unten, vorne, hinten, und beziehen Sie dabei alle Sinne ein ... Die Seiten eines Buches sind an einer Seite miteinander verbunden, ein Handy hat meistens keinen Hohlraum, ein Cabrio ist nur nach einer Seite offen ... Identifizieren Sie alle möglichen Merkmale und lassen Sie sich davon weiter inspirieren.
Peilen Sie eine Sammlung von gut 100 Eigenschaften an – dann sind sicher welche dabei, die andere auch nicht auf dem Schirm haben. Um diese übersehenen Eigenschaften zu entdecken, nutzen Sie zum Beispiel Kreativtechniken: Sie erweitern Ihre Blickrichtungen und geben Impulse, anders über Dinge nachzudenken. Beim systematischen Umgang mit der Liste hilft Ihnen die morphologische Matrix, Mindmapping, Brainwriting und Brainswarming.

## Zielfixierung

Auch hier ist wieder die Sprache die schärfste Schere, die Ideen abschneidet, abklemmt, kappt, abtrennt. Denn je nachdem, wie Sie eine Aufgabe formulieren, sieht auch Ihre Suche nach Lösungen aus: Wer »abschneiden« sagt, übersieht Lösungen, die abklemmen, abquetschen, abschmelzen, abrasieren, abtöten, abraspeln, abschleifen, abhobeln, weglasern, verbrennen, erodieren, ... Und wer kann schon sagen, ob eines der genannten alternativen Mittel nicht besser zum Ziel führen würde?
Schauen Sie sich also Ihre kreative Zielrichtung beziehungsweise die Formulierung der Aufgabe genau an und setzen Sie Synonyme, Hyponyme (Unterbegriffe) und Hypernyme (Überbegriffe) für das Verb ein – das führt Sie sofort zu neuen Konzepten und Funktionen.
Das gilt übrigens auch für Substantive: Ersetzen Sie sie durch Überbegriffe und erweitern Sie so Ihre spezifische Fragestellung rein sprachlich zu einem größeren Suchfeld mit viel mehr Lösungsmöglichkeiten. Aus Fahrrad wird Fortbewegungsmittel mit Muskelkraft, aus Messer Trennungswerkzeug, aus Kugelschreiber wird Schreibwerkzeug oder, noch eine Stufe abstrakter, Markierungswerkzeug. Bei *www.openthesaurus.de*, *synonyme.woxikon.de* oder *www.canoo.net* finden Sie solche Begriffe.

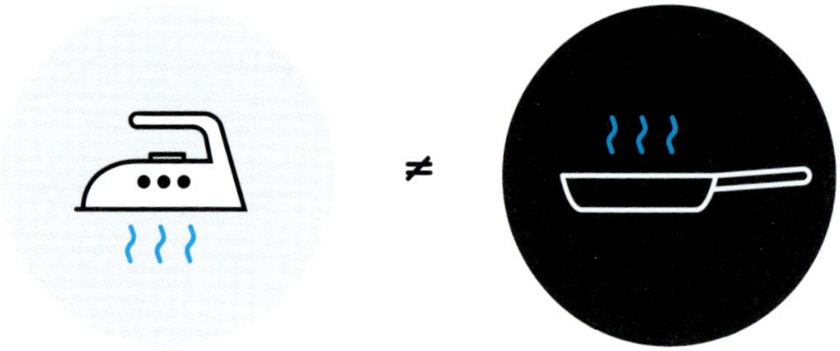

# Killerphrasen

Eine Idee abzutöten, ist das Einfachste der Welt – jeder beliebige Einwand passt. Immer! Es gibt Traditions-, Kompetenz-, Hierarchie-, Ressourcen-, Zuständigkeits-, detailbasierte und persönliche Killerphrasen. Killerphrasen gehören absolut in den Giftschrank des Innovationsprozesses. Das Schlimmste, was während einer Ideenfindungsphase passieren kann, ist, wenn Ideen gleich bewertet werden. Denn jegliche Kritik kann, wenn zu früh geäußert, den gesamten Kreativprozess scheitern lassen. Wer dabei auch nur eine kritische Bemerkung zulässt, bringt sich und gegebenenfalls das ganze Team aus dem kreativ-produktiven Flow und verhindert damit wertvolle Impulse.

Mal abgesehen davon sind Killerphrasen oft nur eine unsachliche Meinung, häufig argumentativ extrem kurzsichtig und manchmal sogar persönlich beleidigend.

Und es gibt auch nur einen Weg, um die kontraproduktive Wirkung von Killerphrasen zu vermeiden: absolutes Killerphrasen-Verbot. Keine Ausnahmen, keine Sonderrechte, für nichts und niemanden. Punkt.

Wer diese einfachste und wichtigste aller Kreativregeln wiederholt nicht befolgt, wird aus der aktuellen Kreativsession ausgeschlossen. Und das meine ich tatsächlich so. Killerphrasendrescher werden erst mit einer Gelben Karte angezählt und beim zweiten Mal innerhalb der gleichen Session mit der Roten Karte des Raumes verwiesen.

Um sich Instant-Kritik abzugewöhnen, kann man mit »und« statt »aber« anfangen. Anstatt einen Einwand mit »aber ...« zu beginnen, sagt man »und ...« und ergänzt, variiert, modifiziert somit die Idee, anstatt sie verbal gleich einzustampfen.

## Beliebte Killerphrasen

Hier ein paar der beliebtesten Totschlagphrasen – und wie man ihnen begegnen könnte:

*Das haben wir noch nie so gemacht.* – Dann wird es höchste Zeit.

*Das haben wir schon immer so gemacht.* – Und gerade deswegen sind wir jetzt hier.

*Das überfordert den Kunden.* – Weil es Sie auch schon überfordert?

*Das wirft mehr Fragen auf, als es beantwortet.* – Dann sollten wir uns diese Frage zuerst beantworten.

*Das macht der Mitbewerber schon.* – Ja, und nicht mal halb so sorgfältig/modern/robust/stylish/cool/lecker/frisch wie wir.

*Das hatten wir schon.* – Auch in dieser Qualität, Geschwindigkeit, Funktionalität, Kompatibilität?

*Das ist zu teuer.* – Wie können wir es günstiger machen?

*Das kriegen wir in der Zeit nicht hin.* – Wie kriegen wir es in der Zeit hin?

*Ich brauche mehr Details.* – Um die kümmern wir uns in der Ausarbeitung.

*Details interessieren mich nicht.* – Prima, dann können wir machen, was wir wollen?

*Als intelligenter Mensch müssten Sie doch wissen, dass es so nicht geht.* – Sagte die Hummel und flog doch.

Und mit einem kleinen Trommelwirbel meine ganz persönliche Lieblingskillerphrase: *Wenn diese Idee so gut wäre, hätte sie schon jemand anderes umgesetzt.*

### Do it yourself: Killerphrasen

Machen Sie ein Brainstorming, bei dem jede geäußerte Idee sofort bewertet wird.

Machen Sie ein Brainstorming, bei dem die Ideen erst am Ende bewertet werden.

Vergleichen Sie Qualität und Quantität der Ergebnisse.

Üben Sie einen ganzen Tag lang keine Kritik – an nichts und niemandem.

Versuchen Sie, in allem das Positive zu entdecken: Zu was inspiriert Sie der Kaffeefleck auf dem Hemd?

Jedes Negative hat auch etwas Positives – was ist es?

Welche Vorteile haben Nachteile?

Wie werden aus Risiken Chancen?

Kann eine Schwäche auch eine Stärke sein – was muss man verändern?

Verwenden Sie »und« statt »aber«.

# NEUGIER KULTIVIEREN

Um gleich mit einem populären Missverständnis aufzuräumen: Es gibt zwei Arten von Neugier. Die soziale Neugier ist die Sensationslust, die zum Beispiel beim Austausch von Klatsch aus Regenbogenpresse, Nachbarschaft und Sportergebnissen die treibende Kraft ist. Und dann ist da die epistemische Neugier – bei ihr geht es um die Lust, Neues zu entdecken, sich Informationen zuzuführen und Wissen anzueignen. Und um die Freude am Lösen von Problemen. Während Erstere Treiber für den Flurfunk in Unternehmen ist, wünscht man sich epistemische Neugier für jede Forschungs- und Entwicklungsabteilung. Müssen Sie nun beide tolerieren, wenn Sie nur eins davon haben möchten? Die gute Nachricht: Die beiden hängen nachweislich nicht zusammen. Klatschmäuler und Innovatoren findet man nicht zwingend in ein und derselben Person.

## Vier Dimensionen der Neugierde

Neugierige Menschen zeichnen sich durch vier besondere Charakterzüge aus.

### Wissbegierde

Wir beurteilen eine Situation oder einen Sachverhalt hinsichtlich ihrer Neuheit, der Unerwartetheit und ihres Überraschungsmoments. Und wir bewerten die Komplexität: Wie schwer ist die Sache zu verstehen, wie mysteriös oder obskur scheint sie? Schließlich entscheiden wir unbewusst, ob die Sache verstehbar ist, und sind im positiven Fall interessiert, im negativen verwirrt. Glücklicherweise kann sich unsere Verwirrung mit ein paar Hinweisen schnell in Interesse wandeln. Und so startet eine Neugier-Kettenreaktion: Sobald man gelernt hat, subtile Unterschiede zu erkennen oder kontrastierende Perspektiven einzunehmen, werden auch komplizierte Neugier-Auslöser interessant. Ein schönes Beispiel dafür war die Verwendung von QR-Codes. Am Anfang waren Sinn und Zweck nur wenigen bekannt und zum »Lesen« der Codes benötigte man zudem eine eigene App. Sobald man aber den Hinweis erhielt, dass sich dahinter eine Botschaft, ein Link, eine Telefonnummer verbarg, wurde gescannt, was das Zeug hielt.

Die Lust auf und Freude über Neues ist am Belohnungsareal des Hirns lokalisiert. Das bedeutet, dass neues Wissen und positive Emotionen nahe beieinander liegen und damit dem Glücksgefühl sehr ähnlich sind. Neugier ist also eine Emotion, so wie Freude oder Ekel. Aber: Sie nutzt sich ab. Wer heute noch öffentlich einen Promo-QR-Code verwendet, beweist damit vor allem seine Gestrigkeit.

### Offenheit

Neugierige sind offen für Neues, sie haben Freude an anderen und alternativen Denkmustern. Sie lieben ihnen unbekannte Aktivitäten und sind neuen Themen gegenüber generell positiv und vor allem ergebnisoffen eingestellt. Sie sind mit Ihrem Unternehmen gerade in einem Change-Prozess? Kein Problem – mit den Neugierigen unter den Mitarbeitern haben Sie sofort Unterstützer an Bord, die einfach nur sehen und mitgestalten wollen, was dabei herauskommt.

(Probieren Sie einmal die Curiosity-Cake-Challenge: aus absolut zufällig zusammengewürfelten Zutaten gilt es, einen Kuchen zu backen. Wer lässt sich darauf ein? Zur Lösung trägt die nächste Dimension bei.)

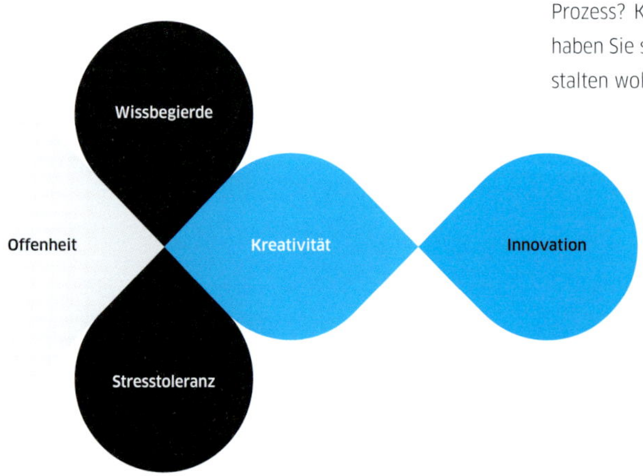

## Kreativität bei der Problemlösung

Eine sehr nützliche Begleiterscheinung ist die außerordentliche Kreativität, mit der Neugierige Probleme angehen. Sie scheuen sich nämlich auch nicht vor absurd scheinenden oder obskuren Lösungswegen. Das ist unter anderem eine hervorragende Voraussetzung für Cross Innovations – das sind Erfindungen, deren Funktionsprinzip aus einem komplett anderen Bereich beziehungsweise einer anderen Branche kommen: etwa die perfekt getimte Arbeitsteilung eines Formel-1-Boxenstopps im Operationssaal zur Anwendung bringen. Der Konsumgüterkonzern Procter & Gamble peilte bereits vor Jahren für Neuentwicklungen eine externe Ideenquote von 50 % an, die 2007 erstmals erreicht wurde.

## Stresstoleranz

Eine im Innovationsmanagement noch viel zu oft unterschätzte Ebene ist Stresstoleranz. Wie geht man mit unklaren oder unsicheren Wegen um, wie mit unbekanntem Terrain? Dem Neugierigen gelingt es, sich davon nicht einschüchtern zu lassen und der Idee Taten folgen zu lassen. Er bahnt sich einen eigenen Weg durch das Komplexe und Unerwartete und bleibt dran, auch wenn es schwierig, ja vielleicht sogar aussichtslos scheinen mag.

Warum braucht jedes Unternehmen epistemisch neugierige Mitarbeiter?

- → Weil Neugierige die potenziell schlaueren Kollegen sind.
- → Egal, wo Sie sie einsetzen, unter den richtigen Bedingungen sorgen sie für Veränderung und Innovation. Sie brechen von sich aus mit eingefahrenen Routinen, allein, weil sie sehen wollen, was dann passiert.
- → Sie sind gewissenhafter und hartnäckiger – sie bleiben dran, auch wenn's schwierig wird.
- → Neugier ist ansteckend.
- → Und schließlich, ein heute ganz wesentlicher Punkt: Sie kämen um vor Langeweile, würden sie sich nicht mental bewegen – Neugierige lieben lebenslanges Lernen. Die beste Voraussetzung für andauernde Kompetenz.

## Neugier fördern und implementieren

Die Neugier der Mitarbeiter ist das Fundament für die Innovationsfähigkeit des Unternehmens. Das hat auch Merck erkannt. Der Wissenschafts- und Technologiekonzern integriert Neugier seit 2016 konsequent in seine Unternehmens-DNA. 3M, die Erfinder des Post-its, veranstalten den »Tag der Leidenschaft«, bei dem Mitarbeiter den Kollegen ihre Hobbys erlebbar machen. Google-Mitarbeiter können sich einen ganz besonderen Hoodie verdienen, indem sie andere Kollegen dazu bringen, sich deren Leidenschaft oder Hobby anzuschließen.

## Was können Sie tun?

Innovation funktioniert nicht via Top-down-Management. Es sind die einzelnen Mitarbeiter, deren individuelle Leidenschaft und Initiative einen kontinuierlichen Strom von Ideen produzieren. Schaffen Sie ein inspirierendes, Neugier motivierendes Umfeld, um die optimalen Voraussetzungen für produktive Neugier zu schaffen. Hypermoderne, bunte Arbeitsräume, der obligatorische Tischkicker und ein Bällebad greifen dabei jedoch zu kurz: Sie liefern nur kurzfristig neue Impulse und nutzen sich in ihrer kreativen Wirkung schnell ab. Sorgen Sie besser nach dem Vorbild klassischer Kuriositätenkabinette dafür, dass Ihre Mitarbeiter permanent fremdartigen und provozierenden Artefakten, Erlebnissen, Bildern, Tätigkeiten, Begriffen oder moderner Kunst ausgesetzt sind. Mit dieser Art des Primings – also der Prägung der nachfolgenden Gedanken – schaffen Sie Erlebnisräume, die sich nach Bedarf leicht updaten lassen. Und dann lassen Sie die Menschen machen – sie sind neugieriger, wenn ihnen die Wahl gelassen wird.

# FACES OF INNOVATION

Eine Frage, die sich zu Beginn eines jeden Innovationsprozesses stellt, ist die nach der Team-Zusammensetzung. Wer ist unverzichtbar, wer förderlich, wer hilfreich, wen brauchen wir nur abschnittweise, wer oder was sorgt für die richtige Dosis schräger Gedanken, wer hält das Team zusammen, wer behält den Überblick, wer leitet und organisiert den Prozess und wen hatten wir bisher überhaupt nicht auf der Pfanne?

Für Ideenfindungs-Workshops hat sich als förderlich erwiesen, sowohl möglichst diverse Kompetenz- und Tätigkeitsfelder einzubeziehen als auch einen demografischen Querschnitt des Unternehmens oder der Branche abzubilden. Bei den persönlichen Charaktermerkmalen sollte dafür Sorge getragen werden, dass die ausgewählten Teilnehmer insgesamt teamfähig sind und über ausgeprägte Eigenschaften des kreativen Mindsets (siehe Abschnitt *Mindset*) verfügen. Wertvolle Beiträge kommen übrigens auch von wortkargen, introvertierten oder gar kontaktscheuen Personen – man muss nur das Setting entsprechend auf einen Anteil nonverbaler Methoden abstimmen.

## Fachexperte, Domänenwissen, Naivität

Kreuzen Sie drei Expertisen im Team: Tiefe, Breite, Unvoreingenommenheit.

Der Fachexperte kennt die Aufgaben und Prozesse innerhalb des Unternehmens und seines Fachgebiets im Detail und hat einen sehr guten Überblick über deren technische oder wirtschaftliche Rahmenbedingungen – gemeinhin der Fachidiot.

Domänenwissen: Dieser Experte weiß um die Akteure und Marktteilnehmer der Branche, um Anwendungsgebiete, hat einen profunden Überblick über unterschiedliche Geschäftsmodelle und ist sensibel für Risiken – oftmals ein Projektmanager.

Bei der Öffnung der Phasen – Handlungsfelder identifizieren, Ideen generieren, Möglichkeiten erkennen – ist es hochgradig sinnvoll, auch vollkommene Laien einzubeziehen. Entweder aktiv als Teilnehmer des Prozesses oder als externe Interviewpartner. Deren Unvoreingenommenheit, Naivität, Vorurteils- und Parteilosigkeit bringen interessante Perspektiven und klare, neutrale Blicke vorbei an den möglicherweise festgefahrenen Denk- oder Verfahrensstrukturen der Experten und des Unternehmens.

## Persönlichkeit und Gruppe

Neben der fachlichen Eignung bestimmt auch das individuelle Persönlichkeitsprofil der Teilnehmer und das Zusammenspiel in der Gruppe über einen geschmeidig-effektiven oder zäh-frustrierenden Verlauf des Prozesses.

Für Innovationsprojekte hat sich eine Mischung von analytischen, optimistischen, ordnungsliebenden und kreativen, aber auch emotionalen und kritischen Charakteren bewährt. Checken Sie vorab – gegebenenfalls in einem Bewerbungsverfahren –, wie sich die Teilnehmer selbst einschätzen: Auf drei je zehnstufigen Skalen sollen sie sich aus der Perspektive eines Kollegen einstufen:

| | | |
|---|---|---|
| analytisch | ○ ○ ○ ○ ○ ○ ○ ○ ○ ○ | emotional |
| kritisch | ○ ○ ○ ○ ○ ○ ○ ○ ○ ○ | optimistisch |
| kreativ | ○ ○ ○ ○ ○ ○ ○ ○ ○ ○ | ordnungsliebend |

Das ist natürlich kein psychologisches Persönlichkeitsprofil, hilft aber in der finalen Auswahl, das Teilnehmerfeld hinsichtlich der gewünschten Vielschichtigkeit feinzujustieren.

# Rollen

So ein Innovationsprozess läuft nicht von allein. Neben der Auswahl von Teilnehmern gibt es Kompetenzen zu klären und für verschiedene Aufgaben administrative Rollen zu besetzen:

## Produkt-Owner PO

Initiator des Innovationsprozesses, kann auch aktiv involviert sein, übernimmt dabei Teile des Projektmanagements, sorgt für die nötigen Mittel, Freigaben und Ressourcen.

## Innovationsmanager IM

Managt den Innovationsprozess insgesamt, stimmt sich dabei mit PO und Moderator(en) ab, hält alle Fäden zusammen, peitscht die Ergebnisse von Sprints herbei, holt Freigaben ein.

## Moderator M

Methodensicherer Kommunikator, konzipiert, plant und moderiert Workshops, Sprints, Sessions im Detail, stimmt sich dabei mit IM und Facilitator ab.

## Facilitator F

Zeugwart, übernimmt Teilaufgaben des Moderators, unterstützt Teams in der Gruppenarbeit, sorgt für angenehme Arbeitsatmosphäre, zeichnet, scribbelt, Tools und Technik.

## Experten E

Das sind grundsätzlich alle Teilnehmer, bringen durch Ausbildung, Position oder Erfahrung eine individuelle Perspektive in den Innovationsprozess ein, können auch nur phasenweise oder indirekt beteiligt sein.

## Ideen-Pate P

Ansätze und Ideen begeistern und überzeugen unterschiedlich stark. Teilnehmer können Ideen-Pate werden, das heißt, sie begleiten, unterstützen und fördern die Ideen von den ersten Ansätzen im Idealfall bis zum fertigen Produkt. Wichtig: Auch Ideen-Paten brauchen eine starke kritische Perspektive, Begeisterung darf nicht in Besessenheit umschlagen.

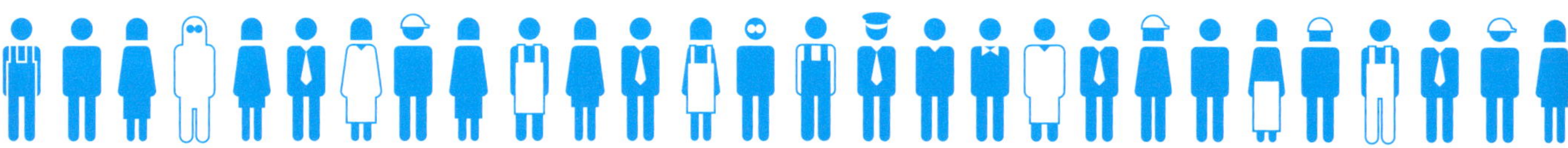

# Ten Faces of Innovation

Tom Kelley, Gründer von IDEO, einem der ersten modernen Thinktanks in den USA, beobachtete, dass es 10 Rollen oder Typen gibt, die in Innovationsprozessen für besondere Fortschritte und multiple Ansätze sorgen. Er teilte sie in drei Gruppen ein: die Lernenden, die Organisierer und die schöpferischen Anwender. Auch wenn der IDEO-Ansatz speziell auf Consumer-Produkte und User-Centered-Design abgestimmt ist, kann man sich hier einiges Nützliches für das eigene Team abgucken:

## The Learning Personas – die Vorbereiter

**Anthropologist:** sehr gute, ergebnisoffene Beobachter, kennen sich im Markt und mit den Anwendern eines Produkts aus, finden spannende Inspirationsquellen.

**Experimenter:** neugierig darauf, Dinge auszuprobieren, Parameter zu verändern, zu experimentieren und effektivere, bessere, einfachere, schnellere ... Wege zu finden.

**Cross-Pollinator:** bringt Dinge, Konzepte, Ideen zusammen, die bisher noch nie zusammengefunden haben, interessiert sich für ein breites Themenspektrum, sehr neugierig, empfindet Einschränkungen als Herausforderung.

## The Organizing Personas – die Ermöglicher

**Hurdler:** Berufsoptimist, sucht beharrlich nach Wegen und Möglichkeiten, um Schwierigkeiten, Hürden und Barrieren zu umgehen oder aus dem Weg zu räumen.

**Collaborator:** Teamplayer schlechthin, bringt Leute zusammen, holt sie aus ihren Silos in interdisziplinäre Teams, überwindet dafür Grenzen, mehr Coach als Boss.

**Director:** Projektmanager, Mutti für alles, hat den Überblick und Plan, kriegt die Dinge geregelt.

## The Building Personas – die Sichtbaren

**Experience Architect:** kümmert sich unermüdlich um hohen Nutzwert, Usability und gute User Experience der Produkte, Services, Events und Interaktionen – macht aus allem ein Erlebnis.

**Set Designer:** bereitet die kreative Bühne für das Team, macht aus einem Raum einen inspirierenden Innovation-Experience-Space voll mit spannenden Gimmicks.

**Storyteller:** setzt krude Ideen in spannende Geschichten, erklärende Illustrationen, Scribbles, unterhaltsame Videos, informative Animationen, Comics ... um. Macht Ideen kommunizierbar.

**Caregiver:** Mit viel Empathie sorgt er/sie für den Wohlfühlfaktor und das Sich-verstanden-Fühlen unter allen Beteiligten bei allen Interaktionen während des gesamten Prozesses. Besonders wichtig, wenn es mal schwierig, kompliziert, zäh, übermäßig kontrovers, emotional ... wird.

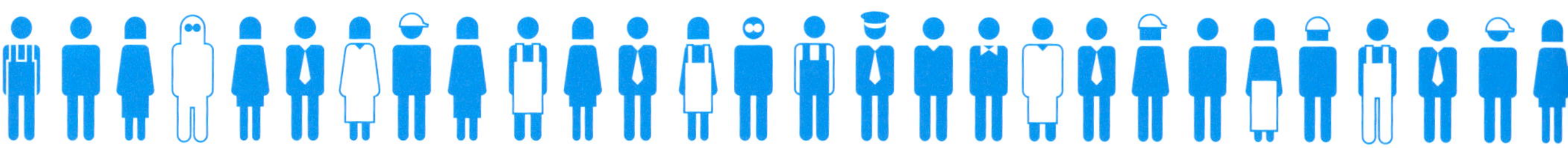

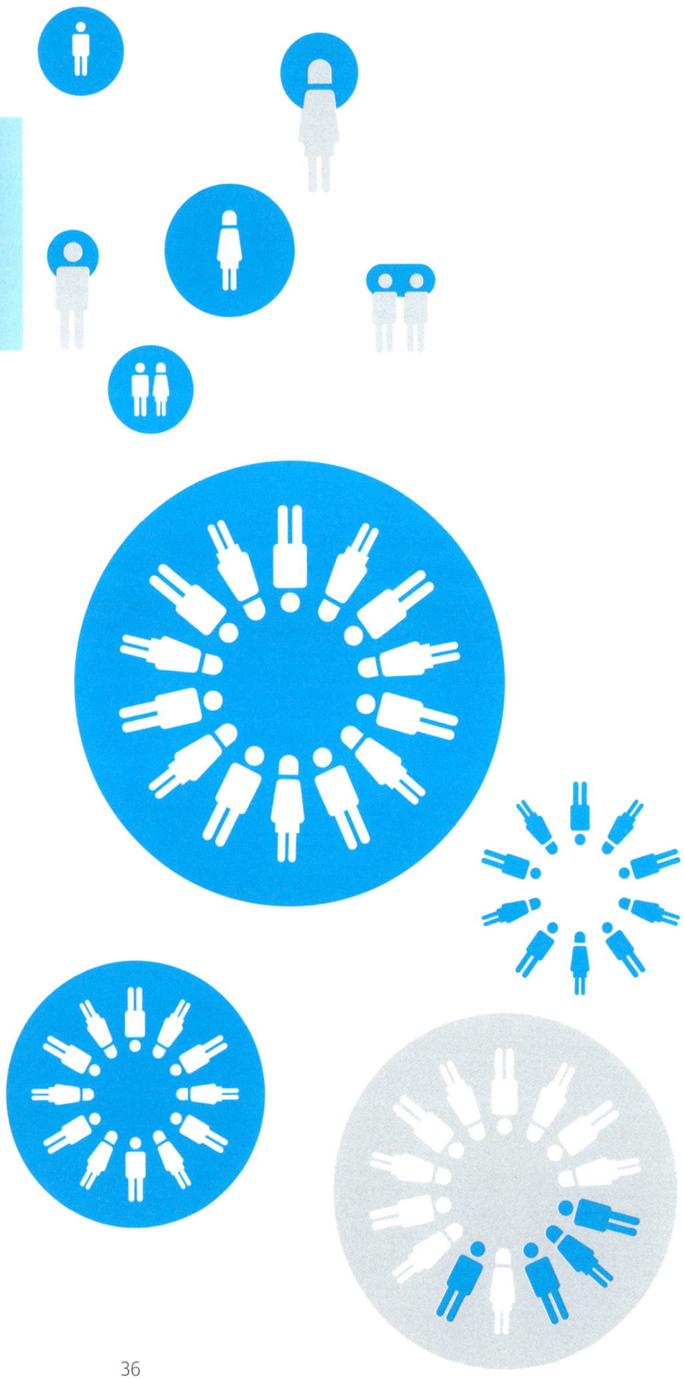

# ARBEITSKULTUR UND FORMATE

Mit einem jährlichen, spaßig-kreativen Innovationsworkshop werden Sie sicher spannende und vielversprechende Ideen und Ansätze generieren. Je nach Vielfalt, Unterhaltungs-, Interaktions- und Disruptionsgrad dieses Workshops werden sich die Teilnehmer auch noch lange an diese unterhaltsamen Tage erinnern. Aber was geschieht anschließend – was dürfen, können, sollen sie von diesem Ereignis in ihren Arbeitsalltag den Rest des Jahres übernehmen und fortsetzen? Wie innovativ hätten Sie's denn gerne – und darf□s ein bisschen mehr sein? Wie mit vielen anderen Dingen im Leben ist es auch mit der Innovation: Es funktioniert dann am besten, wenn man nicht mehr darüber nachdenken muss, wenn es in das ganz selbstverständliche Handlungsrepertoire übergegangen ist.

Um Innovation nicht als singuläres Event, sondern als Teil der Unternehmenskultur zu etablieren, müssen Sie daher kreative und disruptive Denkmuster zuerst in den beteiligten Köpfen verankern. Sorgen Sie für innovative und kreative Methodenkompetenz, für sehr regelmäßige Erfahrungen damit und somit schließlich für Sicherheit und Zuversicht. Indem Sie Methoden und Prozesse verstetigen, fördern Sie auch Verhaltensänderungen hinsichtlich der individuellen kreativ-innovativen Denk- und Arbeitskultur.

Innovation ist Teamsport. Sorgen Sie für sehr regelmäßigen, institutionalisierten und informellen Austausch unter allen Beteiligten. Führen Sie in Projekten sukzessiv verschiedene Meeting-Formate ein, Monats-, Wochen- und Tagesroutinen, Aktionen, individuelle und Team-Aufgaben sowie Lern- und Verstetigungsevents. Vom Leichten zum Schwierigen, vom Einfachen zum Komplexen, vom Individuum zum Team.

## Individualarbeit

Idealerweise – und darauf sollten Sie unbedingt hinarbeiten – kennt und verinnerlicht jedes Teammitglied die Spielregeln und Rahmenbedingungen kreativer und innovativer Arbeit. Dadurch schlagen Sie gleich zwei Fliegen mit einer Klappe: Erstens erweitern Sie den kreativen Denk- und Aktionsradius jedes Einzelnen enorm, zweitens schaffen Sie damit die perfekte Biosphäre kreativ-innovativer Zusammenarbeit im Team.

Kreative Player bringen ihren ganz eigenen, höchst einzigartigen Gedanken-, Erfahrungs-, Kompetenz- und Ideen-Kosmos ein und leisten damit sehr wertvolle individuelle Beiträge. Als Teamplayer sind sie darüber hinaus selbstkritisch, offen, neugierig, tauschen sich gerne aus und sind gespannt auf das Feedback der anderen.

Mit permanenten Bedenkenträgern, Showstoppern, Diven, Narzissten, Bremsern oder gar Gegnern hingegen kommen Sie nicht weit. Machen Sie klar, dass fachliche Kritik und Risikohinweise in Bewertungs- und Ausarbeitungsphasen willkommen sind, ständige subjektiv-muffige »Find ich nicht gut«-Aussagen hingegen insgesamt kontraproduktiv sind und daher geächtet werden.

Teilen Sie größere Aufgaben in fest umrissene Aufgabenpakete, zum Beispiel Recherchen, Berechnungen, interne Ressourcenplanung, Vor- und Nachbereitungen, Auswertungen, Kommunikation, Facilitation, auf. Diese können, je nach Kompetenz und Neigung, von einzelnen Teammitgliedern abgearbeitet werden. Finden Sie herausfordernde Nischen für Eigenbrötler und professionelle Bedenkenträger, auf deren Expertise Sie nicht verzichten wollen. Fordern Sie zu freiwilligen, gegenseitigen Schulterblicken auf, zum informellen, fachlichen Austausch untereinander auch zwischen festen Terminen.

### Teamarbeit

Für fast alles gibt es Spezialisten und in einer hochkomplexen Welt sind wir mehr denn je auf sie angewiesen, um uns als Unternehmen oder Gesellschaft zu behaupten. Im Team kommen alle individuellen Expertisen, Talente, Erfahrungen und Werte zusammen. Ein innovatives Team beherrscht und lebt darüber hinaus auch die Spielregeln und Rahmenbedingungen von Kreation und Innovation.

Der besondere Wert so eines Teams besteht vor allem in der offenen Zusammenführung sämtlicher Erkenntnisse und Perspektiven sowie das Denken in Möglichkeiten – und das in allen Phasen der Innovation. In der Identifikation von interessanten und vielversprechenden Handlungsfeldern, in der Kreation spannender, disruptiver Ideen, bei deren Bewertung, Beurteilung und Auswahl und schließlich bei Ausarbeitung zu einem Produkt, Service oder Prozess.

Sie ist damit deutlich mehr als die Summe ihrer Teile: Kreative Teamarbeit profitiert enorm von Synergieeffekten, von Inter- und Transdisziplinarität, von gegenseitiger Verstärkung und Potenzierung, von Vielfalt und Dynamik.

Nutzen Sie das Team für Divergenz und Konvergenz. Für angeregte und leidenschaftliche Positionen und Diskussionen, dann für fundierte Abstimmungen, Konsens bezüglich Phasenabschlüssen und den daraus folgenden anschließenden Schritten.

Vorsicht: Missbrauchen Sie es nicht zur Gleichschaltung und Nivellierung der entstehenden Ideen – im Gegenteil: Lassen Sie auch absurde, verrückte, bizarre, merkwürdige Ansätze zu.

## Formate

Zu Etablierung einer produktiven Innovationskultur fangen Sie mit der Befähigung Ihres Teams an. Das können Sie mit einer Reihe von Kreativ- und Innovations-Seminaren oder der Unterstützung durch einen erfahrenen Innovationsmanager oder -moderator angehen. Dann sollte es jedoch bald zu auf Ihr Unternehmen beziehungsweise Team abgestimmte und zugeschnittene Formate, Routinen und Abläufe kommen, die Ihre individuellen Möglichkeiten berücksichtigen.

### Routinen

Zu den Routinen gehören Angewohnheiten und sehr regelmäßige Abläufe – egal ob auf täglicher, wöchentlicher, monatlicher oder quartalsweiser Basis –, mit denen Sie Kreativität und Innovationsdenke aktiv in den Alltag aller Beteiligten integrieren. Das können kleine Reminder und Verstärker, wie eine Morning-Routine oder die Cup-Cake-Philosophie sein, ein Micro-Team-Event wie die Curiosity-Cake-Challenge oder das Team-Canvas.

## Cup-Cake Philosophy

Weg von den eigenen Bedürfnissen und Perspektiven: Wann haben Sie das letzte Mal jemandem einen kleinen Gefallen getan – zum Beispiel einen Cup-Cake mitgebracht? Schaffen Sie Aufmerksamkeit, eine angenehme Arbeitsatmosphäre der gegenseitigen Wertschätzung und Teamspirit.

## Schulterblick

Qualität, Offenheit und Kritikfähigkeit stärken: Wann haben Sie zuletzt jemanden zu einem Schulterblick über Ihre Arbeit gefragt? Je häufiger wir andere nach deren fachlicher Meinung und Einschätzung fragen, desto schneller verbessern wir die Qualität unserer Arbeit, desto leichter fällt uns die Zusammenarbeit mit anderen und desto eher verlassen wir insgesamt kontraproduktives Silo-Denken. Fordern Sie zu freiwilligen Schulterblicken auf, bei denen sich niemand einen Zacken aus der Krone bricht.

## Miracle Morning Routine

Beginnen Sie den Tag mit einem oder mehreren der folgenden Aktivitäten:

**Silence:** Nehmen Sie sich 5 Minuten Zeit für Ruhe und Stille, während der man sich gedanklich auf sich und die eigenen kreativen Fähigkeiten konzentriert.

**Affirmation:** Ebenfalls in 5 Minuten Ruhe und Stille auf die Erledigung der anstehenden (Teil-)Ziele und Aufgaben inklusive Zeithorizont des Innovationsprojekts konzentrieren.

**Visualisierung:** Wie sieht es aus und fühlt es sich an, die heute anstehenden Ziele erfüllt zu haben?

**Exercise:** Gehen Sie den Tag idealerweise auch mit 30 Minuten körperlicher Bewegung an, zum Beispiel, indem Sie mit dem Rad (zur Arbeit oder ums Homeoffice) fahren, joggen oder energisch spazieren gehen.

**Reading:** Lesen Sie mindestens 15 Minuten Dinge, die nichts mit dem Job zu tun haben.

**Scribe:** Bringen Sie Gedanken aufs Papier, Alltagsnotizen, Scribbles, Todos

Hal Elrod beschreibt SAVERS (Silence, Affirmation, Visualisation, Exercise, Reading, Scribe) als »The Miracle Morning – 6 habits that will transform your life«.

# Team-Canvas

Das Team-Canvas (TC) ist vor allem hilfreich in der Formationsphase eines festen oder Projekt-Teams. »In der Teamarbeit sind Dinge, über die man nicht spricht, oft am wichtigsten«, fasst Alex Ivanov, Autor des Team-Canvas, zusammen.

Es schafft klaren Überblick und Konsens zu gemeinsamen Zielen, Werten, Personen und Rollen, Regeln und Aktivitäten und schließlich dem Zweck des Ganzen: die Innovation. Das Team-Canvas ist damit Leitlinie für die ganze Gruppe, bietet aber auch Orientierung auf individueller Ebene: Wo stehe ich, was kann ich persönlich jeweils beitragen, wo sind meine Schwachpunkte, was erwarte ich, was brauche ich?

Sie können mit dem Team-Canvas den Dialog fördern, das Zugehörigkeitsgefühl stärken, Konflikte lösen, Missverständnissen vorbeugen und neue Teammitglieder integrieren.

Das TC steht an einer prominenten Stelle (analog oder digital) für alle permanent gut wahrnehmbar.

**1. Ziele**

Was wollen wir als Gruppe erreichen, welche Kernziele sind möglich, messbar, in welchem Zeitrahmen?

**2. Personen, Kompetenzen, Rollen**

Teilnehmende und deren Aufgaben und Rollen im Team

**3. Sinn & Zweck**

Wozu machen wir das Ganze?

**4. Werte**

Wofür stehen wir und welche Werte bestimmen unser Handeln?

**5. Regeln, Kommunikation, Entscheidungen**

Auf welcher Basis wollen wir zusammenarbeiten, miteinander kommunizieren, Entscheidungen treffen?

www.theteamcanvas.com, Alexey Ivanov

# Formate

## Sessions

Die kleinste zeitliche und organisatorische Einheit für innovative Gruppenaktivitäten ist die Session. Zwischen 10 und 120 Minuten beschäftigen Sie sich als Team mit einem einzigen Thema: identifizieren Handlungsfelder, generieren Ideen, bewerten Ansätze oder tauschen sich zu Arbeitsständen aus. Sessions können als fokussiertes Einzelevent oder als Bausteine von umfassenderen Workshops konzipiert und genutzt werden.

Als »Dailys«, »Regulars« oder »Stand-ups« sind sie kurze Meetings – nicht länger als 15 Minuten –, in denen der Stand der Arbeitspakete und Sprints gesichtet, bewertet und gegebenenfalls neue verteilt werden.

## Workshops

Workshop, der – möglichst abwechslungsreiche Teamaktivität jenseits des Arbeitsalltags, bei der ausgiebig und ergebnislos diskutiert wird, man sich nach der Mittagspause ein Durchhängerchen erlauben kann und am Ende wenig Neues herauskommt. Kennen wir, haben wir alle schon zur Genüge mitgemacht, vielleicht selbst geplant, durchgeführt und ausgewertet. Wenn man vom Ursprung genialer Ideen hört, so ist von Moderationskoffer und Konferenzraum selten die Rede. Machen Sie es besser:

Nutzen Sie Workshops als echte Chance, wertvolle Insights und spannende Ergebnisse zu produzieren. Ein effizienter Workshop ist methodisch abwechslungsreich, hält anregende Impulse vor, hat einen guten Rhythmus von intensiven und lockeren Arbeitsphasen, sogenannten Sessions, motiviert die Neugier und fordert die Teilnehmer, aber erschöpft sie nicht. Schnüren Sie am Ende konkrete Arbeitspakete und sorgen Sie für ausreichend Transparenz in der Ergebniskommunikation.

Planen Sie Ihre Workshops minutiös und äußerst sorgfältig durch: methodisch, zeitlich, inhaltlich, räumlich.

Verändern Sie das Setting regelmäßig, machen Sie es »alles außer gewöhnlich«. In unterschiedlichen Räumen, Umgebungen und Locations idealerweise auch außerhalb des Unternehmens entwickeln Sie interessante und neue Impulse. Machen Sie sich auch Gedanken über das Arbeitsmaterial: merkwürdige Stifte, Papier in ungewöhnlichen Formaten und aus ungewohnten Materialien, neue analoge oder digitale Tools, etwas Spielzeug – alles ist geeignet, eingefahrene Denkmuster durchzuschütteln. Ein außergewöhnliches Catering sorgt zudem für weitere ungewohnte Eindrücke.

Workshops sollten keine durchgehend mehrtägigen Monsterveranstaltungen mit Dutzenden Teilnehmern sein. Wenn es nicht anders geht, teilen Sie große Gruppen (über 12 Beteiligte) in parallel oder zeitversetzt arbeitende Gruppen auf. Splitten Sie sie gegebenenfalls in mehrere kleine Einheiten auf Session-Ebene auf.

Setzen Sie Workshops bewusst als eindrucksstarke Impulsgeber – Starter und Finisher – für die verschiedenen Phasen der Innovation ein – für alles andere gibt es Sessions, Sprints und konkrete Arbeitsaufträge.

## Sprints

Zeit, Dinge zu erledigen. In Workshops und Sessions werden gemeinsam Handlungsfelder identifiziert, Ideenräume geöffnet und bisherige Ansätze als Produkt, Geschäftsmodell oder Service weitergedacht. Die Ergebnisse werden anschließend im Konsens als konkrete Arbeitspakete oder Handlungsaufträge formuliert und personell zugeordnet.

Sprints sind die Zeiträume, in denen individuell oder in Sub-Teams entsprechend recherchiert, analysiert, experimentiert, gestaltet, probiert, verhandelt, berechnet, diversifiziert … kurz: gearbeitet wird. Diese Zeit kann im Rahmen frei eingeteilt werden – zum gemeinsam verabredeten nächsten Meilenstein sollten dann aber entsprechende Ergebnisse vorliegen.

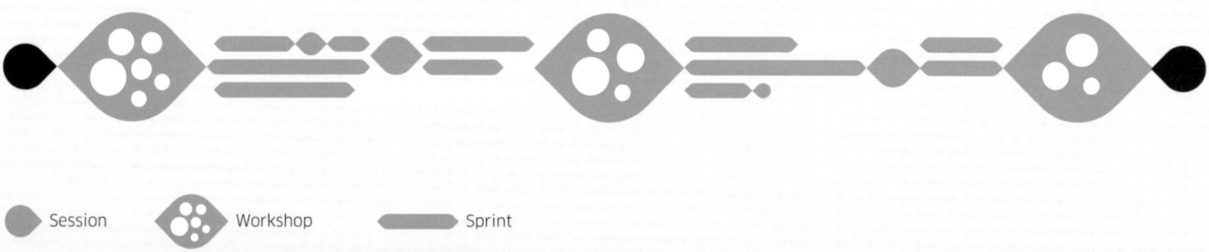

## Projekte

Als Projekte gelten alle Vorhaben mit einem festgelegten Ziel, zeitlichem Rahmen und bestimmten Erwartungen hinsichtlich der Qualität des Ergebnisses. Das kann ein Innovationsprojekt in seiner Gesamtheit sein, aber auch wesentliche Abschnitte davon – je nachdem wie klar oder unsicher der zu beschreitende Weg ist. Oft sind Initialisierung, Ideation, Prototyping und Umsetzung jeweils eigene Projekte, nach Bedarf und Anforderungen auch mit eigenen beziehungsweise erweiterten Projektteams.

## Inhouse-Inkubator

Je größer das Unternehmen, desto vielfältiger und kreativer die Möglichkeiten, Innovationsvorhaben aktiv anzugehen, zu fördern und zu realisieren. Ein ordentlicher Konferenzraum ist nun mal kaum das richtige Umfeld, um Mitarbeiter auf außerordentliche Gedanken zu bringen. Aber auch das hipp eingerichtete Innovation-Lab mit Start-up-Atmosphäre, Mate-Kühlschrank, Kickertisch und Lümmelecke ist kein Garant für kreative Höhenflüge. Das Entscheidende daran ist die lokale Verortung und erlebbare Institutionalisierung des Innovationswillens. Ausgestattet mit hilfreichen Tools und Arbeitsmitteln, Möglichkeiten für Gruppenarbeit, Sessions und Workshops, allerlei möglichst wechselnden Inspirationsquellen und gegebenenfalls echten Werkzeugen. Allerdings gilt auch hier: Bitte keine Top-down-Entscheidungen – binden Sie motivierte Mitarbeiter unbedingt in die Auswahl, Implementierung und Ausgestaltung mit ein oder überlassen Sie es ihnen ganz.

Der Inhouse-Inkubator kann das Zuhause zahlreicher paralleler Innovationsprojekte sein.

Schaffen Sie mit Ihren räumlichen und strukturellen Möglichkeiten eine feste Anlaufstelle für Ideen, für Austausch, für Inspirationen – eben einen (H)Ort der Innovation. Dann wird es den auch in den Köpfen Ihrer Mitarbeiter geben, egal wie beeindruckend oder bescheiden ausgestattet.

Und finden Sie bitte einen individuelleren, kreativeren Namen als »Inhouse-Inkubator« oder »InnoLab«.

# Kanban-Board

Mit einem Kanban-Board behalten Sie Ihr Innovationsprojekt jederzeit gut im Blick.

Gemeinsam mit dem Team brechen Sie sämtliche anstehenden Aufgaben, Teilprozesse, Subprojekte, Workshops und Sessions in jeweils überschaubare Arbeitspakete oder sogenannte Tickets herunter. Diese werden einem Sub-Team oder einer Person zugeordnet und in die Spalte »To-do« platziert. Geht eine Aufgabe in die Bearbeitung, verschiebt sich das Ticket von To-do zu Doing. Ist die Aufgabe erledigt, von Doing zu Done. Der Innovationsmanager prüft, ob Done auch tatsächlich zutrifft.

Hier haben sich digitale Tools wie Trello, Smartsheet, Zenkit oder GitLab (für Entwickler) bewährt.

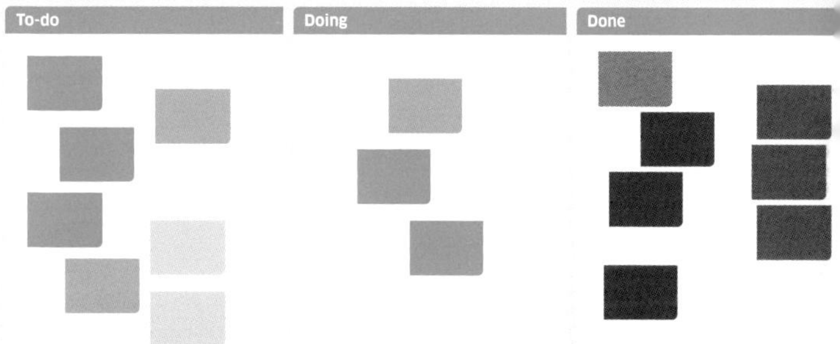

# INNOVATIONSPROZESSE

In den vergangenen Jahren haben diverse Innovationsprozesse einen Hype erlebt. Und während bestimmte Methoden mittlerweile den Status einer heiligen Kuh innehaben, werden immer wieder neue Säue durchs Innovationsdorf getrieben – gleichzeitig geraten äußerst produktive, aber ältere Verfahren ins Reich der Legenden.

Wir setzen uns mit neueren Prozessen auseinander, schauen auf ein paar ebenso interessante und bewährte Methoden und extrahieren aus allen die effektivsten und zielführendsten Gemeinsamkeiten. Um es vorwegzunehmen: Das ist »Innovation plug & play«.

## Generischer Innovationsprozess

So oder ähnlich können Innovationsprozesse generell für alle möglichen Zwecke ablaufen. Egal ob technische Produktentwicklung, Consumer-Goods, Prozess-Gestaltung, Service-Design, Vermarktung, Geschäftsmodellentwicklung – mit der Wahl geeigneter Methoden lassen sich in jeder Phase herausragende Ergebnisse erzielen.

1. **Initialisierung:** Team und Prozess installieren, innovative Suchfelder definieren.
2. **Ideenfindung:** Ideen zu den definierten Suchfeldern entwickeln und sammeln.
3. **Bewertung:** Vielversprechende Ideen aus dem Pool näher unter die Lupe nehmen, beschreiben, ausformulieren, bewerten, in die nächste Phase geben.
4. **Grobkonzept:** Erneute, nun detailliertere Betrachtung und Ausarbeitung, Potenzial- und Produktionsanalyse, Machbarkeitsstudie, Prototyping.
5. **Umsetzungskonzept:** Es wird konkret mit Zahlen, Daten, Fakten, einem Businessplan, Verträgen, Einplanung von Mitteln.
6. **Realisierung:** Das Produkt, die Services, das Verfahren kommt in den Markt.

Zeitraum und Agilität: Von Tagen bis Jahren, von Schnellboot bis Supertanker ist alles möglich.

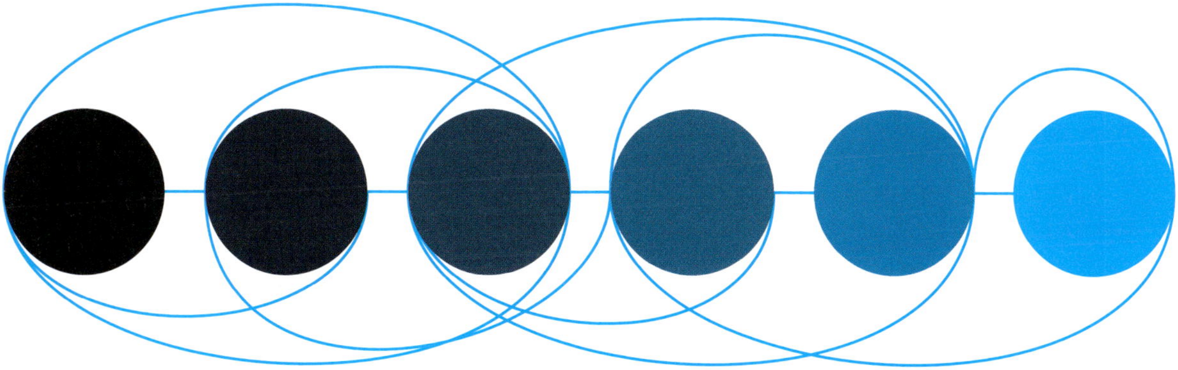


# Design Thinking

Design Thinking (DT) hat seinen Ursprung in der Arbeit der amerikanischen Design- und Innovationsagentur IDEO sowie der Stanford University und wird vom Hasso-Plattner-Institut weiterentwickelt und vermarktet. DT hat einen klaren Schwerpunkt in der Entwicklung von Konsumgütern und Dienstleistungen.

1. **Verstehen:** Am Anfang steht das tief gehende Verständnis eines zugrunde liegenden Problems, das zum Beispiel in einem »Problem Statement« formuliert wird.
2. **Beobachten:** Nutzer, Stakeholder und deren Umfelder werden beobachtet, interviewt, analysiert, bewusste und unbewusste Bedürfnisse identifiziert.
3. **Standpunkt definieren:** Verständnis und Beobachtungen werden zu einem Standpunkt verdichtet und als Startpunkt oder Suchauftrag in der anschließenden Ideenfindung genutzt.
4. **Ideen finden:** Diverse Methoden der Ideenfindung, insbesondere human-centered approaches, finden Anwendung.
5. **Prototyping:** Prototypen machen Ideen anschaulicher und begreifbarer. Sie sollen kein semiperfektes Vorzeigeobjekt sein, sondern ein möglichst schnell und günstig hergestelltes Modell.
6. **Testen:** Der Prototyp soll so beschaffen sein, dass man ihn unter Realbedingungen testen und an und mit ihm Lernen und Fehler erkennen kann. Mit diesen Erkenntnissen steigt man iterativ in entsprechende vorherige Phasen des DT-Prozesses ein und entwickelt ihn somit weiter.

Zum Abschluss steht oftmals noch eine Reflexion über das Team und den Prozess, der somit selbst zum Gegenstand der Iteration und Innovation wird.

## Google Design Sprint

Google wäre nicht Google, wenn es nicht auch einen eigenen Weg der Innovation vormachen würde. Ganz nach Art des Hauses wird beim Design-Sprint nicht gekleckert, sondern geklotzt: Die fünf fest definierten Phasen werden an den fünf Arbeitstagen einer Woche durchgezogen.

1. **Understand:** Start mit einer Analyse-Phase: »Wer ist der Kunde, wer ist der Nutzer und welche Probleme haben sie?«
2. **Diverge:** Dann geht's auch schon in die Ideenfindung, mit der Besonderheit, dass zunächst alle Teilnehmenden individuell Ansätze entwickeln und sie erst im Anschluss miteinander teilen.
3. **Converge:** Lösungsansätze werden möglichst kontrovers diskutiert, je heißer die Debatte, desto spannender die Ideen. Welche Ansätze dürfen in die nächste Phase?
4. **Prototype:** Quick-and-dirty und so Low-Fidelity beziehungsweise High-Fidelity, wie es gerade erforderlich ist, um Nutzungshypothesen zu überprüfen und mögliche Fehlannahmen zu erkennen.
5. **Test:** Hosen runter, die Prototypen werden idealerweise mit realen Nutzern getestet. Freuen Sie sich auf alle Fehl-Funktionen, -Annahmen, -Konstruktionen, die Ihnen wertvolle Insights für die nächste Iterationsstufe liefern.

Iteration ist auch hier der nächste Schritt, um aus den Ideen und Ansätzen innovative, funktionierende, begeisternde Produkte, Dienstleistungen und Prozesse zu entwickeln.

## TRIZ

Teoria reschenija isobretatjelskich sadatsch – zu Deutsch »*Theorie des erfinderischen Problemlösens*« wurde bereits in den 1950er Jahren vor allem von dem russischen Ingenieur und Wissenschaftler Genrich Altschuller entwickelt. Bei der Sichtung zahlloser Patentschriften fiel ihm auf, dass viele Erfindungen auf der Verknüpfung von ursprünglich 39 (heute umfasst diese Liste gut 50) technischen Parametern mit 40 innovativen Grundprinzipien basieren. Pures TRIZ ist zwar besonders für Innovationen mit einem technischen Kern geeignet, die erfinderischen Prinzipien eignen sich jedoch auch hervorragend für konzeptionelle Kreativität und sind daher universell anwendbar.

In Kapitel 3 *GENERATE* finden Sie eine ausführliche Aufstellung der Parameter und Prinzipien.

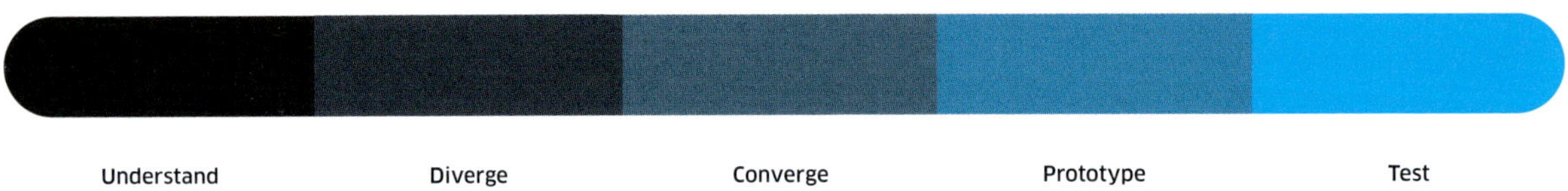

# Six Sigma

Vorläufer wurden in den 1970er Jahren im japanischen Schiffbau eingeführt, den Namen und die heutige Ausprägung erhielt es 1987 bei Motorola. Six Sigma ist vor allem ein Managementsystem zur Prozessverbesserung. Verschiedene Toolboxes, etwa Kunden-, Projekt-, Schlankheits-, Management-, Design-, Grafik- und Statistik-Werkzeuge, kommen in den fünf Phasen zum Einsatz. Warum fünf Phasen, aber sechs Sigma? In der Statistik steht das Six-Sigma-Niveau für eine Null-Fehler-Quote.

1. **Define:** Was ist das Problem und wie soll eine Lösung aussehen?
2. **Measure:** Der zu verbessernde Prozess und seine Performance werden mit Zahlen, Daten, Fakten unter die Lupe genommen.
3. **Analyze:** Aus den Daten werden die wesentlichen Kernursachen abgeleitet.
4. **Improve** *oder* **Engineer für neue Prozesse:** Parameter, die das Problem verursachen, werden modifiziert oder beseitigt, gegebenenfalls Generierung völlig neuer Lösungsansätze.
5. **Control:** Der neue Prozess wird (mit statistischen Mitteln) überwacht.

Der administrative Aufwand ist bei Six Sigma recht hoch und lohnt sich erst, wenn verbesserte Prozesse einen Wertschöpfungszuwachs im mittleren fünfstelligen Bereich zu erzielen versprechen.

Allen Innovationsprozessen gemeinsam ist also eine initiale, mehr oder wenig stark ausgeprägte Verständnis-, Analyse- oder Definitionsphase, stets gefolgt von ebenso mehr oder weniger intensiver Ideenfindung. Zum Abschluss gehen die Wege methodisch etwas weiter auseinander, aber überall wird probiert, getestet, kontrolliert, Prototypen gebaut und ausgewählte Ideen auf deren Stärken, Schwächen, Potenziale und Risiken hin abgeklopft und so zu einem innovativen Produkt verdichtet. Kurz: Initiate – Ideate – Generate.

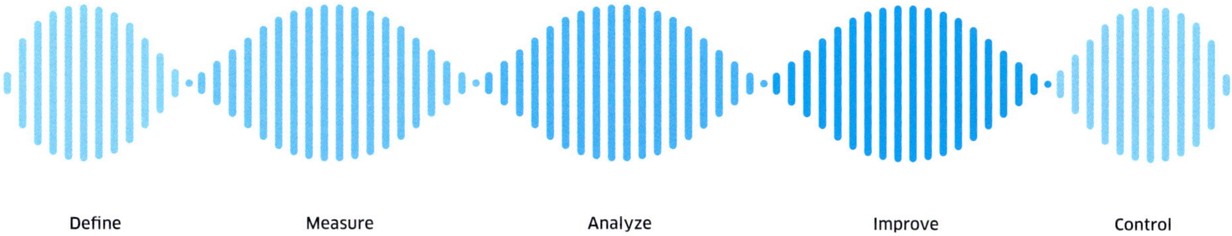

# CHANGE

»Innovation needs to destroy something old«, formulierte der Medienphilosoph Marshall McLuhan. Jeder geht unterschiedlich mit Veränderungen um – und Innovationen sind immer auch Veränderungen, Begegnungen mit etwas Neuem, vielleicht Unbekanntem, möglicherweise sogar Ungewolltem.

In Innovationsprozessen geht es immer auch darum, aktiv und passiv Beteiligte mitzunehmen und idealerweise als Unterstützer zu gewinnen. Wir leben in einer sich unglaublich schnell verändernden Welt voller Komplexität, Volatilität, Unsicherheit und Mehrdeutigkeit (VUCA), die unsere biologisch-evolutionäre Anpassungsfähigkeit schon vor einiger Zeit überholt hat. Reagieren Sie proaktiv und empathisch auf Verunsicherungen, Sorgen und mögliche Ängste. Und das idealerweise schon von Anfang an und nicht erst vor den vollendeten Tatsachen.

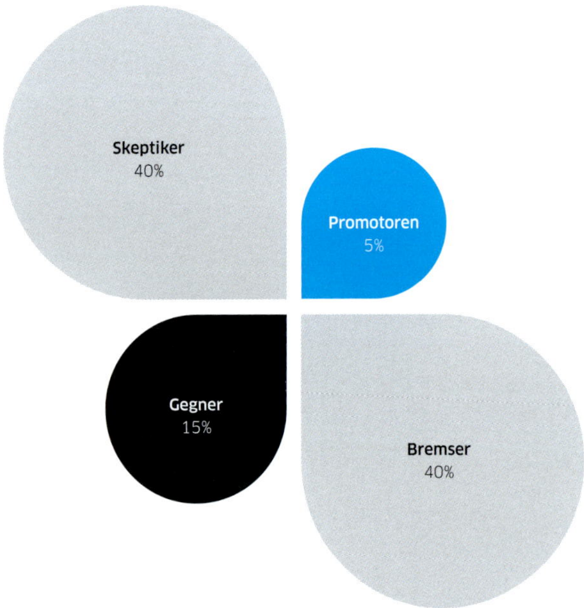


## Akteure

Identifizieren Sie Betroffene aus dem unmittelbaren Umfeld, aus den Abteilungen und dem ganzen Unternehmen. Aus dem Mikroumfeld wie Kunden, Partner, Lieferanten und gegebenenfalls auch aus dem Makroumfeld wie Verbände, Behörden, Organisationen.

## Akzeptanz

Wie ist deren Akzeptanz: Sind sie begeisterte Fans, verunsicherte Skeptiker, verständnislose Bremser oder gar Gegner der anstehenden Veränderung? Versetzen Sie sich in deren Lage: Was bewegt sie, was stört sie, welche Fragen haben sie, was ist ihnen unklar? Gegner sind oft Personen, die durch die Veränderungen etwas zu verlieren haben, Skeptiker unterstützen Sie vielleicht nur deshalb nicht, weil ihnen der volle Überblick fehlt. Finden Sie heraus, warum Bremser so am Status quo festhalten. Welche Informationen, Argumente, Angebote, Hilfen haben Sie für die drei?

## Kommunikation

Kommunizieren Sie über verschiedene Kanäle und Plattformen. Seien Sie angemessen transparent und nehmen Sie das Team und den Rest des Unternehmens mit: vorher, am Anfang, mittendrin, auch wenn's gerade schwierig ist, beim Finalisieren, und beim Feiern des Erfolgs.

Change-Management ist vor allem Kommunikation.

*»Das Geheimnis des Wandels ist, die ganze Energie nicht auf den Kampf gegen das Alte, sondern auf den Aufbau des Neuen zu konzentrieren.«*

**Sokrates**

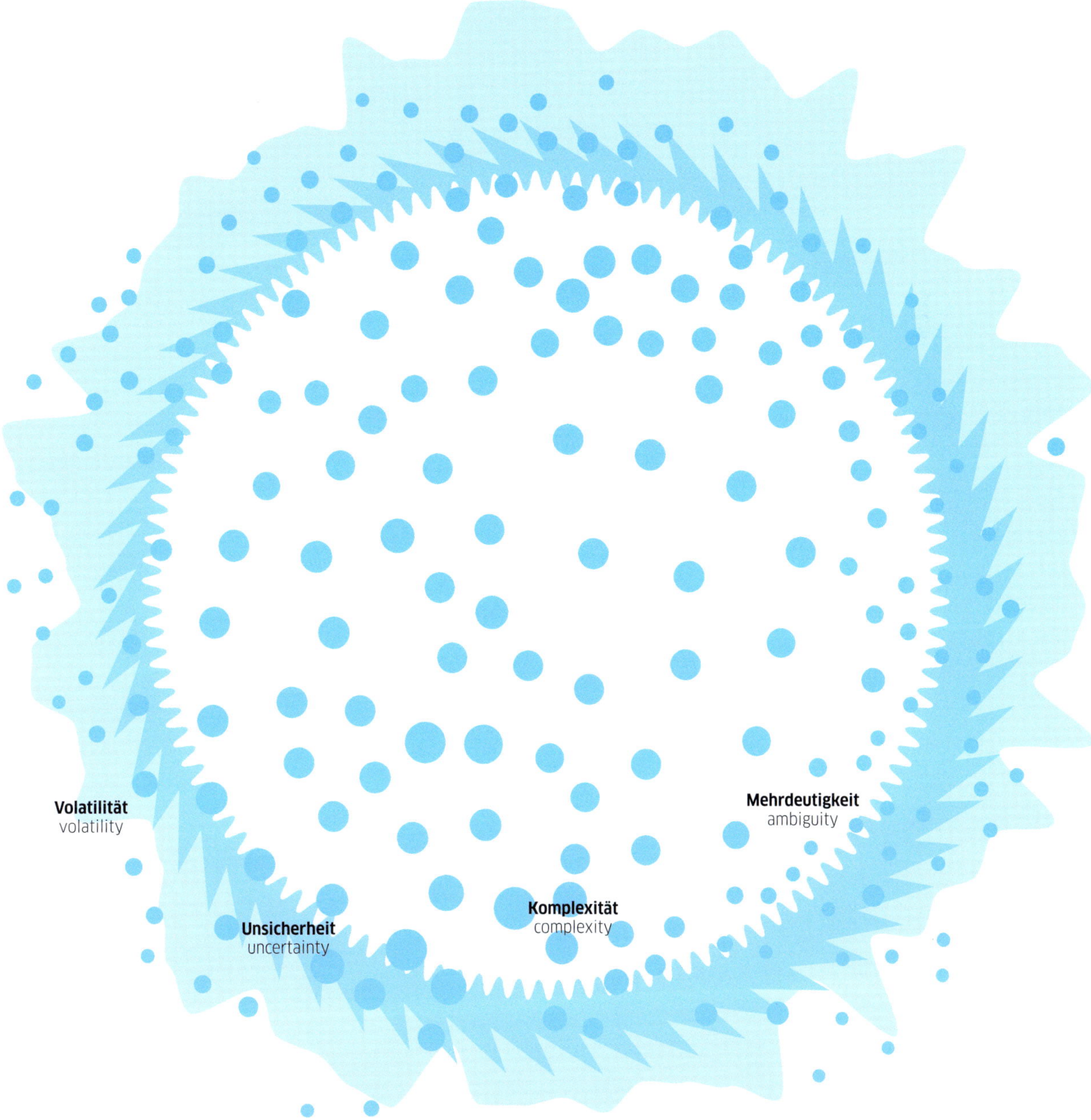
Volatilität
volatility
Unsicherheit
uncertainty
Komplexität
complexity
Mehrdeutigkeit
ambiguity

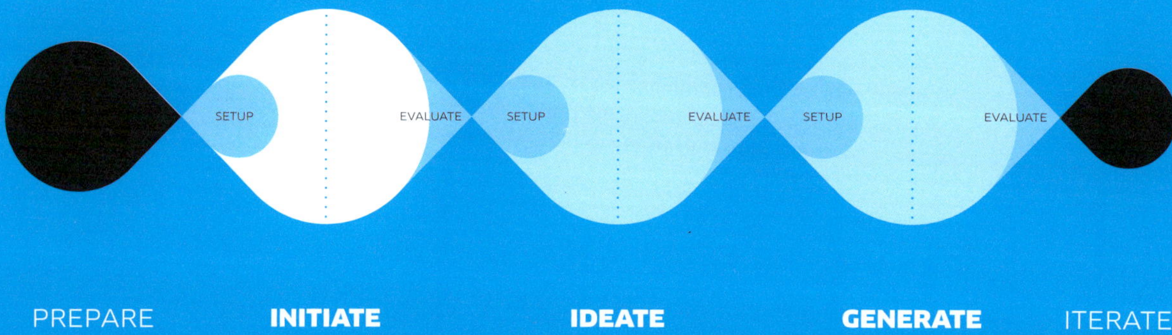

SETUP
EVALUATE
SETUP
EVALUATE
SETUP
EVALUATE
PREPARE
INITIATE
IDEATE
GENERATE
ITERATE

# INITIATE

## SPIELREGELN

Wenn ein Produkt eine Bedienungsanleitung benötigt, ist es entweder schlecht designt oder unglaublich kompliziert. Da dieses Buch den Anspruch erhebt, weder das eine noch das andere zu sein, nennen wir es einfach Spielregeln. Sie müssen sie nicht beachten, aber es macht mehr Spaß und ist effizienter, wenn Sie sie kennen und in Ihrem Innovationsprozess danach spielen.

Aber es bleibt Ihr Spielplan: Sie entscheiden, mit welchen Figuren gespielt wird, wann, wo und ob eine Position auf dem Spielplan übersprungen werden darf, welche Position zur intensiveren Beschäftigung auffordert und welche Sie ein paar Schritte oder zum Anfang zurückbefördert.

Innovation ist ein kollaborativer Teamsport: Suchen Sie sich ein paar motivierte Mitspieler, mit denen Sie den gesamten Weg oder Abschnitte davon gemeinsam bestreiten.

Und noch etwas haben Spiele und Innovation gemeinsam: Mit jeder Runde beziehungsweise Iteration verbessern Sie Ihre Skills und sind beim nächsten Durchgang routinierter, probieren neue Tricks, Methoden und Techniken aus.

## DREI PHASEN

Verschiedene Prozessmodelle der Innovation haben unterschiedlichste Prioritäten, Branchen- und Einsatzschwerpunkte, setzen dabei auf jeweils vordefinierte Abläufe und Vorgehensweisen und nutzen dazu ein schier unüberschaubares Arsenal vielfältigster Analyse-, Kreativ- und Auswahlmethoden.

Allen gemeinsam ist jedoch, dass sie mehr oder weniger stark ausgeprägt Divergenz und Konvergenz abwechseln lassen: Nach einer kreativen oder analytischen Phase der Öffnung des Möglichkeitsraums und des In-alle-Richtungen-Denkens folgt jeweils eine Phase der Verdichtung und Bewertung. Dabei wird von qualitativen zu quantitativen und von analytischen über synthetischen zu evaluierenden Methoden gewechselt.

Die Erfahrung mit zahlreichen Innovationssessions, -workshops und -prozessen hat gezeigt, dass geringe Methodenkompetenz der Beteiligten dann zum kritischen Faktor wurde, je mehr Phasen der geplante Innovationsprozess umfasste. Andererseits blieben die generierten Ergebnisse hinter den Erwartungen zurück, je schlichter und idiotensicherer der Prozess gestaltet wurde – Beispiel Betriebliches Vorschlagswesen.

Glücklicherweise hat sich aber auch herausgestellt, dass man relativ leicht einen sehr produktiven und effizienten, dabei überschaubaren Prozess auf die Beine stellen kann. Dieser umfasst einerseits wesentliche analytische, kreative und synthetische Phasen und generiert damit eine Fülle hochwertiger und disruptiver Impulse, Ansätze und Lösungen. Andererseits ist er so kompakt und modular aufgebaut, dass er auch von kleinen Unternehmen selbst durchgeführt werden kann – auch wenn die Anleitung und Unterstützung durch einen erfahrenen Moderator für die ersten Spieldurchgänge ratsam ist.

Dieser einfache Prozess baut auf drei Phasen: Initiate, Ideate, Generate.

## INITIATE

Bei der Initialisierung geht es um die Identifizierung von vielversprechenden, innovativen Handlungsfeldern innerhalb, aber auch außerhalb Ihres Unternehmenskontexts. Hier gilt es, einen 360°-Blick zu entwickeln und insbesondere Chancen jenseits Ihrer bisherigen Geschäftstätigkeit zu entdecken.

## IDEATE

Haben Sie ein aussichtsreiches Handlungsfeld entdeckt, geht es an die Ideenproduktion. Mit praxisbewährten und vor allem effizienten Kreativitätsmethoden und neuen Denkmustern steigern Sie Ihren kreativen Output enorm und produzieren so eine große Anzahl und Vielfalt an Ideen, Impulsen und Ansätzen.

## GENERATE

Selbst eine gute Idee ist noch kein fertiges Produkt. Stellen Sie Ihre besten Ideen auf den Prüfstand, betrachten Sie sie aus den verschiedensten Perspektiven und arbeiten Sie Konzepte, Prototypen, Geschäftsmodellszenarien aus – kann ein Produkt eine Dienstleistung oder ein Geschäftsmodell werden und umgekehrt?

## ITERATE

Nach der Innovation ist vor der Innovation. Aber auch mittendrin können Sie zu jedem vorherigen Punkt zurückspringen, einen neuen einfügen, Bedingungen umdefinieren, Entscheidungen anders treffen, alternative Wege einschlagen – es ist Ihr Spielplan.

# SET-UP

Jede Phase startet mit einem einführenden Set-up und gibt eine Übersicht zu den jeweiligen Hintergründen, Themenfeldern, Methoden und Tools sowie den Zielen.

# THEMA, METHODE, TOOL

Je nach Phase werden unterschiedliche Denkanstöße, Methoden und konkrete Tools vorgestellt.

## WHY

Worum geht es, in welche Richtung soll gedacht werden und warum ist das wichtig?

## THINK

Anschließend folgen Denk-Impulse, die auf das eigene Unternehmen, Projekt oder Produkt bezogen werden können und sollen. Auch wenn Sie im Einzelfall glauben mögen, dass ein Themenfeld eher nicht zu Ihrem Projekt etc. passt, lohnt es doch, sich aktiv damit auseinanderzusetzen. Denn häufig ergeben sich die spannendsten Ideen gerade aus der Kombination zweier Bereiche, die auf den ersten Blick wenig oder sogar nichts miteinander zu tun hatten. Wollen Sie warten, bis es ein anderer macht?

## ACTION

Im jeweiligen Action-Abschnitt werden passende konkrete Methoden und Tools vorgestellt, mit denen Sie sich sowohl analytisch, produktiv und systematisch als auch frei assoziativ und offen, aber vor allem intensiv mit dem jeweiligen Thema auseinandersetzen. Denken Sie daran: Innovation ist kein mentaler Nebenjob.

## EVALUATE

Zum Abschluss jeder Phase werden passende Filter- und Auswahlverfahren vorgestellt, um die gesammelten und generierten Ansätze, Ideen und Konzepte zu verdichten und zu bewerten. Nur mit den vielversprechendsten Auswahlen gehen Sie in die nächste Phase.

# HANDLUNGSFELDER UND IMPULSE IDENTIFIZIEREN

Es gibt mindestens zwei Wege, die zu Innovationen führen: Entweder, Sie haben bereits eine Idee, die Sie nun weiterverfolgen und ausarbeiten wollen. Oder es besteht bislang nur der Wille, innovativ zu sein. Für beide Voraussetzungen bietet Ihnen dieses Kapitel die entsprechenden Inputs und Hilfestellungen, Ihre Vorstellungen zu konkretisieren. Es öffnet und erweitert Ihr Bewusstsein für eine Reihe von **Handlungsfeldern** der Innovation. Auf welchen Gebieten können Sie innovieren, wohin haben Sie schon geschaut – aber vor allem: Woran haben Sie noch nicht (noch nie?) gedacht? Auch wenn Sie schon eine mehr oder weniger konkrete Vorstellung haben: Gehen Sie alle Handlungsfelder und Impulse durch – vielleicht bekommt Ihre Idee damit einen Extra-Boost.

Mit Ihrer **Innovationsstrategie** legen Sie fest, wie intensiv und mit welcher Priorität Sie Innovationen vorantreiben wollen und können. Mit der Betrachtung von Push- und Pull-Strategien bekommen Sie eine Vorstellung davon, was überhaupt benötigt wird und was Sie dazu beitragen können. Die bewusste Auseinandersetzung mit Neuigkeitsgrad und Veränderungsumfang öffnet Ihnen den Möglichkeitsraum, auch auf den ersten Blick verrückt, absurd, bizarr, surreal, überdreht scheinende Ideen zuzulassen und damit bestenfalls disruptive Impulse zu erzeugen. Besonders produktiv und zielführend wird die intensive Beschäftigung mit unterschiedlichen **Gegenstandsbereichen** sein: Gehen Sie alle möglichen kreativen und innovativen Handlungsfelder systematisch und konkret durch. Denn Innovationen entspringen am häufigsten sehr konkreten Problemen und Fragestellungen.

Beziehen Sie unbedingt auch gesellschaftliche, technologische, ökonomische, ökologische, politische und weitere **Treiber** in Ihre Überlegungen ein. Und in der Auseinandersetzung mit verschiedenen Arten von Trends schauen Sie auf die Bedürfnisse der nahen und fernen Zukunft.

Schließlich ist auch eine spannende **Vision** von der Zukunft ein überaus interessanter Treiber für Innovationen. Science-Fiction macht es vor – wer träumt nicht vom Beamen, von Zeitreisen und anderen Utopien.

Mit Abschluss dieser Phase haben Sie mindestens ein aussichtsreiches Handlungsfeld identifiziert – erfahrungsgemäß sind es jedoch eine ganze Reihe von spannenden Impulsen, die Sie weiterverfolgen wollen. Dies ist übrigens das typische Luxusproblem des kreativen Denkers: sehr, sehr viele Ideen.

Priorisieren Sie die Ansätze mithilfe der vorgestellten Evaluierungsmethoden und starten Sie nur mit den Favoriten in die nächste Phase. Merken Sie sich die übrigen hoch bewerteten Ansätze für die nächsten Runden vor oder initiieren Sie parallele Prozesse, sofern Ihre Ressourcen das zulassen.

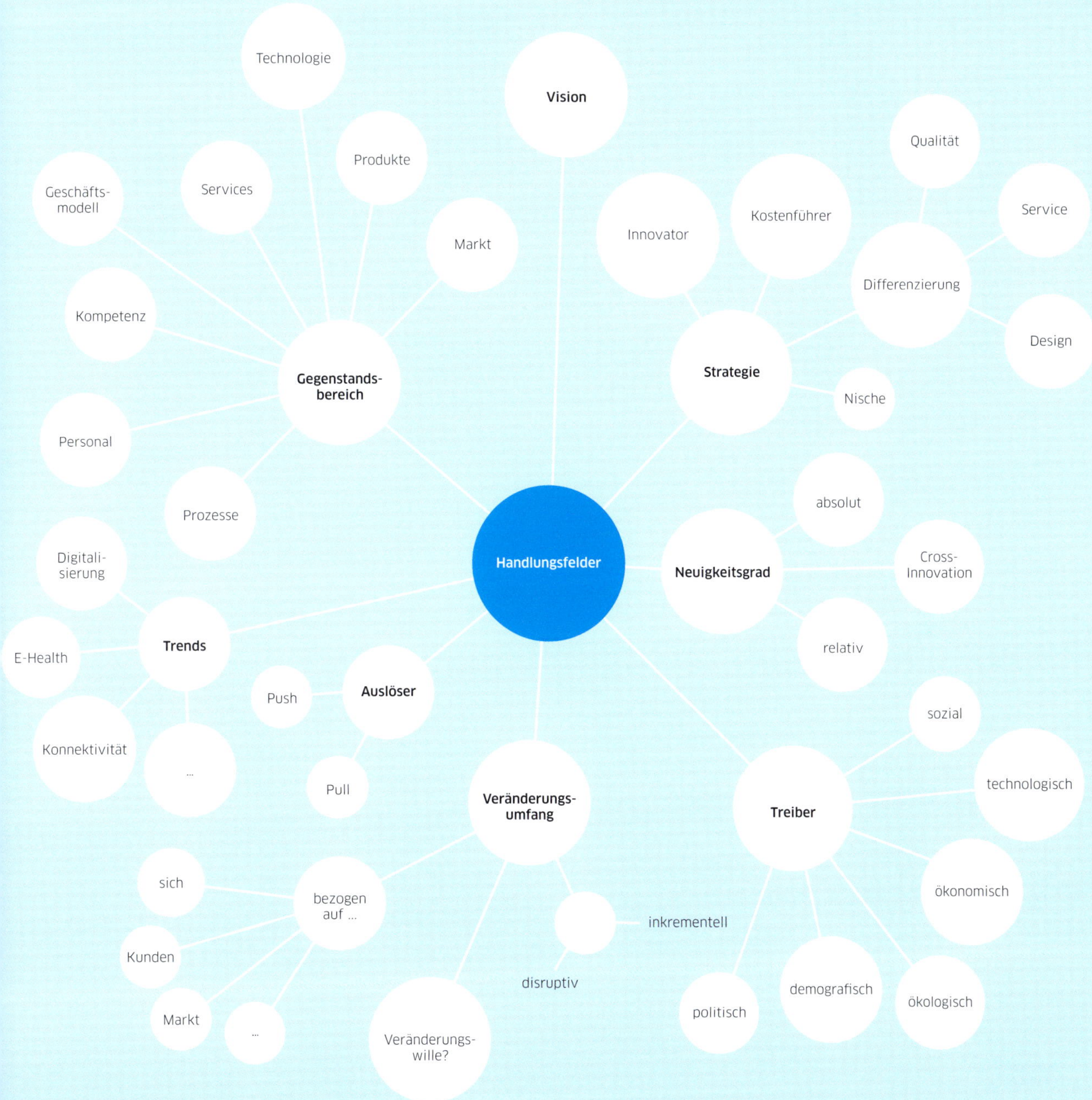
Handlungsfelder
Vision
Gegenstandsbereich
Technologie
Produkte
Services
Geschäftsmodell
Markt
Kompetenz
Personal
Prozesse
Strategie
Innovator
Kostenführer
Differenzierung
Qualität
Service
Design
Nische
Neuigkeitsgrad
absolut
Cross-Innovation
relativ
Trends
Digitalisierung
E-Health
Konnektivität
...
Auslöser
Push
Pull
Veränderungsumfang
bezogen auf ...
sich
Kunden
Markt
...
Veränderungswille?
inkrementell
disruptiv
Treiber
sozial
technologisch
ökonomisch
ökologisch
demografisch
politisch

# STRATEGIE

## WHY

Haben Sie jemals darüber nachgedacht, warum Sie innovativ sein wollen – und wenn ja: auch darüber, wie intensiv, umfassend und mit welcher Priorität Ihre Innovationsaktivitäten stattfinden sollen? Mit einer allgemeinen Unternehmensstrategie, zum Beispiel der Kostenführerschaft, der Differenzierung der Produktleistung hinsichtlich Qualität, Service oder Design oder der Besetzung einer für Großunternehmen unattraktiven Nische, legen Sie langfristig die grundsätzliche Aus-Richtung Ihres Unternehmens fest. Und bestimmen damit indirekt auch Initiativen und Investitionen in Innovation.

Ihre allgemeine Unternehmensstrategie kann sich auf einen oder mehrere der oben genannten Gegenstandsbereiche fokussieren. Ihre Innovationsstrategie definiert Ihre Innovationsziele und -erwartungen. Aber vor allem definiert sie, wie intensiv, wie innovativ, wie disruptiv, wie absolut, wie hoch priorisiert Ihre Innovationsaktivitäten sind, beziehungsweise sein sollen.

## THINK

Innovationen sickern unterschiedlich schnell in eine Gesellschaft ein, stellte Everett Rogers bereits Anfang der 1960er Jahre fest. Und ebenso lässt sich die Gesellschaft – und das gilt natürlich auch für die darin verankerten Unternehmen – in verschiedene Gruppen einteilen:

### Innovatoren

Da gibt es die Innovatoren, die direkt an der Entwicklung neuer Ideen, Produkte, Prozesse und Dienstleistungen arbeiten oder unmittelbaren Kontakt zu ihnen haben. Sie sind risikofreudig, können mit Unsicherheiten umgehen und haben oft auch die finanziellen Mittel, Innovationen voranzutreiben. Das können forschende Unternehmen sein, aber auch Hochschulen, hochschulnahe Entwicklungsgesellschaften und Netzwerke.

### Early Adopter

Ihnen folgen die Early Adopters, die neue Ideen früh aufgreifen, schnell in Produkte umsetzen und dabei auch Kinderkrankheiten tolerieren. Das sind Experten, kommunikationsfreudige Netzwerker, Meinungsführer, Vorreiter – in den sozialen Medien nennt man sie Influencer. Beide Gruppen sind auch nach außen für ihre Innovationsfreude bekannt.

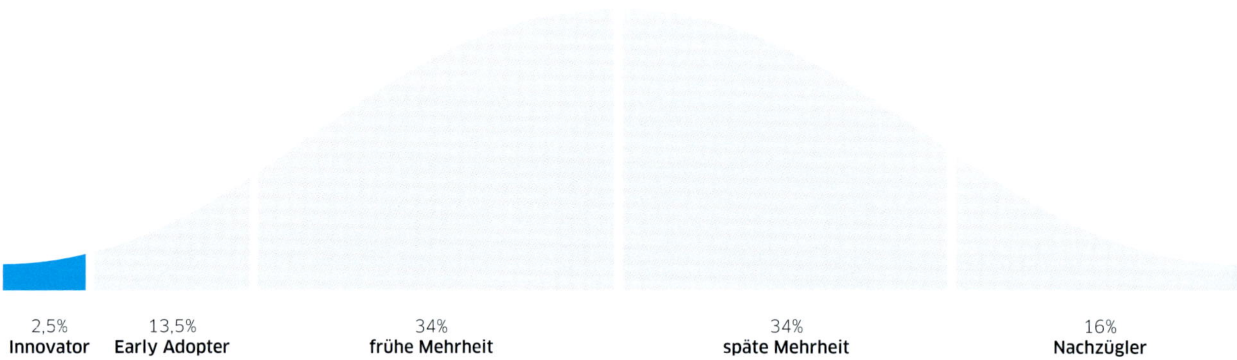

## Early Majority

Die Early Majority, also die frühe Mehrheit, ist Innovationen gegenüber aufgeschlossen. Sie nutzen Produkte, Ideen, Services, sobald sie einigermaßen massentauglich geworden sind. Als Innovator oder Imitator warten sie, bis Risiken und Unsicherheiten einigermaßen beherrschbar sind.

## Late Majority

Die Late Majority wartet grundsätzlich erst mal ab, ist risikoscheu, wünscht Investitionssicherheit, setzt auf etablierte Prozesse – gar nicht innovativ.

## Nachzügler

Nehmen Veränderungen und Innovationen nur an, wenn es unbedingt sein muss, veraltete Prozesse ineffektiv geworden sind oder die Produkte keine Abnehmer mehr finden. Erst dann wird eine Neuerung mürrisch in Erwägung gezogen.

## Beharrer

Beharrer schließlich sind eine interessante Sondergruppe und besetzen mit ihrem konservativen Extrem sogar eine Nische. Sie weigern sich hartnäckig, Neuerungen anzunehmen, und sind damit nicht selten die Letzten ihrer Art: spezielles Handwerk, Manufakturen, Retrotrend – Lieblingssatz: »Das haben wir schon immer so gemacht«, beziehungsweise »Das haben wir noch nie anders gemacht.« In ihrem konsequenten Konservatismus auch schon wieder innovativ.

Kurz: Wollen Sie ein Pionier oder Early Adopter sein – oder warten Sie stets erst mal ab, sind Mitläufer, imitieren Marktbegleiter und geben sich mit der Rolle als Modifikator oder gar Nachzügler zufrieden? Wie wollen Sie im Markt wahrgenommen werden? Für welches innovative Alleinstellungsmerkmal wollen Sie bekannt sein?

Egal, wie Sie entscheiden, es hat sich herausgestellt, dass »In-the-middle-of-the-road« die schlechteste aller Strategien ist.

Im ersten Abschnitt des Buches finden Sie eine Reihe erprobter Formate und Tools, um Ihre Innovationsstrategie in Aktivitäten zu übersetzen.

## ACTION

Werte-Polarogramm

*»Wer in der Mitte steht, stirbt.«*

**Sprichwort der japanischen Samurai**

# AUSLÖSER

## WHY

Produkte und Dienstleistungen kann man auch als Antworten auf Probleme oder Lösungen für Aufgaben verstehen. Niemand kauft einen Hammer, weil er einen Hammer gernhat (*okay, fast niemand*), sondern weil man vielleicht ein Bild aufhängen möchte und dafür einen Nagel in die Wand schlagen muss – mit einem Hammer.

## THINK

Die Impulse für Innovationen liegen so gesehen häufig auf der Straße, man muss sie nur erkennen. Nicht selten gilt es aber, zunächst die Straße zu finden, auf der es Aufgaben zu lösen gibt. Mit der Pull-Strategie reagieren Sie auf bestehende Probleme. Mit der Push-Strategie machen Sie sich auf die Suche nach Problemen. Für beide gilt: Schärfen Sie Ihren Spürsinn für aufkommende Technologien, für Trends, für Veränderungen, für Probleme allgemein. Schauen Sie dabei in möglichst viele Richtungen – so wie der Erfinder der selbstaufwickelnden Hundeleine, nachdem er die Kabeltrommel eines Staubsaugers repariert hatte.

### Pull

Die Pull-Strategie setzt auf eine grundsätzliche Nachfrage nach bestimmten Produkten, Leistungen, Lösungen – wie sieht Ihr Angebot dafür aus? Wie müssten Sie Ihr Produkt modifizieren, damit es dieser Nachfrage entspricht? Wenn Sie kein Angebot haben – warum nicht? Was müssten Sie an Ihrem Produkt verändern, damit es auch abseits Ihrer angestammten Märkte, Branchen, Technologien, Handelswege und Kunden eingesetzt werden kann? Wie sieht Ihre ganz individuelle Lösung des Problems aus?

### Push

Andersherum: Für welche bislang ungelöste Aufgabe können Sie eine Lösung anbieten oder entwickeln? Was können Sie mit Ihren Mitteln, Anlagen, Werkzeugen, Materialien, Ressourcen, Verbindungen und Ihrem Know-how noch alles anstellen, produzieren, bauen, entwickeln, gestalten, beeinflussen, verändern, revolutionieren?
Machen Sie sich auf die Suche nach Lösungen für wenig bewusste Probleme, für Nischen, für Spezialmärkte, für eine besondere Klientel.

## ACTION

Braindump
Mindmap
Jobs-to-be-done
User Journey

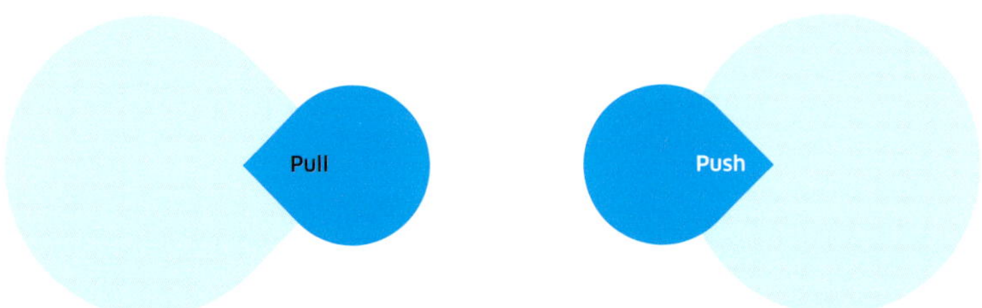

# NEUIGKEITSGRAD HYPES, CROSS INNOVATION UND KREATIVES ABGUCKEN

## WHY

Jede Innovation ist willkommen. Sie sind vor allem auf der Suche nach dem großen Wurf, der umwälzenden Idee, dem Game-Changer? Begrüßen und nutzen Sie auch die vielen kleinen, routinemäßigen Anpassungen und Verbesserungen, die in Ihrem Innovationsprozess herausspringen werden.

## THINK

### Absolute Innovation

Absolute Innovationen sind die großen Themen, die jährlich den Gartner-Hype-Cycle dominieren: Quantencomputing, allgemeine künstliche Intelligenz, fliegende Autos, Internet-of-Things, um nur einige zu nennen. Alle sprechen und berichten darüber und bald nach dem technologischen Auslöser klettern sie auf den Gipfel der überzogenen Erwartungen (so der offizielle Name des Peaks), stürzen regelmäßig ins Tal der Enttäuschungen ab und kämpfen sich von dort langsam und mühselig über den Pfad der Erleuchtung auf das Plateau der Produktivität voran. Der ganze Prozess kann gut und gerne ein Jahrzehnt in Anspruch nehmen. Das ist natürlich kein Grund zu resignieren, aber auf einen möglicherweise langen Weg vorbereitet zu sein.

### Relative Innovation

Relative Innovationen setzen hingegen auf bereits bekannte Muster, Prozesse, Materialien, Geschäftsmodelle, Services und Produkte, die einfach nur auf neue Umgebungen, Einsatz- und Anwendungsfelder adaptiert werden. Hier gilt das Prinzip des kreativen Abguckens: Copy-adapt-paste. Operationssäle, die sich an der Effizienz und Arbeitsteilung von Formel-1-Boxenstopps orientieren, oder Inkubatoren für Frühgeborene, die aus Auto-Ersatzteilen gebaut werden, weil diese in abgelegenen Regionen der Erde leichter erhältlich sind als teure medizinische Spezialbaugruppen.

Cross-Innovation funktioniert dabei in zwei Richtungen: Push & Pull. Was bieten Sie, was woanders angewandt werden kann, und wie machen es andere, wovon Sie lernen, verbessern, innovieren können?

In welcher Branche können Sie mit Ihren Produkten, Materialien, Tools, Kompetenzen und Services punkten? Und halten Sie auch in völlig artfremden Branchen nach spannenden, überraschenden, smarten, schnellen, einfachen, verblüffenden Lösungen Ausschau – wie können Sie sie nutzen?

## ACTION:

Braindump

Mindmap

Moonshot-Thinking

Morphologische Matrix

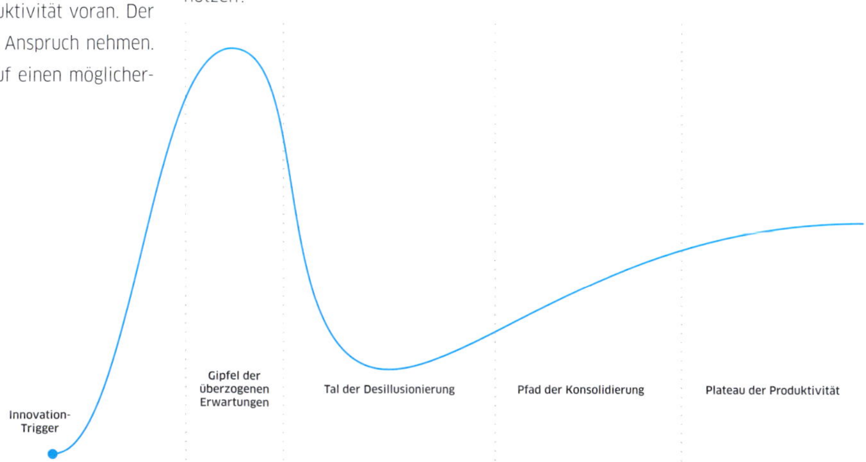

# VERÄNDERUNGSUMFANG

## WHY

Wie weit Ihre Innovationsaktivitäten reichen sollen, haben Sie idealerweise bereits in der Innovationsstrategie festgelegt. Aber sind Sie auch offen für jede Art von Veränderung? Sind auch heftige Investitionen, komplette Wandlungen des Geschäftsmodells, Ausgründungen, Tochtergesellschaften oder Teilverkäufe denkbar? Oder wollen Sie Ihrem aktuellen Business treu bleiben und nur kleine Schritte im Rahmen Ihrer bisherigen Geschäftstätigkeit umsetzen?

## THINK

Denken Sie bei der Innovation nicht zu klein – wer nur kleine Köder auswirft, wird keine großen Fische fangen. Eine großartige Idee kann man gegebenenfalls auf die eigenen Bedürfnisse zurückstutzen oder an jemanden weiterreichen, der besser damit umgehen kann. Ideen, die »okay« sind, lassen sich eher nicht zu »wow« aufblasen.
Der Physiker Michio Kaku beschreibt in seiner »Physics of the Impossible« drei Grade des Unmöglichen: Unsichtbarkeit und Weltraum-Schutzschilde sind Technologien ersten Grades – heute zwar noch nicht realisierbar, stehen sie aber in keinem Widerspruch zu Naturgesetzen und sind daher grundsätzlich möglich. Schwieriger wird es bei den Unmöglichkeiten zweiten Grades: z.B. Zeitmaschinen, Paralleluniversen, Über-Lichtgeschwindigkeit – nur im Gedankenexperiment und mit grundlegenden Neuentdeckungen möglich ... vielleicht auch erst in zehntausend Jahren. Ganz schwierig wird es mit dem Unmöglichen dritten Grades: Perpetuum mobile und Präkogniton, also das Wissen um Ereignisse, die noch nicht stattgefunden haben, bleiben für den optimistischen Visionär Kaku auch in sehr ferner Zukunft nicht realisierbar.
Was sollten Sie mit Michio Kaku gemeinsam haben? Zielen Sie nicht zu nah und lassen Sie sich von scheinbaren Unmöglichkeiten nicht abschrecken. Denken Sie in Möglichkeiten statt Hinderungsgründen: Was müssen Sie tun, um XY zu realisieren?

## ACTION

Re-Gnose
Brainstorming
Trendstorming

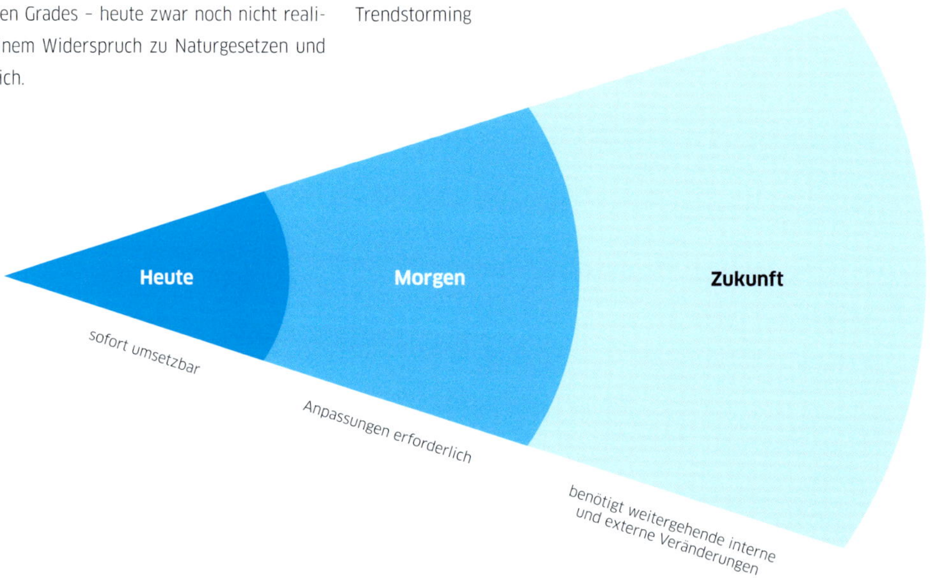

# GEGENSTANDSBEREICH

## WHY

Kaum ein Unternehmen kann es sich erlauben, auf breiter Front zu innovieren. Zudem haben kleine und mittelständische Unternehmen selten institutionalisierte oder verstetigte Organisationseinheiten, die Innovationen verfolgen, ja oft nicht mal das ausgesprochene Ziel, sie hervorzubringen. Und doch bieten sich in jedem Unternehmen zahlreiche Ausgangslagen und Anknüpfungspunkte für Innovationen – sie müssen nur aufgedeckt werden.

Schauen Sie sich Ihre Arbeitsbereiche an: Wo wurde bereits erfolgreich innoviert, wo ließen sich Neuerungen, Vereinfachungen, Modernisierungen, Dynamisierungen einführen – wo nicht und warum eigentlich nicht? Identifizieren Sie Rückstände und potenzielle Anknüpfungspunkte.

## THINK

### Produkt

Welche Innovationsansätze bietet Ihr Produkt? Denken Sie an Zulieferer, Roh- und Hilfsstoffe, Herstellung, Verarbeitung, Vertrieb, Wartung, Recycling – jeder Punkt des Produktlebenszyklus bietet innovative Ansatzmöglichkeiten. Mit welchen Modifikationen machen Sie es für einen alternativen Verwendungszweck, für eine andere Branche oder für andere Märkte attraktiv? Wie ließe sich Ihr Produktportfolio insgesamt erweitern oder spezialisieren? Aus welcher Nische stammt Ihre kleinste Kundengruppe und warum, wie und wozu verwenden sie es? Welche Teile lassen sich durch interessantere, nachhaltigere, robustere, edlere, ethischere ... ersetzen? Machen Sie alles selbst? Welche Dienstleistung ist in Verbindung mit Ihrem Produkt denkbar, mit welchem Geschäftsmodell ließe es sich anbieten?

### Dienstleistungen

An welchem Punkt können Sie Ihr Dienstleistungsportfolio erweitern, ergänzen, konzentrieren oder eher auslagern? Haben Sie ein Produkt, das um Dienstleistungen ergänzt werden kann, und umgekehrt: Welches Produkt würde zu Ihrer bestehenden Dienstleistung passen? Welche Services können Sie vor der Verwendung Ihres Produkts anbieten, was während und was danach? Beratung, Installation, Betrieb, Qualitätssicherung, Wartung, Rückbau, Entsorgung? Betrachten Sie die Bedürfnisse Ihrer Kunden mit Service-Potenzialen: Welchen Mangel können Sie ausgleichen: Wissen, Können, Dürfen, Mittel, Zeit, Wille?

### Prozesse

»Das haben wir schon immer so gemacht« und »Das haben wir noch nie so gemacht« – und dann erwarten Sie, dass sich etwas ändert? Stellen Sie Ihre Herstellungs- und Geschäftsprozesse auf den neutralen Prüfstand einer externen Perspektive. Wo haben sich überkommene Abläufe tradiert, Provisorien und Workarounds verstetigt? Wo stellen organisatorische und hierarchische Strukturen Barrieren für die innovative Zusammenarbeit dar? Hinterfragen Sie, warum Sie Dinge so tun, wie Sie sie tun. Wer nur einen Hammer als Werkzeug hat, für den sieht jedes Problem aus wie ein Nagel.

### Geschäftsmodelle

Sehr spannende Perspektiven bieten sich bei einem Blick auf unterschiedliche Geschäftsmodelle. Dafür müssen Sie jedoch sehr offen sein und eine gute Portion Chancendenken mitbringen. Immerhin stellt ein neues Geschäftsmodell Ihr bisheriges Erlösmodell wenn nicht auf den Kopf, so doch mindestens infrage. Schauen Sie sich die Geschäftsmodell-Action in der Generate-Phase an.

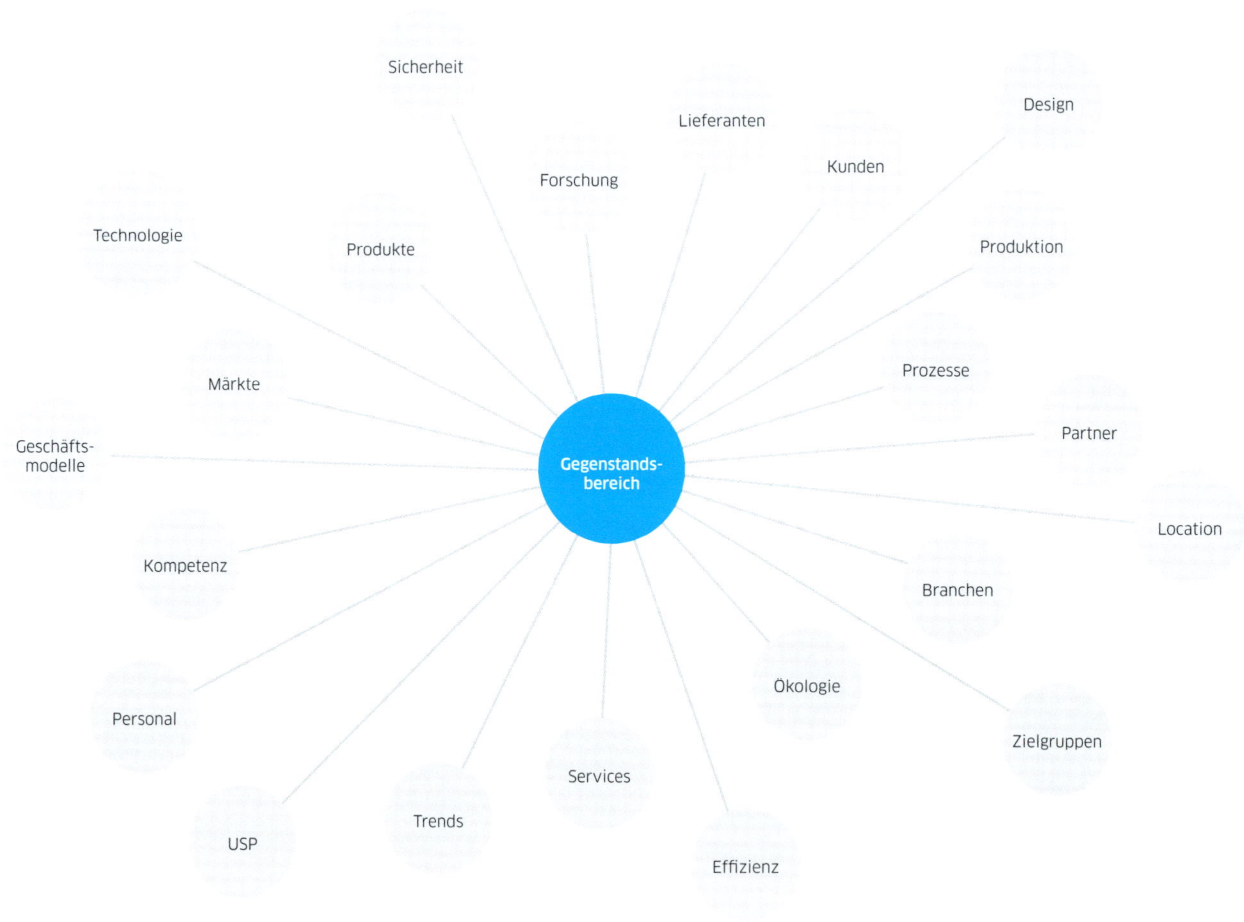
Sicherheit
Lieferanten
Design
Kunden
Forschung
Technologie
Produkte
Produktion
Prozesse
Märkte
Partner
Geschäfts-
modelle
Gegenstands-
bereich
Location
Kompetenz
Branchen
Ökologie
Personal
Zielgruppen
Services
Trends
USP
Effizienz

## Kompetenzen

Wo können Sie Ihre Kompetenzen, Ihr Know-how, Ihre Werkzeuge, Ihr Personal, Ihre Infrastruktur, Ihr Netzwerk, Ihre Räume noch nützlich anwenden? Was können Sie besonders gut? Wer könnte das neben Ihrem bestehenden Kundenkreis noch gebrauchen? Was ist Ihr Long-Tail – also wo haben Sie eine große Zahl kleiner Projekte oder Produkte, die in ihrer Gesamtheit aber keinesfalls zu vernachlässigen sind? Wo gibt es eine Nische, die Sie besetzen könnten? Wie können Sie diese Kompetenz ausbauen, in Produkte, Geschäftsmodelle, Dienstleistungen oder Prozesse formen?

## Kunden

Wer kauft Ihre Produkte und Dienstleistungen und warum? Was begeistert oder überzeugt Ihre Kunden von Ihren Produkten? Was könnten Sie tun, um Ihre Kunden noch überzeugter zu machen? Welche ergänzenden Produkte und Services sind denkbar? Was sagen Ihre Fans über Ihr Produkt?

Ebenso interessant ist aber auch folgende Frage: Wer kauft Ihre Produkte und Services nicht – und warum nicht? Welche Gründe haben Nicht-Kunden, Ihre Produkte nicht zu verwenden? Liegt das in Ihrer Absicht? Was sagen ausgesprochene Nicht-Verwender über Ihr Produkt? Wie gehen Sie damit um?

## Märkte

In welchen Märkten und Branchen sind Sie vertreten? Was müssten Sie an Ihrem Produkt verändern, um in einem anderen Markt beziehungsweise einer anderen Branche erfolgreich zu sein? Denken Sie in konkreten Möglichkeiten: Food, Maschinenbau, Kosmetik, Lebensmitteleinzelhandel, Verkehr, Fashion, digitale Wirtschaft, Medien, Agrarwesen, soziale Einrichtungen, Bildung, Bau, Elektronik, Freizeit, Umwelt – je konkreter, desto besser.

Haben Sie ausschließlich Geschäftskunden oder wenden Sie sich an Privatkunden? Wie müssten Sie Ihr Produkt oder Ihre Dienstleistungen modifizieren, um die jeweils andere Gruppe für sich zu interessieren?

## USP – Einzigartigkeit

Was können Sie besonders gut? Wofür werden Sie gelobt, warum entscheiden sich Kunden für Sie, was machen Sie besser, schneller, ökologischer, günstiger, smarter, zuverlässiger ... als (alle?) anderen? Ihre »Unique-Selling-Proposition« – das Alleinstellungsmerkmal – ist die besondere Auszeichnung, für die Sie bekannt sind, die Sie von Mitbewerbern unterscheidet und die Kunden dazu bewegt, sich für Ihr Unternehmen, Ihre Produkte und Ihre Dienstleistungen zu entscheiden.

Sie haben noch keinen USP? Sehen Sie sich in allen Bereichen dieses Kapitels um und entdecken oder generieren Sie die Nische, in der Ihnen keiner etwas vormacht. Ihr USP ist nicht einzigartig? Schauen Sie genau hin: Wie können Sie Ihr Profil nachschärfen, wo müssen Sie nachbessern, aufholen, einholen, überholen?

# ACTION

Mindmap
Braindump
Stärken-Schwächen-Chancen-Risiken
Service-Potenziale
Szenariotechnik

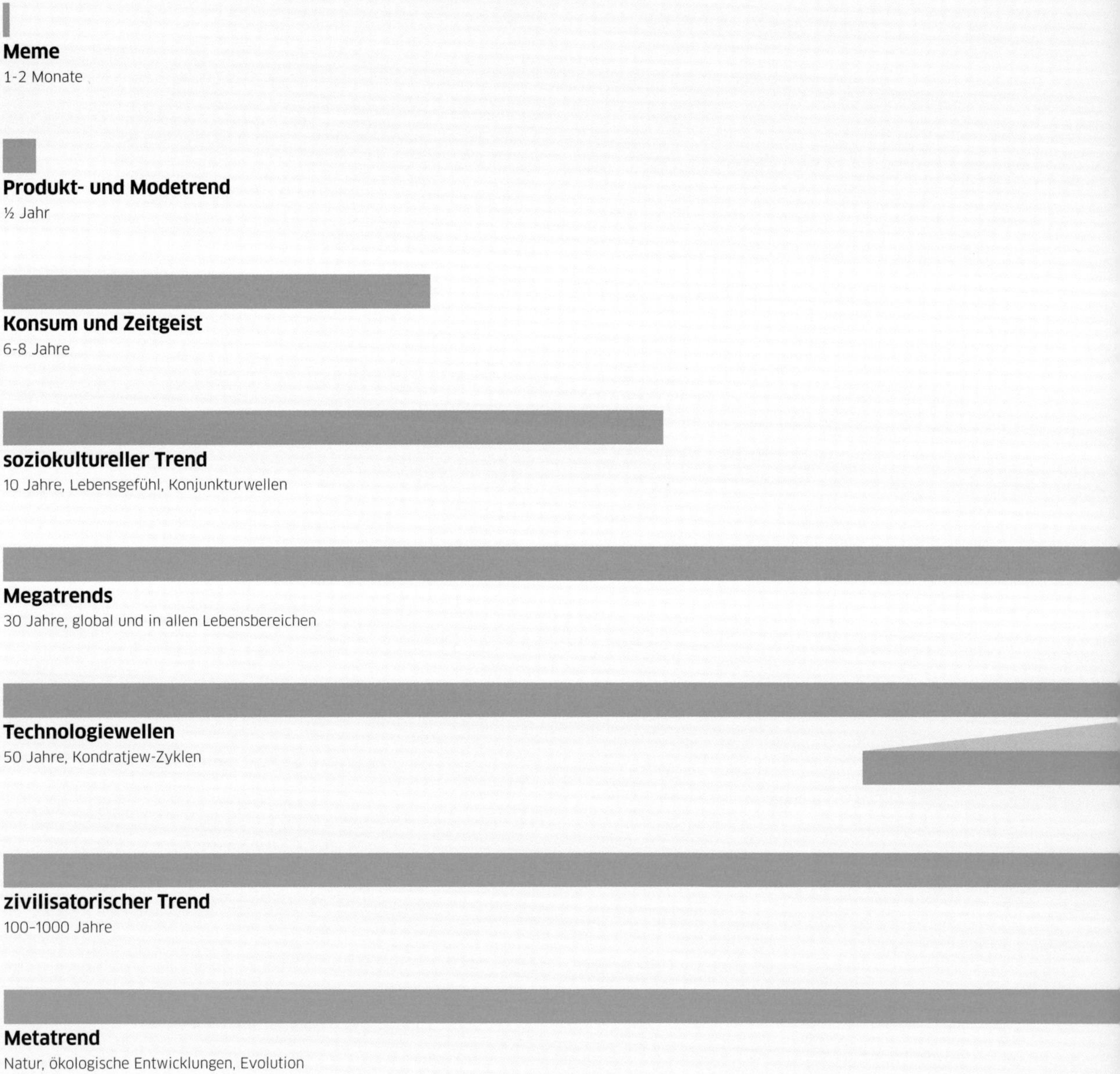
Meme
1-2 Monate
Produkt- und Modetrend
½ Jahr
Konsum und Zeitgeist
6-8 Jahre
soziokultureller Trend
10 Jahre, Lebensgefühl, Konjunkturwellen
Megatrends
30 Jahre, global und in allen Lebensbereichen
Technologiewellen
50 Jahre, Kondratjew-Zyklen
zivilisatorischer Trend
100–1000 Jahre
Metatrend
Natur, ökologische Entwicklungen, Evolution

# TRENDS

## WHY

Jeder kennt mindestens einen Trend. In Lifestyle-Illustrierten und Celebrity-Klatschblättern werden neue gefühlt sogar monatlich ausgerufen. Aber auch hochtrabende Einrichtungs-Magazine und seriöse Wirtschafts-Zeitschriften sind nicht davor gefeit, in jeder aktuellen Entwicklung einen neuen Trend entdecken zu wollen. Wo ist nun der Unterschied zwischen dem hipsten Shit vom Ponyhof und einem soliden Trend, der in der Mitte der Gesellschaft wurzelt? Welche Trends haben Zukunft – welche haben Bedeutung für Ihr Unternehmen?

# THINK

## Trendauslöser vs. Trendfolger

Innovationen können sowohl Trendauslöser als auch Trendfolger sein. Denn technologische und auch gesellschaftliche Entwicklungen und Neuerungen existieren nicht isoliert voneinander, sondern beeinflussen sich untereinander und gegenseitig. So hat die Erfindung des MP3-Algorithmus wesentlich zur Revolution des Musikmarkts beigetragen: software- und hardwareseitig aus der technologischen Perspektive. Und gesellschaftlich, indem Audiodaten noch schneller, leichter und in immer größerem Umfang konsumiert werden konnten.

## Trends ≠ trendy – Trendtypen

Um gleich mit einem Vorurteil aufzuräumen: Trends sind mehr als kurzlebige Modewellen, die in einem Jahr »hip« und im nächsten wieder »out« sind.

Wenn in Einrichtungs- oder Mode-Magazinen von Trends die Rede ist, sind meist Modewellen gemeint. Sie unterscheiden sich von Trends durch ihre Kurzlebigkeit: Ohnehin saisonal ausgerichtet haben sie selten länger als ein Jahr Bestand. Hypes schaffen oft nicht mal das. Sie sind die Eintagsfliegen unter den Trends. Und sind so schnell vergessen, wie sie gekommen sind. Suchen Sie bei Google Trends mal nach »Pokemon-Go« ... Konsum- und Zeitgeist-Trends dagegen sind in der Gesellschaft verankert und halten sich 5–8 Jahre. Hier lohnt es sich, Produkte und Dienstleistungen zu schaffen oder bestehende entsprechend anzupassen. Soziokulturelle Trends hingegen spiegeln z.B. das Lebensgefühl einer Generation wider und dauern daher wie Konjunktur-Wellen gute 10 Jahre. Der Wandel von Wellness zur Selfness (also der Wandel von körperlicher Wohlergehen zu ganzheitlicher Gesundheit und Stärke) etwa ist so ein Trend. Bei den Konjunkturwellen lohnt sich ein Blick auf die Investitionslust und -fähigkeit Ihrer Kunden.

Technologiewellen umfassten in der Vergangenheit eine Spanne von etwa 50 Jahren. Der Wirtschaftswissenschaftler Nikolai Kondratjew erkannte schon 1926, dass innovationsinduzierte Konjunkturzyklen etwa 40 bis 60 Jahre andauern. Und während die eine Welle an Bedeutung verliert, löst die nächste die vorhergehende bereits ab: Frühmechanisierung, Eisenbahn, Massenkonsum, individuelle Mobilität, derzeit: Informationstechnologie und Kommunikation. Der sechste Kondratjew-Zyklus wird im Bereich Bio- oder Nanotechnologie, Robotik, künstliche Intelligenz, Energieeffizienz, psychosoziale Gesundheit oder Internet-of-Things erwartet.

Natur- und zivilisatorische Trends haben eine Dauer von einigen Hundert bis Zehntausend Jahren und äußern sich im Wandel von Spezies und dem Aufblühen und Niedergang gesellschaftlicher Kulturen. So gibt die auf langfristige Themen spezialisierte US-amerikanische »The Long Now Foundation« ihre Termine stets mit fünfstelliger Jahreszahl an.

## Microtrend & Macrotrend

Gelegentlich wird zwischen Micro- und Macrotrend unterschieden. Dabei sind Microtrends Phänomene, die sich in konkreten Produkten und Services manifestieren, von denen es bereits erste Nachahmer gibt. Macrotrends sind die dahinter liegenden Gründe und Bedürfnisse, die weitere Microtrends initiieren.

## Megatrends

Dann gibt es noch die Klasse der Megatrends: Sie sind so umfassend und tiefgreifend, dass sie sich auf alle Lebensbereiche auswirken. Definitionsgemäß haben sie globalen Charakter, wenn auch unterschiedlich stark ausgeprägt. Megatrends entwickeln sich über 25-30 Jahre und äußern sich in zahlreichen soziokulturellen, Konsum- und Zeitgeist-Trends. Mobile Commerce ist so eine Facette des Megatrends »Mobilität«. Er hat z.B. auch die ländlichen Räume Afrikas erfasst: Dort werden Geschäfte nicht nur aus Sicherheitsgründen vorzugsweise bargeldlos per Smartphone erledigt.

# Megatrends

## Individualisierung

Mit Big Data und 3D-Druck lassen sich Produkte auch in kleinsten Stückzahlen fertigen – Technologie macht's möglich. Die Gesellschaft verlangt nach immer individualisierteren Produkten und Services, die sich in deren Lebensrealität einfügt – nicht andersherum.

## Gesundheit

Ein langes Leben in Gesundheit ist seit jeher ein Menschheitstraum. Die moderne Medizin kann operativ und medikamentös auf Erkrankungen und Verschleiß reagieren. Gesundheit ist nicht mehr nur Abwesenheit und Abwehr von Krankheit, sondern zu einem integralen Bestandteil unseres Alltags geworden: Vorsorge, Bewegung, Ernährung und Assistenz sind uns einiges wert. Was können Sie dazu beitragen?

## Silver Society

Die Gruppe der über 60-Jährigen ist heute schon gesundheitsbewusster, aktiver und konsumfreudiger denn je – ihnen ist ihr Alter egal. Die alternde Gesellschaft bietet daneben eine Reihe weiterer Chancen: Heutige und künftige Un-Ruheständler können flexibel gegen den Fachkräftemangel eingesetzt werden. Silver-Preneure sind neugierig und hoch motiviert: Sie studieren (wieder), gründen Unternehmen und mischen sich ein. Welche Angebote haben Sie für die Silver Society?

## Sicherheit

Veränderung bringt auch Unsicherheit mit. Und in einer immer globalisierteren, digitalisierteren, diverseren, schneller veränderlichen Welt tut sich so mancher mit dem Morgen schwer. Umso verständlicher der Wunsch nach Kontinuität, Verlässlichkeit, Risikominimierung, Ver- und Absicherungen für alles und jeden, Security, Bestandsschutz und eben Sicherheit in zumindest den individuell beeinflussbaren Bereichen.

## Neo-Ökologie

Das Interesse an Umweltschutz wächst seit etwa 50 Jahren. Was anfangs Domäne der Latzhose tragenden »Körnerfresser« war, ist heute in der Mitte der Gesellschaft angekommen. Der akute Eindruck von Klimawandel, Welternährung, schwindenden fossilen Ressourcen, Artensterben und der Abholzung der Regenwälder hat es zum zentralen Interesse zum Überleben der gesamten Biosphäre entwickelt. Nicht mehr vereinzelte alternative Lebensentwürfe, sondern hochanspruchsvolle Technologien in breiter Anwendung bestimmen die neue Ökologie.

## Gender-Shift und Woke Culture

Zu einer gerechten Gesellschaft gehört auch, dass alle Mitglieder die gleichen Rechte genießen, die gleichen Möglichkeiten haben und die gleichen Vergütungen erhalten – und das nicht nur auf dem Papier. Der Diskurs um das generische Maskulinum, neue Anredeformen, die Frauenquote und eine insgesamt diversere Gesellschaft sind nur ein paar Phänomene, die das Ende der ungerechtfertigten Vorherrschaft des weißen, alten Mannes ankündigen. Dazu gehört auch das Erwachen der Emanzipation von vermeintlichen Minderheiten – der Woke-Culture.

## New-Work

Vertrauensarbeitszeit, Homeoffice, digitale Kollaboration, Holokratie, Remote Workspaces – das sind nur ein paar Phänomene, die den Wandel von der klassischen Lohnarbeit zu neuen Arbeitsformen kennzeichnen. Mehr Selbstständigkeit, mehr Freiheit, neu gedachte Arbeitsplätze und mehr Teilhabe an der Gemeinschaft sorgen unter anderem für eine ausgeglichenere Work-Life-Balance.

## Wissenskultur

Täglich entstehen neue Wissensobjekte in allen möglichen Domänen. Zudem wird die Halbwertzeit von Wissen immer kürzer. Das World Economic Forum nennt »Aktives Lernen und Lernstrategien« als eine der Top-Kompetenzen zukünftiger Arbeitnehmer. Upskilling, lebenslanges Lernen in neuen Formaten, löst die Bedeutung von Studium und Ausbildung ab.

## Urbanisierung

Weltweit wachsen Städte, expandieren zu Metropolen, dort und in deren Umgebung entstehen Jobs für eine immer diversifiziertere Gesellschaft, finden Einwohner moderne Infrastrukturen. Die hohe Bevölkerungsdichte zieht Wechselwirkungen von Attraktivität, Symbiosen, Extremen, Versorgung, Anforderungen, Erwartungen, Werten und neuen Wohn-, Lebens- und Arbeitsformaten nach sich.

## Mobilität

Jederzeit mobil sein, auf Ultrakurz-, Mittel- oder Langstrecke, für Personen oder Warenverkehre – das ist mehr als ein individuelles Bedürfnis, es ist die Basis einer modernen Industriegesellschaft. Auch wenn dank Digitalisierung viele Reisen obsolet geworden sind, wird künftig neben dem »Ob« zunehmend das »Wie« eine Rolle spielen: Wie und womit werden Waren- und Personentransporte erledigt?

## Konnektivität

Menschen, Maschinen, Prozesse: Immer mit allem und jedem verbunden sein können, Warenströme verfolgen, Daten erheben, Informationslücken schließen, Eigenschaften messen, Serien streamen, Fitnessdaten tracken … und das alles möglichst sinnvoll und verantwortungsbewusst zusammenführen. Das Internet der Dinge verbindet auch Bekanntes mit Neuem in einer nie gekannten Geschwindigkeit, lässt so Abhängigkeiten und kausale Zusammenhänge erkennen und kann damit für eine innovative Transparenz sorgen.

## Globalisierung

Physische und virtuelle Güter flitzen rund um den Globus: Informationen, Nachrichten, Daten, Menschen, Warenströme, Viren, Entscheidungen … Technologie macht die globale Vernetzung nicht nur möglich, sondern auch sichtbar: Die Welt steckt voller Verbindungen und Abhängigkeiten, kaum ein Akteur kann sich der Globalisierung entziehen.

## Digitalisierung

Die vierte industrielle Revolution ist nur der nächste Schritt nach Mechanisierung, Massenproduktion und Automatisierung. Cyber-physische Systeme, das Internet der Dinge und die Entwicklung umfassender Netzwerke sind die Dampfmaschine und der Transistor des begonnenen 21. Jahrhunderts. Ignoranz kommt Evolutionsverweigerung gleich.

## Gegentrendmodell: When everybody zigs – zag

Wenn alle nur in eine Richtung blicken – schauen Sie in die andere. Zu vielen Trends entwickelt sich oft auch ein Gegentrend. Das muss nicht das Gegenteil sein, kann aber hinsichtlich der Wege, Ziele und Werte eben eine neue Richtung einschlagen. Welche Gegenrichtung können Sie einschlagen?

# ACTION

Trendstorming
Brainstorming

# TREIBER

## WHY

Neben globalen Megatrends gibt es auch konkretere Treiber, die für Veränderungen sorgen. Während Trends jedoch langfristig wirken und keinen zwingenden Charakter haben, sind Treiber konkrete Auslöser oder Ereignisse, die Veränderungen sicher nach sich ziehen. Das können auch sich abzeichnende Wechsel von Spielregeln, Spielfeldern, Akteuren und weiteren Beteiligten sein.

Welche Treiber befeuern oder beeinträchtigen Ihr Unternehmen, Ihr Produkt, Ihre Dienstleistung, Ihre Branche, Ihre Mitarbeiter, Kunden, Endverbraucher und Lieferanten? Welche Treiber lassen sie unbeeinflusst – und warum glauben Sie das?

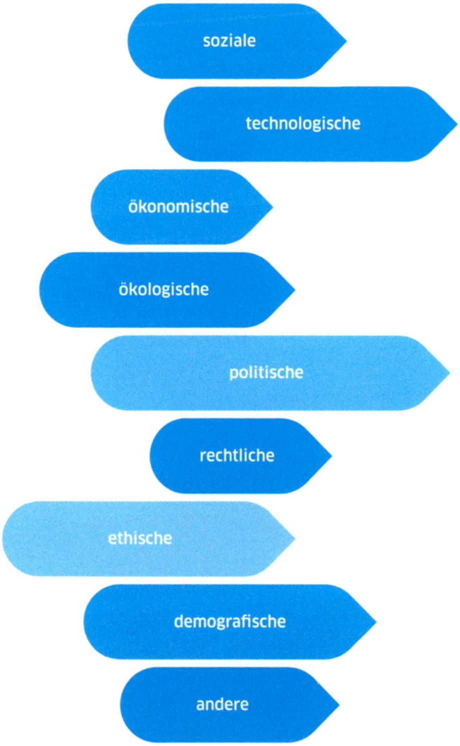


## THINK

### Gesellschaft

Gibt es bestehende oder sich abzeichnende Veränderungen für die Gemeinschaft oder den Teil der Gesellschaft, die Ihr Produkt, Ihre Dienstleistung nutzen?

### Technologie

Welche technologischen Veränderungen zeichnen sich ab, welche erwarten Sie, stehen an oder sind längst überfällig? In Ihrem Unternehmen, in Ihrer Branche, bei Ihren Lieferanten und Kunden? Was müssen Sie tun, um mitzuhalten? Gibt es Alternativen? Wie würde sich Ignoranz auswirken?

### Ökonomie

Steigende oder sinkende Konsum- beziehungsweise Investitionsbereitschaft, veränderte politische Rahmenbedingungen, das Ende der Postwachstumsökonomie, Postkapitalismus und das Aufblühen der Gemeinwohlökonomie sind nur einige Ansatzpunkte für Innovationen.

### Ökologie

Die Erkenntnis ökologischer Zusammenhänge und Auswirkungen führt zur Veränderung und Anpassung unseres Denkens und Handels – auf politischer, industrieller, technologischer und individueller Ebene. Hier stehen wir alle an der Schwelle eines längst überfälligen gesamtgesellschaftlichen Paradigmenwechsels. Die Vereinbarkeit von Zivilisation und einer Umwelt im Gleichgewicht wird ein bedeutendes Handlungsfeld – wie und womit können Sie einen Beitrag leisten?

## Politik

Politischer Wille äußert sich in Gesetzen und Verordnungen einerseits und der Förderung jeweils interessierender Themen, Technologien und Forschungsgebiete andererseits. Nehmen Sie die Dienstleistung öffentlicher Wirtschafts- und Technologieberatungen in Anspruch: Die haben alle neu aufgelegten und bestehenden finanziellen und institutionellen Förderprogramme für Sie im Blick.

Andersherum: Ist erkennbar, dass bestimmte Bereiche künftig auf ein Abstellgleis geschoben werden, von Förderung ganz zu schweigen? Und schließlich: Wo schieben andere Treiber politische Entscheidungen vor sich her?

## Rechtliche Treiber

Zeichnen sich neue Gesetze ab, Änderungen bei Grenzwerten, Auszeichnungspflichten? Können Sie mit gutem Beispiel vorangehen und bessere, kundenfreundlichere Rahmenbedingungen schon heute (oder morgen) anbieten?

## Ethik

Gesellschaften befinden sich weltweit im Wandel. Werte befinden sich im Wandel. Klammern Sie sich nicht an Mindeststandards, mit denen Sie sich ohnehin an der roten Linie zur Illegalität bewegen. Warten Sie nicht auf Verbote. Schaffen Sie faire und respektvolle Bedingungen für Mensch, Tier, Material und Umwelt. Welche Werte sind Ihnen und Ihren Kunden wichtig? Sind es die gleichen? Wenn nein, warum nicht?

## Demografie

Digital Natives, Generation X, Y, Z und Alpha, Silver Society – neue Lebensstile ziehen veränderte Gebrauchsgewohnheiten, Bedürfnisse und Konsumtrends nach sich. Wie reagiert Ihr Unternehmen auf die veränderte Altersstruktur? Passen Sie sich an oder schaffen Sie neue Produkte beziehungsweise Dienstleistungen? Reagieren Sie auch nach innen auf den demografischen Wandel.

# ACTION

Steepledo
Brainstorming
Braindump

# VISION

## WHY

Welches Bild haben Sie von Ihrem Unternehmen – jetzt und in der Zukunft? Ein sehr spannender Innovationsansatz nicht für das Unternehmen, sondern auch für Produkte, Dienstleistungen und Prozesse ist der imaginative Blick in eine mehr oder weniger weit entfernte Zukunft. Dabei spielt es zunächst keine Rolle, wie fantastisch oder realitätsfern diese Vision ist.

Für welche Werte stehen Sie? Wofür möchten Sie bekannt, berühmt, berüchtigt, respektiert, gar gefürchtet sein? Was soll Kunden, aber auch neue Mitarbeiter künftig anziehen? Welchen neuen Weg wollen Sie dazu einschlagen, welche Maßnahmen treffen? Was wollen Sie dafür tun, was lassen?

## THINK

Entwickeln Sie Ihre Vision iterativ – geben Sie sich nicht mit der erstbesten Idee zufrieden. Entscheiden Sie sich bewusst für einen Weg und ebenso bewusst, einen anderen nicht zu gehen. Was spricht dafür, was dagegen, was ist spekulativ, was zweischneidig? Für wen ist die Vision vorteilhaft, für wen bringt sie Nachteile, wer wird davon nicht berührt? Machen Sie keine Kompromisse oder Einschränkungen.

Eine Vision ist kein Ziel, das man vielleicht erreichen möchte, sondern oberstes Ziel, auf das alle Unternehmensbereiche mit jeder Einzelmaßnahme hinarbeiten und mit jeder Faser leben.

Formulieren Sie Ihre Vision positiv in einem Satz und so, als sei sie schon eingetreten: »Wir sind fair«, »Der schnellste Provider«, »100% nachhaltig«, »Wartungsfrei«, »Universelle Kompatibilität« ...

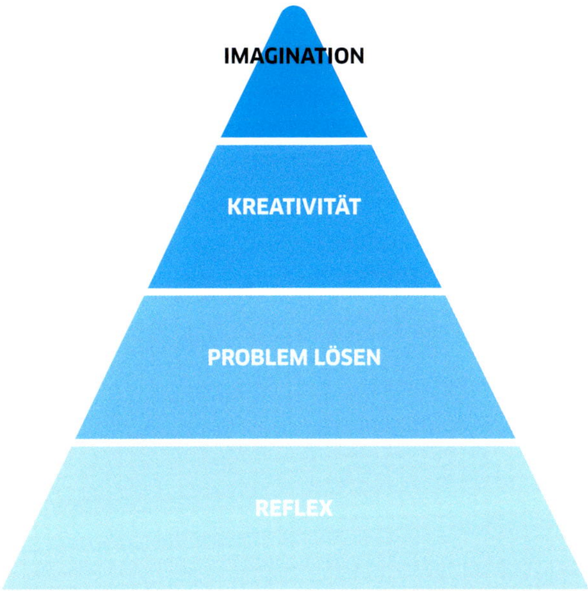

## Extrapolation

Gibt es eine Entwicklung in Ihrem Unternehmen oder bei den Produkten, die im Vergleich mit einem früheren Zeitpunkt bereits heute schon in eine bestimmte Richtung zeigt? Technologische Führerschaft, effiziente Logistik, zufriedene Mitarbeiter, treue Kunden, Marktanteile? Wie gefällt Ihnen diese Richtung – wollen Sie sie beibehalten, stärken, ausweiten, anfeuern, zurückfahren?

## Retropolation, Re-Gnose

Hier können Sie sich als Science-Fiction-Autor probieren: Entwickeln Sie ein Szenario, dass Ihre Vision als bereits umgesetzt schildert. Wie reagiert der Markt, Ihre Mitbewerber, Kunden, Mitarbeiter?

Und vor allem: Wie sind die dorthin gekommen? Erstellen Sie eine Roadmap, indem Sie Zeitpläne zurückrechnen sowie Abhängigkeiten und Risiken identifizieren. Natürlich ist das alles rein spekulativ, allerdings hilft es Ihnen, ein lebendiges Bild Ihrer Vision zu gewinnen. Wie gefällt es Ihnen?

## Trends weiterspinnen

Setzen Sie sich unbedingt mit Trends, insbesondere den Megatrends, auseinander. Je nach Ausprägung haben sie kurzfristige, lang anhaltende oder bleibende Auswirkungen auf Gesellschaft, Wirtschaft, Technologie, Kultur oder Umwelt insgesamt. Welche Trends beeinflussen Ihr Unternehmen, Ihre Produkte oder Dienstleistungen jetzt oder in absehbarer Zeit – und wie stark werden Sie davon betroffen sein? Auf welche können Sie aufspringen, welche führen zu neuen Produkten, Geschäftsmodellen, Services und gegen welche sollten Sie sich wappnen?

## Ultimate USP

Der Name sagt's schon: Die ultimate Unique Selling Proposition ist eine Extremposition. Sie ist nicht nur 1,5-mal so gut wie bisherige Lösungen, sondern zehnmal schneller, benötigt null Einarbeitungszeit, kostet weniger als das derzeit günstigste Angebot und ist dabei so robust wie ein Amboss.

Für die einen mag das übertrieben, eben extrem, ja angeberisch daherkommen, für andere ist sie das ultimative Angebot. Mit welcher ultimativen Vision sind Sie zufrieden?

# ACTION

Brainstorming

Moonshots

# ACTIONS

# BRAINSTORMING – ABER RICHTIG!

Brainstorming ist die Kreativmethode der zwei Superlative: Sie ist nicht nur die bekannteste »Kreativtechnik« überhaupt, sondern auch die am häufigsten falsch durchgeführte. Denn das, was die meisten für Brainstorming halten, ist fast immer lediglich eine Diskussionsrunde, in der jede geäußerte Idee sofort bewertet, zerredet und wieder in den Boden gestampft wird. Aber Ideen sind bei ihrer Geburt empfindliche zarte Pflänzchen, von denen niemand sagen kann, ob daraus eine grandiose Welthungerhilfe, ein hübsches Blümchen für die Fensterbank oder ein Unkraut wird.

## Spielregeln

Wir geben uns einen klaren Zeitrahmen, der der Aufgabe angemessen sein sollte. Für Kleinigkeiten reichen manchmal schon zehn Minuten, für schwierige und komplexe Herausforderungen kann man mehrere Sessions von je gut einer Stunde einplanen. Meine Erfahrung: Nach spätestens 90 Minuten intensiven Brainstormens lässt die Konzentration nach. Dann legen Sie eine Pause ein und treffen sich wieder, sobald der Inspirations- und Energiespeicher neu gefüllt wurde – das kann am Nachmittag desselben Tages sein, der nächste Tag oder auch erst die nächste Woche. Lassen Sie nicht zu viel Zeit verstreichen, dann ist das Briefing in den Köpfen nicht mehr präsent.

Damit am Ende keine interessante Inspiration verloren geht, werden alle geäußerten Ideen stichwortartig protokolliert oder skizziert. Das Protokoll kann auch eine Audioaufnahme der Session sein, die anschließend in die leichter überschaubare Schriftform gebracht wird. Klingt administrativ, ist aber wichtig. Langweilige Ideen und solche ohne Potenzial werden später herausgestrichen – aber eben erst später, bei der Ideenbewertung.

Das Setting: Wir sitzen oder stehen allein, zu zweit oder in kleiner Runde bis zu fünf Personen. Ein Tisch ist nicht unbedingt erforderlich, etwas zum Schreiben und Skizzieren aber nützlich. Der Point of View (siehe nächste Methode) wird dem Team mitgeteilt oder gemeinsam formuliert. Und dann geht's los: Ideen und Ansätze werden laut genannt. Jeder Gedanke zählt, jeder Gedanke kann und soll von den anderen Teilnehmern aufgegriffen und weitergeführt werden – das ist das Brainstormen beim Brainstorming.

Während des Brainstormings wird absolut keine Kritik geäußert, weder an eigenen Ideen und schon gar nicht an denen der anderen. Die vereinbarte Zeit wird voll ausgenutzt und wir quetschen bis zum vereinbarten Schluss noch Ideen und Anregungen aus uns heraus.

Wir hören nicht auf, wenn jemand glaubt, DIE Lösung oder die beste aller Ideen zu haben. Und auch, wenn alle Teilnehmer dieser Meinung sind – vielleicht entwickelt sich daraus noch die beste Idee aller Zeiten, wer weiß?

## Spinnen

Alle Ideen sind wertvoll – je fantastischer und verrückter, desto besser, je übertriebener, desto höher der kreative Impuls für die anderen Teilnehmer. Steigern Sie sich hinein und scheuen Sie nicht, das Absurde, das scheinbar Unmögliche, das Unrealistische, das Lächerliche, das Tabu, das Überzogene, das Überspitzte, das Drama zu denken. Freuen Sie sich über Schnapsideen und Luftschlösser, suchen Sie Hirngespinste – spinnen Sie!

## Flow

Der eigentliche Trick beim Brainstormen besteht darin, in einen produktiv-kreativen Flow zu kommen, wie in einem bierseelig angeregten Partygespräch. Dabei entstehen mit Ausgelassenheit, Humor und einer Portion Enthemmung auch verrückte Ideen. Und im besten Fall fängt man bald an, sich gegenseitig aufzuschaukeln, anzustacheln, zu übertreiben, zu spinnen und schließlich total aus dem Rahmen zu fallen. Bestens – genau auf so einem schäumenden Gedankenfluss wollen wir raften.

## Keine Killerphrasen

Am wichtigsten ist, diesen Flow niemals zu unterbrechen. Schon gar nicht mit Killerphrasen: »Das ist zu teuer«, »Das macht der Mitbewerber schon«, »Das hatten wir im letzten Jahr«, »Da wird uns die (beliebiger Name-)Behörde aufs Dach steigen.«

Das mag ja alles auch tatsächlich zutreffen – in der Phase des Brainstormens spielt das jedoch noch überhaupt keine Rolle.

Die Erfahrung aus unzähligen Workshops mit ungeübten Brainstormern zeigt leider, dass viele sich schwertun, die innere Kritikschere des real Machbaren aus dem Denken herauszuhalten. Dieser Schritt muss aber gelingen. Als kleine Motivationshilfe haben wir dazu gelbe und rote Karten eingeführt, die notorischen Nörglern gezeigt werden.

Killerphrasen demotivieren die übrigen Teilnehmer und bringen damit jeden Ideenfluss zum Versiegen – sie sind natural born Creativity-Killer.

*»Wenn Du redest,
wiederholst Du nur,
was Du schon weißt –
wenn Du zuhörst,
lernst Du vielleicht
etwas Neues.«*

**Tendzin Gyatsho**
Dalai Lama

## Variante: Ideen-Pingpong

Eine meiner persönlichen Favoriten ist das Ideen-Pingpong zu zweit. Man klärt das Thema und schon geht's los: Die erste Äußerung ist quasi der Startschuss und man redet abwechselnd einfach drauflos. Ein Wort gibt das andere – die Äußerung des einen ist stets Inspiration für den anderen.

Ideen-Pingpong ist ein sehr schnelles Verfahren für eingespielte Teams oder Partner.

Teilnehmerzahl: 1 bis 5
Zeitbedarf: 10 bis 60 Minuten
Material: evtl. Bleistift & Papier
Vorteil: Geht schnell, kaum Vorbereitung nötig
Nachteil: Alle müssen die Spielregeln kennen, Introvertierte trauen sich oft nicht richtig.

Superschnelle Inspiration: Ideen-Ping-Pong

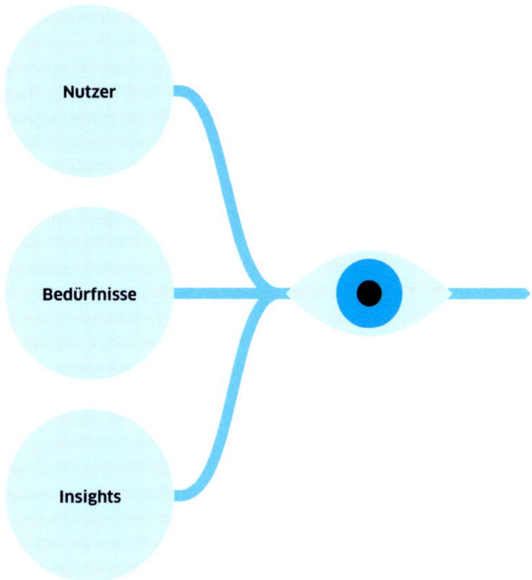


# POINT-OF-VIEW

Bevor Sie in die Ideengenerierung gehen, sollten Sie die gewonnenen Einsichten zu einem »Point of View« (POV), dem »Standpunkt« oder »Startpunkt« verdichten. Das wird Ihnen dabei helfen, nicht in alle Richtungen gleichzeitig zu denken und somit Ihre Ressourcen zu verpulvern. Identifizieren Sie gezielt ein innovatives Handlungsfeld und loten Sie dessen Möglichkeitsraum intensiv aus.

Im Design Thinking wird der Point-of-View auch »Problem-Statement« genannt. Beschreiben Sie also, welches Problem gelöst werden soll, ob und wie es aktuell gelöst wird, woher es rührt und wer davon betroffen (Nutzer oder Objekt) ist. Welches Bedürfnis (Need) damit befriedigt wird. Und: worin eine mögliche Lösung, Besserung, Erleichterung, Beseitigung prinzipiell bestehen könnte (Insight).

Der Point-of-View-Ansatz eignet sich besonders für Innovationen, bei denen Menschen betroffen sind. Berücksichtigen Sie daher unbedingt deren Bedürfnisse bereits in der Definition des POV.

Wenn zum Beispiel ein Werkzeugwechsel sehr aufwendig ist, weil der Mechaniker ihn nur mit großem körperlichen Einsatz ausführen kann, muss man sich fragen, worin das eigentliche Problem besteht: Ist es die schwere körperliche Anforderung, der damit gegebenenfalls einhergehende zeitliche Mehraufwand, die Beschränkung auf nur bestimmte Mechaniker, die diesen Wechsel überhaupt leisten können, oder das damit verbundene Gefahrenpotenzial? Fokussieren Sie sich auf das wesentlichste Problem, in diesem Beispiel nehmen wir die Beschränkung auf die kräftigen Mechaniker. Das Problem-Statement könnte daher lauten: »Der Mechaniker benötigt eine Möglichkeit, um den Werkzeugwechsel mit geringstem körperlichen Einsatz ausführen zu können, damit jeder Mitarbeitende (unabhängig von der physischen Konstitution) diese Aufgabe bewältigen kann.«

Mit diesem Satz gehen Sie in die Ideengenerierung.

**benötigt eine Möglichkeit, um** … **weil / aber** …

**User / Objekt**

**Bedürfnis / Problem**

**Insight**

# WERTE-POLAROGRAMM CORPORATE PERSONALITY

Ihre Innovationsstrategie sollte zur Unternehmenspersönlichkeit, Ihrer Corporate Personality, passen. Um herauszufinden, wie innovativ Sie sind beziehungsweise sein wollen und wie Sie nach außen wirken wollen, konfrontieren Sie sich mit einer Reihe unterschiedlicher Werte und bestimmen, inwieweit diese auf Sie zutreffen. Beantworten Sie die Fragen dabei so, als wäre Ihr Unternehmen ein Mensch mit allen seinen individuellen Charaktereigenschaften. Von dieser Corporate Personality leiten Sie entsprechend ab, ob und wie innovativ Sie sind oder sein wollen und welche Maßnahmen, Prozesse und Methoden zu Ihnen passen. Oder ob Sie möglicherweise zuerst etwas an Ihrer Unternehmenspersönlichkeit und den Strukturen verändern müssen, um in ein produktives Innovationsmanagement einsteigen zu können.

Entscheiden Sie, welche Eigenschaft wie stark auf Ihr Unternehmen zutrifft. Die einzelnen Werte sind dabei als extremes Paar auf einer Skala von 1 bis 9 angeordnet – zum Beispiel dynamisch-statisch, trendorientiert-traditionell, technisch-natürlich.

Seien Sie mutig und entschieden, aber auch realistisch am Ist-Zustand orientiert.

Werte, die Sie mit 5 einschätzen, bei denen Sie sich also weder für das eine noch für das andere entscheiden können und so ein bisschen von beidem wollen, bringen Sie nicht weiter. Das gilt auch für Werte, die für Sie keine Bedeutung haben.

Anders liegt es, wenn Sie beispielsweise zu traditionellen Werten stehen und dennoch sehr innovativ sein wollen: Betrachten Sie die Themen getrennt und weisen Sie die jeweiligen Werte den entsprechenden Teilaspekten zu, um gegebenenfalls Widersprüche aufzulösen.

Betrachten Sie schließlich alle Bewertungen auf einer Meta-Ebene und entscheiden Sie, ob Sie direkt mit einer Innovationsstrategie starten können, Ihre Innovationsfähigkeit hinsichtlich Mindset, Strukturen, Prozessen und Technologien aufpimpen müssen oder ohnehin erst einmal noch ganz kleine Innovationsbrötchen backen sollten.

Treffen Sie die Auswahlen möglichst nicht allein, sondern im offenen Dialog gemeinsam mit Ihren Mitentscheidern oder guten und aufrichtigen Kennern des Unternehmens. Diskutieren Sie. Beschönigen Sie nichts. Kontroverse Diskussionen sind ein sicherer Indikator dafür, dass in Ihrem Unternehmen ein ausgeprägter Soll-Ist-Konflikt in Bezug auf die Innovationsstrategie besteht.

Finden Sie einen Konsens, damit die passenden Maßnahmen und Handlungsaufträge hinsichtlich der Innovationsaktivitäten und -prozesse abgeleitet werden können.

| | |
|---|---|
| sachlich | verspielt |
| statisch | dynamisch |
| werteorientiert | trendorientiert |
| natürlich | technisch |
| unauffällig | farbig |
| angepasst | individuell |
| sicherheitsliebend | risikofreudig |
| diszipliniert | unkonventionell |
| ruhig | laut |
| rational | emotional |
| introvertiert | extrovertiert |
| auf Bewährtes setzend | experimentierfreudig |
| schlicht | aufwendig |
| uniform | divers |
| schwerfällig | agil |
| gleichgültig | neugierig |
| besorgt | mutig |
| konservativ | modern |
| simpel | komplex |
| preisorientiert | qualitätsorientiert |
| Einzelgängertum | Teamgeist |

# JOBS-TO-BE-DONE

*»Customers don't just buy products, they hire them to do a job.«*

**Clayton Christensen**
Wirtschaftswissenschaftler

Menschen erwerben oder nutzen dann ein bestimmtes Produkt oder eine Dienstleistung, wenn sie damit eine konkrete Aufgabe bewerkstelligen – einen Job erledigen – wollen. Clayton Christensen erkannte dieses Prinzip und nannte es »Jobs-to-be-done«. So kauft oder leiht man einen Hammer, wenn man einen Nagel in die Wand schlagen will, um ein Bild daran aufzuhängen – es geht nicht um den Hammer, es geht um das Bild an der Wand.

Mit der Jobs-to-be-done-Methode erhalten Sie eine detailliertere Vorstellung davon, was Ihre Kunden und Nutzer tatsächlich brauchen, warum, wie, wo, wann und wofür sie es brauchen. Aber auch wertvolle Einsichten darüber, warum sie ein Produkt (noch) nicht verwenden.

Starten Sie mit der Frage nach dem Warum: »Warum kauft/verwendet der Kunde das Produkt oder etwas aus der Produktgattung, welche Aufgabe will er damit erfüllen?« Mit der 5-Why-Methode dringen Sie rasch und effizient zum eigentlichen Problem vor: Fragen Sie nach der Aufgabenerfüllung und stellen Sie jeder Antwort erneut die Frage nach dem Warum. Nach der fünften Antwort sind Sie am Kern des Jobs oder sehr nah dran.

Hier sind im Wesentlichen vier Kräfte – die Four Forces of Progress – wirksam: Zwei davon schieben in Richtung einer Veränderung, zwei wirken magnetisch am Status quo:

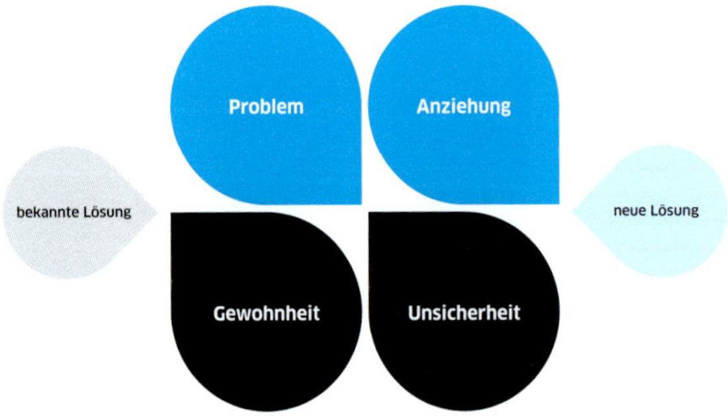


Veränderung: Das eigentliche Problem lässt den Nutzer aktiv nach einer (neuen) Lösung suchen, zusätzlich wirken neue Lösungsversprechen überaus anziehend.

Status quo: die pure Gewohnheit lässt Nutzer an bestehenden Lösungen festhalten, selbst wenn diese suboptimal sind. Unsicherheit hinsichtlich Anwendung, Risiken, Ergebnisqualität... einer neuen Lösung lässt ebenfalls am Status quo verharren.

Wie abstoßend muss das Problem sein bzw. wahrgenommen werden, damit neue Lösungen attraktiv wirken? Und: Welche Eigenschaften muss Ihr Produkt aufweisen, damit der Wunsch nach Veränderung größer wird als die Gewohnheit und das Gefühl der Unsicherheit?

Beziehen Sie dabei neben funktionalen Aspekten auch emotionale und soziale Gründe in Ihre Analyse ein, gegebenenfalls in gesonderten Sessions. Denn nicht nur rationale Fakten – Leistungsdaten, Kompatibilität, Haltbarkeit – spielen eine Rolle, sondern auch Markenvorlieben, Gewöhnung, ähnliche Bedienbarkeit, gesellschaftliche Normen, Traditionen oder Prestige sind von Belang. Und das nicht nur in Business-to-Consumer-Märkten, auch im Business-to-Business entscheiden (noch) Menschen über Investitionen und Partnerschaften.

Besonders interessant sind Workarounds, Alternativen, Angebote von Wettbewerbern, Provisorien und improvisierte Lösungen. Sie liefern sehr wertvolle Hinweise darüber, dass der Nutzer zwar Zeit und Mühe investiert hat, aber noch nicht zu einer zufriedenstellenden Lösung gelangt ist. Schauen Sie sich auch »Non-Comsumptions« an: Warum verwendet jemand das Produkt nicht?

Wie in jeder guten Ideenfindungs-Session clustern und bewerten Sie die Ergebnisse erst im Anschluss und nicht während der Analyse. Übersetzen Sie Ihre Favoriten in User Journeys beispielsweise so: »Ich verwende das Produkt, damit ...« und leiten Sie daraus Verbesserungsvorschläge ab.

# MOONSHOT-THINKING

Moonshot-Thinking leitet sich von der Idee des amerikanischen Präsidenten John F. Kennedy ab, als er zu Beginn der 1960er Jahren das Ziel ausgab, jemanden auf den Mond und wieder zurückzubringen. Niemand wusste damals, ob das überhaupt möglich wäre oder ob es sich in den zehn Jahren, die er dafür vorsah, gelingen würde. Aber die Idee war umwälzend, visionär, disruptiv – und sie ist schließlich aufgegangen. Mit Google X ist Moonshot-Thinking fest in die DNA des Google-Konzerns Alphabet eingebaut. Dort werden keine inkrementellen Verbesserungen gesucht, die eine Lösung 2% besser machen, sondern 10-mal, also 1000%. Dazu muss man allerdings neue Wege, Abkürzungen, High-Speed-Trassen oder ein galaktisches Wurmloch bauen beziehungsweise entdecken, anstatt lediglich alte Wege schöner zu pflastern.

Stecken Sie Ihre Ziele also nicht zu bescheiden ab. Überspringen Sie alles Naheliegende. Seien Sie radikal. Stellen Sie sich und dem Team provokante Fragen wie: »Wie kann ich Objekt-X 10-mal schneller produzieren?«, »Wie kann ich 10-mal mehr Kunden in der gleichen Zeit betreuen?«, »Wie kann ich Ansprechpartner Nummer 1 zum Thema XY werden?«, »Wie kann mein Produkt 10-mal so stabil sein?«

Wer immer nur das Gleiche macht, erhält auch immer nur die gleichen Resultate. Lassen Sie daher der Fantasie völlig freien Lauf – je unkonventioneller, selbstbewusster, übertriebener, absurder, utopischer, verrückter, bizarrer … Ihre Fragen beziehungsweise Herausforderungen, desto überraschender und disruptiver die generierten Ideen.

# BRAINDUMP

Ein Braindump eignet sich sehr gut zu Beginn eines Innovationsprozesses. Denn um auf neue Ideen zu kommen, sollten Sie mindestens einmal alle bereits vorhandenen Gedanken, Ideen und vagen Vorstellungen zu einem bestimmten Thema aus dem Kopf kriegen. Schreiben Sie sie einfach auf – Quantität vor Qualität. Anschließend werden sie gesichtet, bewertet und nur die besten und vielversprechendsten Ideen werden weiterverfolgt. Und Sie haben Platz im Kopf geschaffen für neue und bessere Ideen.

Nehmen Sie sich dazu 10 bis 15 Minuten Zeit und versuchen Sie, 100 Ideen zu Ihrer Fragestellung runterzuschreiben. Der Zeitdruck sorgt dafür, dass Sie und die übrigen Teilnehmer sich keine Gedanken über die Sinnhaftigkeit der Impulse machen. Machen Sie einen sportlichen Wettkampf daraus: Schwören Sie die Teilnehmer darauf ein, das Ziel von 100 Impulsen zu erreichen, und achten Sie strikt auf die Zeit. Je nach Unternehmens- und Teamkultur können Sie den Teilnehmern aber auch einen Tag oder eine Woche Zeit für den Braindump geben.

Stellen Sie sich anschließend gegenseitig Ihre jeweils besten 5 bis 10 Ideen vor. So haben Sie für die nächsten Sessions eine gemeinsame Vorstellung vom Möglichkeitsraum der Innovationen. Dokumentieren Sie die Ergebnisauswahl nach Themen geclustert.

Idee 1

Impuls 2

Ansatz 3

...

...

Braindump 99

Braindump 100

# SWOT:
# STÄRKEN-SCHWÄCHEN-CHANCEN-RISIKEN

Mit der SWOT-Analyse (Strengths-Weaknesses-Opportunities-Threats) verschaffen Sie sich einen guten Überblick darüber, in welchem Bereich Sie innovieren könnten. Dazu richten Sie in dieser Phase den Blick nach innen auf Ihr Unternehmen, Ihre Abteilung, Ihr Team. Berücksichtigen Sie möglichst viele Aspekte: Technologie, Marktposition, Vertrieb, Ressourcen, Prozesse, Produkte, Services ...

Was können Sie gut, worin sind Sie besser als (alle) anderen? Wo sind Sie nicht so stark (wie andere), wo liegen Ihre Schwächen?

Mit welcher Ihrer Stärken können Sie Chancen ergreifen und Risiken minimieren? Welche Ihrer Schwächen spricht dagegen und muss daher entweder zuerst abgebaut oder kompensiert werden?

Auch hier gilt: Je konkreter Sie sind, desto zielführender und produktiver wird die SWOT-Analyse.

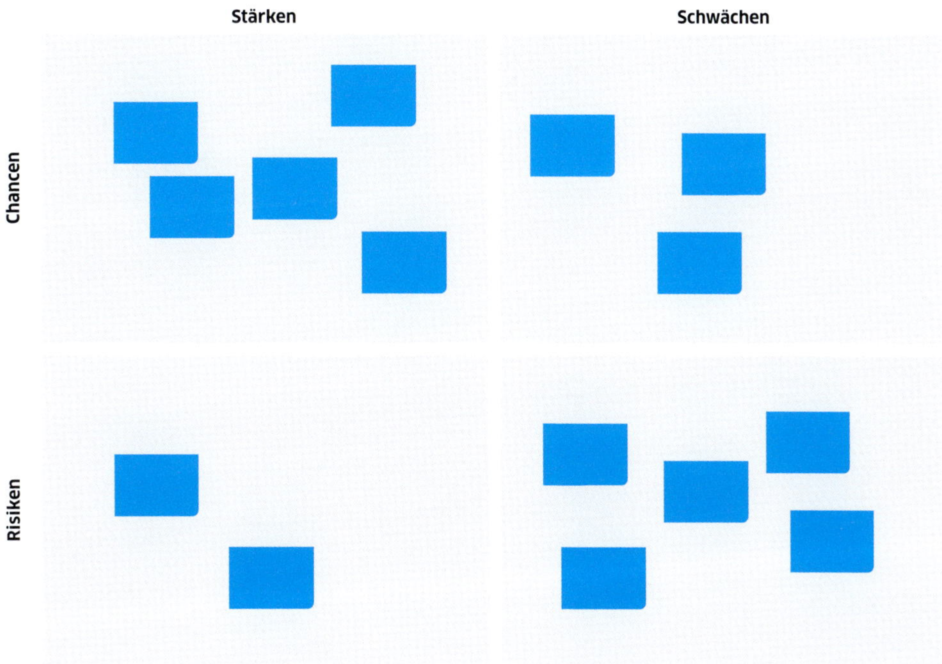

# MINDMAP

Mindmapping ist nach Brainstorming die wohl zweitbekannteste Kreativmethode. Selbst wer den Namen noch nie gehört hat, hat sicher schon mal seine Gedanken in eine visuelle Form gebracht: Sie beginnen mit einem zentralen Begriff oder Bereich und verästeln und diversifizieren ihn kontinuierlich weiter. Dabei können Sie sowohl systematisch als auch frei assoziativ vorgehen. Systematisch, weil man damit beginnt, möglichst viele unmittelbare Teilaspekte des zentralen Begriffs um ihn herum anzuordnen – und frei assoziativ, weil es ebenso gut völlig frei gewählte Aspekte oder Kriterien aus ganz anderen Bereichen sein können.

Starten Sie in der Mitte eines sehr großen Blattes Papier beziehungsweise in der Mitte eines digitalen Whiteboards mit Ihrem Thema, der innovativen Fragestellung oder einem zentralen Begriff. Von der Mitte führen thematische Verästelungen nach außen. Dabei können Sie strukturiert und hierarchisch, besser jedoch völlig frei, kreativ und assoziativ denken. Beziehen Sie alle möglichen Perspektiven ein: technische, finanzielle, organisatorische, menschliche, mechanische, produktbezogene ... Denn je mehr die abgeleiteten Aspekte von der üblichen Ordnung abweichen, desto spannender werden die Ergebnisse.

Für jeden so entstandenen Ast entwickeln Sie weitere neue Zweige und erzeugen schließlich eine komplexe Grafik. **Der kreative Nutzen der Mindmap ist die Arbeit daran:** Während des systematischen Entwickelns kommen Aspekte ins kreative Blickfeld, auf die man ohne diesen Ansatz nicht gekommen wäre. An jedem Ast und jeder Verzweigung können frei assoziativ neue Ideen und Innovationsansätze entstehen. Drei weitere Vorteile von Mindmaps sind, dass man sie auch mal ein paar Tage liegen lassen kann, um sie dann erst zu erweitern. Zudem enthalten sie oft auch für spätere Projekte noch wertvolle Impulse und drittens: Sie können leicht mit mehreren Personen daran arbeiten – sowohl analog als auch digital. Also bewahren Sie sie gut auf.

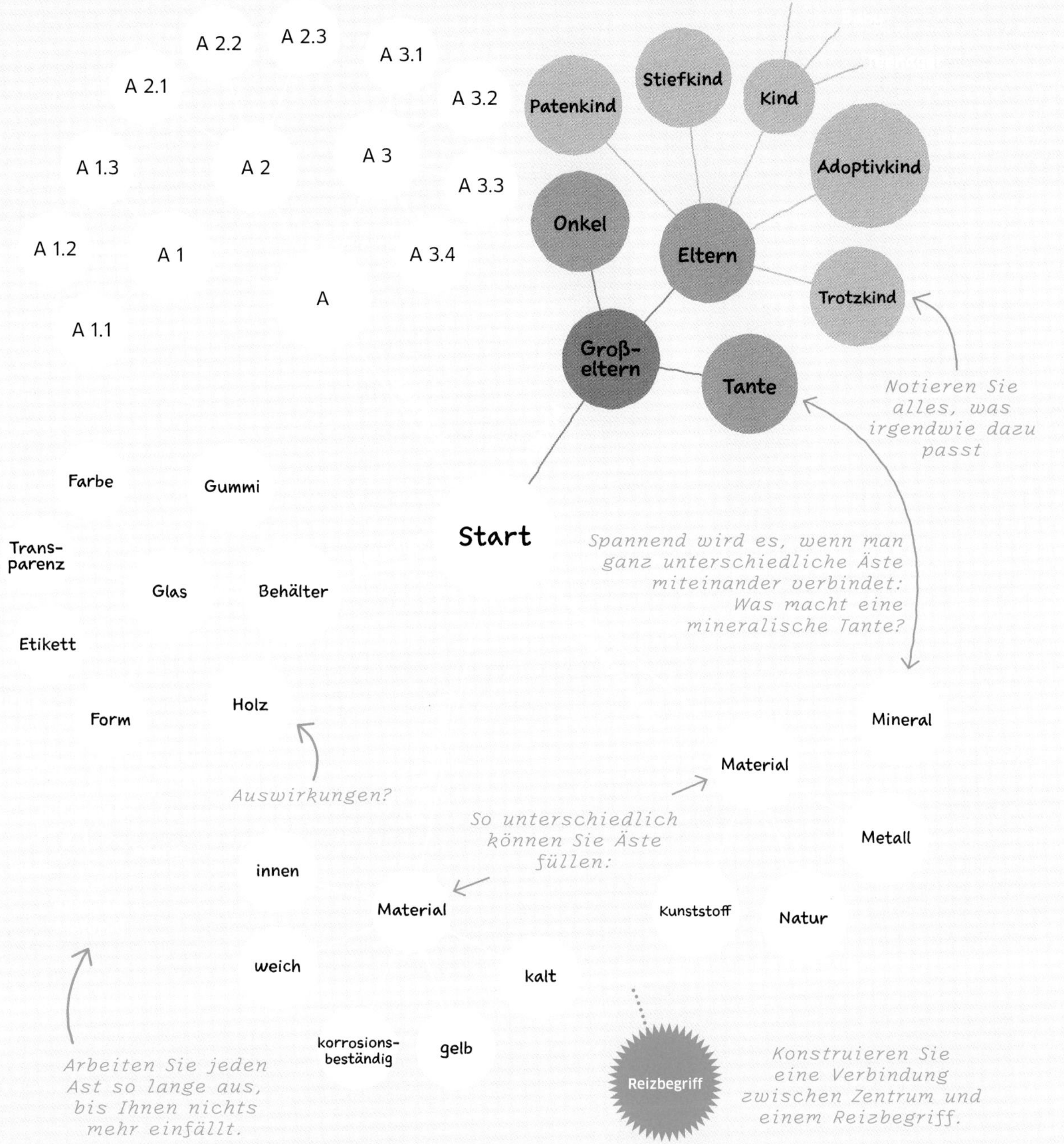

A 2.2
A 2.3
A 3.1
A 2.1
A 3.2
A 1.3
A 2
A 3
A 3.3
A 1.2
A 1
A 3.4
A
A 1.1
Stiefkind
Kind
Patenkind
Adoptivkind
Onkel
Eltern
Trotzkind
Groß-eltern
Tante
Notieren Sie alles, was irgendwie dazu passt
Farbe
Gummi
Start
Trans-parenz
Glas
Behälter
Etikett
Spannend wird es, wenn man ganz unterschiedliche Äste miteinander verbindet: Was macht eine mineralische Tante?
Form
Holz
Mineral
Material
Auswirkungen?
So unterschiedlich können Sie Äste füllen:
Metall
innen
Material
Kunststoff
Natur
weich
kalt
korrosions-beständig
gelb
Reizbegriff
Arbeiten Sie jeden Ast so lange aus, bis Ihnen nichts mehr einfällt.
Konstruieren Sie eine Verbindung zwischen Zentrum und einem Reizbegriff.

# SERVICE-POTENZIAL

Bei Dienstleistungen geht es im Kern darum, anderen Menschen oder Unternehmen Tätigkeiten abzunehmen, die diese aus den verschiedensten Gründen nicht selbst erbringen wollen, können oder dürfen. Sei es insgesamt oder partiell, permanent oder temporär, vorsätzlich oder beiläufig.

Handwerker im Allgemeinen widmen sich Aufgaben, die Sie nicht können, für die Sie sich keine Zeit nehmen wollen oder können oder die Sie ohne Sachkundenachweis ohnehin gar nicht machen dürfen – wer würde auch schon seine Gasleitungen selbst reparieren wollen? Und Versicherungen bilden eine Art Solidargemeinschaft für Fälle, die auch bei bestem Willen kaum jemand auf sich allein gestellt stemmen können dürfte. Klopfen Sie Ihre Kompetenzen und Möglichkeiten dahin gehend ab, ob sie die Antwort auf einen Mangel bei anderen sein könnten:

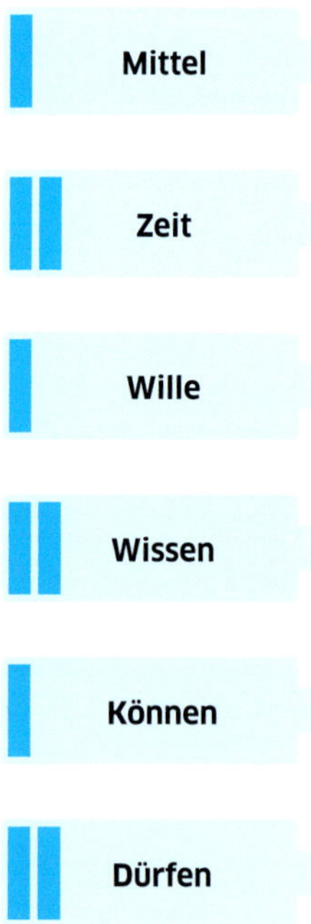


**Mittel**

Haben Sie die Mittel (Werkzeuge, Logistik, Flächen, Kapital), die anderen fehlen oder deren Anschaffung sich für sie nicht rentieren?

**Zeit**

Anderen fehlt die Zeit, sich darum zu kümmern, kurz-, mittel-, langfristig oder permanent; Beispiel: Pizzaservice statt Essen gehen oder selber kaufen, backen und belegen.

**Wille**

Andere wollen selbst nicht den (organisatorischen, personellen, technischen ...) Aufwand treiben. Dahinter steckt Bequemlichkeit, die zum Aussterben der Videotheken geführt hat, weil Video-on-Demand eben noch einfacher ist.

**Wissen**

Sie haben das Know-how, das anderen fehlt und das sie sich nicht kurzfristig selber draufschaffen können oder wollen. Beispiel: Wikipedia, Steuerberatungsvereine, Preisvergleichsportale

**Können**

Anderen fehlen die Fertigkeiten, etwas so anzubieten oder herzustellen, wie Sie es können. Beispiel: Routenplaner und Handwerker.

**Dürfen**

Sie haben besondere Qualifikationen; gesetzliche Vorgaben und Auflagen verbieten anderen, solche Produkte oder Dienstleistungen anzubieten. Beispiel: Ärzte, Anwälte, Schornsteinfeger.

# TRENDSTORMING

Beim Trendstorming betrachten Sie Ihr Unternehmen, Ihre Produkte oder Services aus der Perspektive aktueller Trends: Welche Einflüsse und Wirkungen hat ein Trend, wie können Sie diese für sich nutzen, darauf reagieren oder ihnen proaktiv begegnen?
Wenn Sie bislang nicht mit Trend-Driven-Innovation gearbeitet haben, erfordert es ein wenig Vorbereitung, auf die Sie später jedoch immer wieder zurückgreifen können. Außerdem öffnet es Ihnen den Blick für aktuelle und kommende Veränderungen.

## Trend-Dossiers

Stellen Sie sich dafür zunächst eine Sammlung von Trends und Megatrends zusammen. Die können Sie entweder aus öffentlich zugänglichen Quellen, Artikeln und Büchern recherchieren oder Sie bedienen sich der Reports anerkannter Trend- und Zukunftsforscher. Neben laufenden Publikationen zu brandaktuellen Entwicklungen und Branchenreports bieten diese oft auch zusammenfassende Trendstudien an. Hier seien die »Megatrend-Dokumentation« des deutschsprachigen Zukunftsinstituts genannt und das »Trenduniversum« von TrendOne.
Idealerweise tragen Sie Trends aus allen möglichen Branchen und gesellschaftlichen, technologischen, wirtschaftlichen, ökologischen, demografischen ... Bereichen zusammen. Je vielfältiger und branchenübergreifender die Sammlung, desto interessanter und disruptiver die daraus resultierenden Ideen.
Fassen Sie jeden Trend in einem Dossier zusammen: Ursprung, Phänomene – worin und wie äußert sich ein Trend, aktuelle Auswirkungen, weitere mögliche Implikationen, Status im Trend-Lebenszyklus, Verbreitung, besondere Nutzergruppen, Beispiele, zuzuordnender Megatrend.
Für die praktische Arbeit in Workshops und Sessions hat sich die kompakte Zusammenfassung der einzelnen Trends in jeweils knappen Trend-Steckbriefen, zum Beispiel auf Karteikarten oder Postern, bewährt.

## Trendstorming

Machen Sie einen einzelnen Trend zum Thema der Session oder nehmen Sie sich mehrere Trends in einem Workshop nacheinander vor.
Trend auswählen, Trend-Steckbrief/-Dossier lesen, Brainstormen: Welche Auswirkungen könnte er auf Ihr Unternehmen haben? Lassen Sie sich inspirieren zu: Modifikationen bestehender Produkte, Impulsen für völlig neue Produkte, Services, Prozesse oder ganz anderen Geschäftsmodellen.
Noch einmal: Je vielfältiger und branchenfremder die Trends, desto interessanter und disruptiver die daraus resultierenden Ideen. Auf das Naheliegende kommt jeder – finden Sie die wirklich spannenden Kombinationen und Cross-Innovations. Denken Sie in Möglichkeiten.

# STEEPLEDO

Mit der eingehenden Betrachtung verschiedenster Treiber gewinnen Sie einen guten Überblick zu möglichen Handlungsfeldern von Innovationen.

Arbeiten Sie sich systematisch durch jedes einzelne der acht Treiberfelder: gesellschaftliche, technologische, ökonomische, ökologische, politische, rechtliche, ethische und demografische.

Auch durch jene, von denen Sie annehmen, dass sie derzeit keine Bedeutung für Ihr Unternehmen, Ihr Produkt oder Ihren Service haben. Konsultieren Sie gegebenenfalls entsprechende Spezialisten oder binden Sie sie direkt in die Session mit ein.

Denken Sie in Chancen und Möglichkeiten. Welche weiteren, hier nicht aufgeführten Treiber, wirken außerdem auf Sie, Ihre Branche, auf Ihr Unternehmen, Ihre Produkte, Services und Prozesse? Auf Ihre Mitarbeiter, Lieferanten, Kunden und Endverbraucher?

Welche Faktoren befeuern und verstärken, welche beeinträchtigen oder stören, welche lassen Sie unbeeinflusst? Sammeln Sie für jedes Treiberfeld positive, negative, ambivalente und neutrale Effekte und Einflussgrößen.

Anschließend clustern Sie jedes Treiberfeld nach ähnlichen Faktoren, Ansätzen beziehungsweise Risiken. Die aussichtsreichsten Cluster können Sie mit einer SWOT-Analyse genauer unter die Lupe nehmen.

So gewinnen Sie einen guten Überblick zu aussichtsreichen Aktivitäten für Ihre Innovationsarbeit.

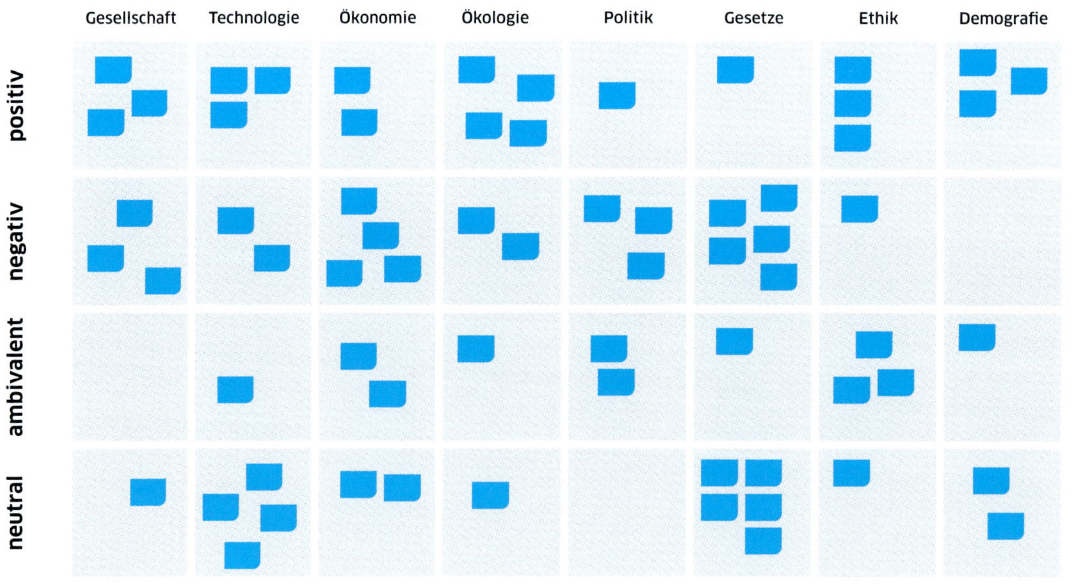

# RE-GNOSE

Sie kennen die Prognose: mit dem heutigen Wissensstand ein Szenario der Zukunft projizieren. Die Re-Gnose geht den umgekehrten Weg: aus einem angenommenen Punkt in der Zukunft den Weg dorthin entwerfen und beobachten. Hier können Sie sich als Science-Fiction-Autor probieren: Entwickeln Sie ein Szenario, ein Bild der Zukunft, die Ihre Vision als bereits umgesetzt schildert. Wie fühlt es sich an, dort zu sein? Wie haben Ihre Mitbewerber, Kunden, Mitarbeiter, der Markt reagiert? Wie sind die dorthin gekommen? Machen Sie (natürlich fiktive) Beobachtungen, schauen Sie genau hin, was hat sich verändert, welche Effekte sind eingetreten, welche Hindernisse waren zu überwinden? Machen Sie sich ein »Picture of the Future«.

Erstellen Sie eine Roadmap, indem Sie Zeitpläne zurückrechnen sowie Abhängigkeiten und Risiken identifizieren. Natürlich ist das alles rein spekulativ, allerdings hilft es Ihnen, ein sehr lebendiges Bild Ihrer Vision zu gewinnen, in das Sie sich beliebig hineinzoomen können. Wie gefällt es Ihnen?

# 11-STAR-EXPERIENCE

Sicher kennen Sie 4-Sterne-Hotels, auch solche mit 5 Sternen sind Ihnen vielleicht nicht fremd. Mit jedem weiterem Stern steigt der Komfort, die Ausstattung und das ausgesprochene Bemühen des Hotelmanagements, dem Gast alle Wünsche von den Lippen abzulesen, ihn zu begeistern, mit unerwarteten Annehmlichkeiten und Services zu verblüffen. Die wenigen bestehenden 7-Sterne-Hotels versprechen ein Erlebnis der Extraklasse mit Chauffeur, Butler, Privatschwimmbad und allem erdenklichen Luxus. Sie wissen, was den Gast begeistert, noch bevor er es selber weiß, sie erfüllen Wünsche und Träume, von denen man nicht wusste, dass man sie hatte.

Was würde erst ein 11-Sterne-Hotel bieten? Womit und wie werden Gäste beziehungsweise Kunden verwöhnt, auf Händen getragen, umsorgt, erfreut, umpflegt, begeistert?

Und übertragen auf Ihr Business: Wie können Sie Ihre Kunden restlos beeindrucken, mit welchem 11-Sterne-Service würden sie niemals rechnen, was bringt sie zum Schwärmen, welches Killer-Feature lässt ihnen die Kinnlade herunterklappen? Egal wie übertrieben, luxuriös, untertänig, aufwendig, opulent, teuer oder prahlerisch die Ideen zunächst klingen mögen – lassen Sie Ihrer Fantasie erst einmal völlig freien Lauf. Später kümmern Sie sich um die Umsetzung in ein realistisches Produkt oder einen Service.

# PROBESTERBEN

Klingt makabrer, als es ist, und ist nützlicher, als es klingt – Probesterben. Machen Sie dazu einmal folgendes Gedankenexperiment: Stellen Sie sich vor, eines Ihrer Produkte oder eine Ihrer Dienstleistungen ist auf einmal nicht mehr da oder wird von einem Tag auf den anderen nicht mehr gebraucht. Kein Abschied, keine Gründe, keine Unterlagen, keine Pläne, keine Hinweise. Wie reagieren Sie, das Team und das Unternehmen? Welche Konsequenzen zieht das plötzliche Fehlen nach sich? Was wird nun für einige Zeit stillstehen oder erst beim Auftreten von Problemen ins Bewusstsein kommen? Woran hätte Sie schon vorher denken, worauf sich vorbereiten können? Suchen Sie auch aktiv nach Schwachstellen, die Ihren Workflow und Ihre Prozesse stören oder vollständig lahmlegen können: Wo, wie und wann müssen Sie proaktiv handeln, Sicherungen einbauen, Fallbacks einplanen?

## Kill your Company

Eine Variante ist »Kill your Company«: Was wäre, wenn es Ihr Unternehmen von einem Tag auf den anderen nicht mehr gäbe? Auf welche Produkte und Dienstleistungen müssten Ihre Kunden zurückgreifen, welche Alternativen – abseits von Mitbewerbern – stehen zur Verfügung oder können kurzfristig aktiviert werden? Welche echten Lücken werden gerissen? Die Suche nach Alternativen, Workarounds, Provisorien liefert wertvolle Hinweise für Innovation, denn Not macht bekanntlich erfinderisch.

Probesterben ist ein bei Steuerberatern und Bestattern verbreitetes Szenario – Sie können es genauso gut auf die Innovation Ihres Produktportfolios anwenden: Wie können Sie sich auf das Ende eines Produktlebenszyklus vorbereiten? Auch und gerade, wenn es noch lange nicht gekommen scheint? Werden Sie proaktiv: Identifizieren Sie Sollbruchstellen, installieren Sie Risikosensoren, integrieren Sie Sicherungskästen und bauen Sie (Produkt-)Nachfolger auf.

# JOB-SHADOWING

In Ihrem eigenen Tätigkeitsbereich kennen Sie sich idealerweise bestens aus. Doch schon, wenn Sie sich nur etwas umschauen, werden Sie feststellen, dass Sie in anderen Domänen nahezu ein Laie sind. Um den suchenden Blick des Innovators möglichst weit und breit schweifen zu lassen, können Sie sich permanente oder temporäre Consultants ins Team holen: Fachleute, Mitarbeiter aus anderen Abteilungen, Lieferanten, Kunden, Nichtkunden ... die detailliert von und über ihre Arbeit oder Erfahrungen berichten oder interviewt werden. Für Sie bleibt zu hoffen, dass Ihre Consultants die gleiche innovative Perspektive, das Problembewusstsein, die Aufmerksamkeit ... innehaben wie Sie. Und dass Ihre Interviewfragen sehr gut sind oder Sie auch unbewusste Probleme erkennen.

## Oder: Sie starten ein Job-Shadowing

Begleiten Sie die Fachleute, Mitarbeiter, Kunden, Nichtkunden ... in ihrem Alltag auf Schritt und Tritt, schauen Sie ihnen über der Schulter, auf die Finger, auf den Mund. Notieren, skizzieren, fotografieren, videografieren, dokumentieren Sie alle Handlungen, Unterlassungen, Abläufe, Vorfälle, Lagen, Orte, Anlagen, Interaktionen, Unterhaltungen, Wege, benutzte Tools, nicht benutzte Tools ... minutiös.

Ihre wichtigste Aufgabe dabei: Seien Sie unsichtbar und unauffällig wie ein Geist, stören Sie den normalen Ablauf auf keinen Fall. Sie sind nur ein Schatten.

Unklarheiten und Ihren Fragen gehen Sie erst in einer Anschluss-Session auf den Grund. Hier dürfen Sie hinterfragen, warum Dinge so getan werden, wie sie getan wurden, warum ein Austausch auf die beobachtete Art stattfand und alles, was Sie sonst nicht verstanden haben. Auch jetzt blieben Sie der neutrale und kritiklose Schatten. Lassen Sie Ihre Consultants erklären – wo keine schlüssige Erklärung, da öffnet sich oft ein Innovationsansatz.

Bringen Sie Ihre Beobachtungen und Einsichten zum Beispiel in die übersichtliche, visuelle Form einer Cognitive Map. Sie ist Grundlage und Rohmaterial für das Innovationsteam, das darin Handlungsfelder erkennen kann und zu Ideen-Ansätzen inspiriert wird.

# 5 WHY

Um einem Problem, einer Fragestellung, einem Konflikt oder jeder anderen Angelegenheit auf den wahren, eigentlichen, ursächlichen Grund zu gehen, wenden Sie die 5-Why-Methode an. Neben aufwendigen und komplexen Methoden im Innovationsprozess gibt es zum Glück auch ein paar ganz einfache, die man aus dem Stand heraus anwenden kann – die 5-Why ist so eine: Fragen Sie einfach fünfmal nacheinander nach dem Grund.

Formulieren Sie das offenkundige Problem* und fragen Sie anschließend initial »Why?« Warum ist das so? Warum müssen Sie das so verwenden? Warum können Sie nicht XY machen? Warum gibt es keine Alternativen? Warum sind diese Komponenten ungeeignet?

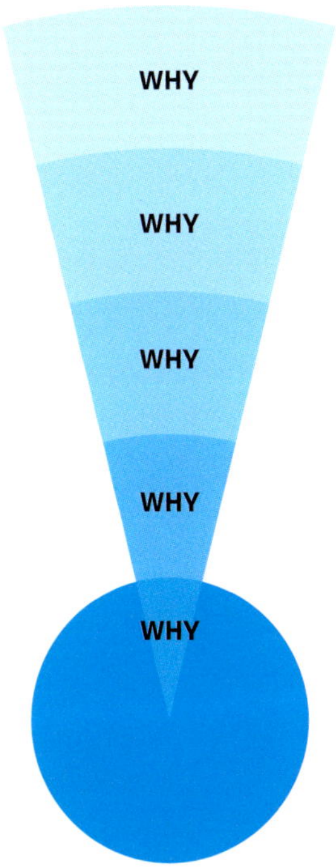


Sammeln Sie Antworten. Der wahrscheinlichsten, einleuchtendsten oder zutreffendsten Antwort stellen Sie das zweite Why. Gibt es ebenso zutreffende, alternative Antworten, so verfolgen Sie sie in je einer eigenen Session im Anschluss.

Setzen Sie so mit Fragen und den Antworten bis zum fünften »Why« fort. Jetzt sollten Sie am wahren, eigentlichen Kern der Ursache angekommen sein – wenn nicht: 6-Why, 7-Why, 8-Why ...

Beispiel: Die Innovationsaktivitäten in Mustercompany kommen nicht so richtig in Gang.

1. Warum kommen die Innovationsaktivitäten nicht so richtig in Gang?

a) das Projektmanagement muss diese Aufgabe nebenbei erfüllen b) es gibt kein konkretes Innovationsprojekt c) die Mittel wurden noch nicht freigegeben. Wir entscheiden uns für Antwort b) und verfolgen sie in dieser Session.

2. Warum gibt es noch kein konkretes Innovationsprojekt?

Antwort: Wir haben noch kein interessantes Themenfeld identifiziert.

3. Warum haben wir noch kein ...

Antwort: Wir haben uns in einem Workshop mit zwei Themenfeldern beschäftigt, die keine interessanten Ansätze versprachen.

4. Warum gab es erst einen Workshop ...

Antwort: Nach dem Workshop waren wir enttäuscht und entmutigt.

5. Warum wart ihr enttäuscht und entmutigt?

Antwort: Die kreativen Fragestellungen und Impulse und dementsprechend auch unsere Ideen dazu waren durchschnittlich langweilig und letztlich nicht neu.

Aktion: Den nächsten Workshop intensiver, kreativer, provozierender, freier, wilder, disruptiver, offener, produktiver, explorativer, radikaler, effizienter, transparenter, spielerischer ... gestalten.

Wichtig: Legen Sie die echten, wahren Antworten auf den Tisch und keine »offiziellen« Meinungen. Hausinterne Schönfärberei bringt Sie hier – und anderswo auch – nicht weiter.

**Interessanterweise können Sie das oberflächliche Problem ebenfalls mit 5-Why herauskristallisieren: Machen Sie einfach vorab ein eigenes 5-Why.*

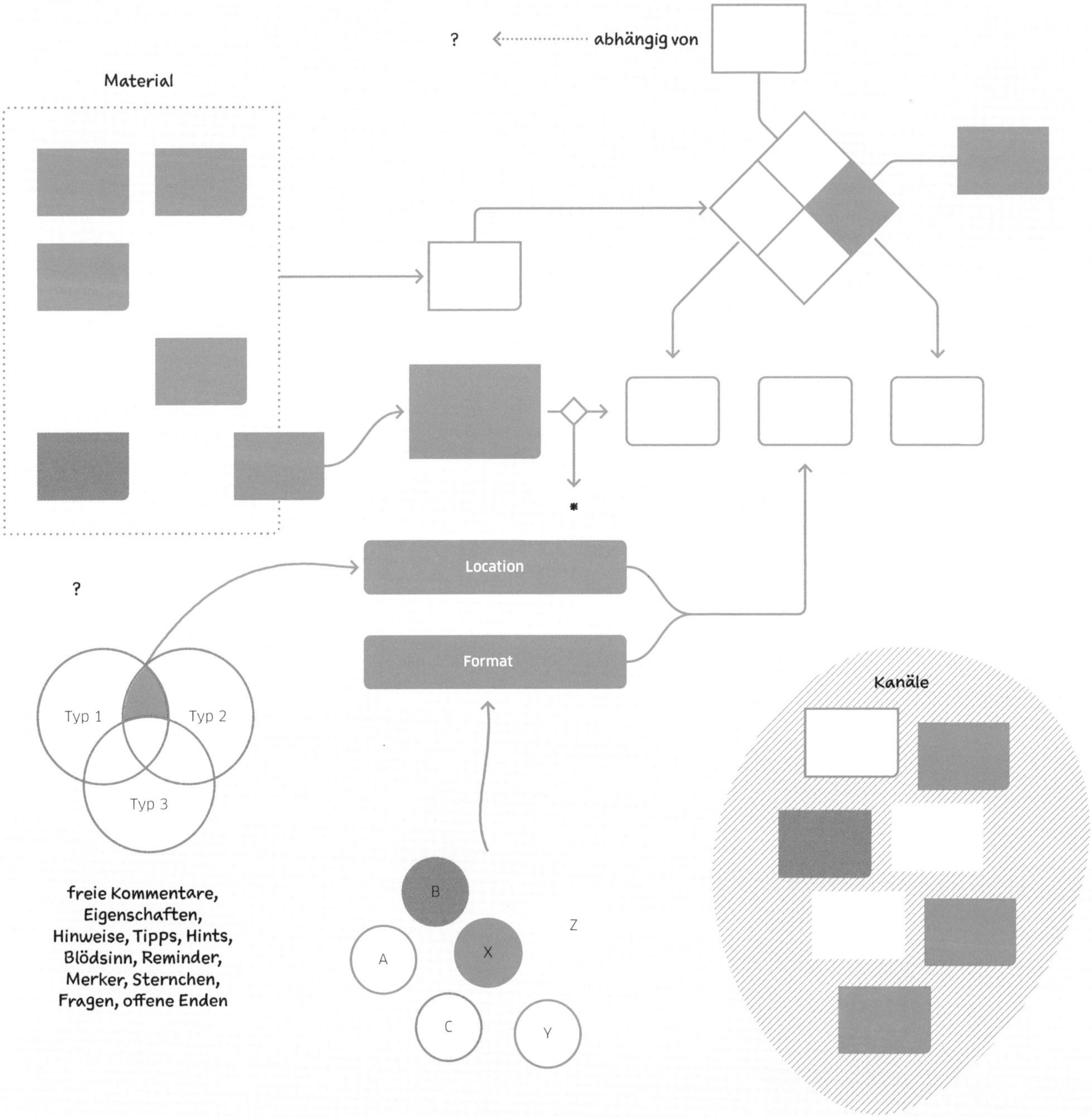
?
abhängig von
Material
Location
Format
?
Typ 1
Typ 2
Typ 3
Kanäle
B
A
X
Z
C
Y
freie Kommentare, Eigenschaften, Hinweise, Tipps, Hints, Blödsinn, Reminder, Merker, Sternchen, Fragen, offene Enden

# COGNITIVE MAP

Gedankliche Vorstellungen von Prozessen und Konzepten lassen sich gut in Form einer Cognitive Map darstellen und kommunizieren. Sie ist der Oberbegriff für alle Arten visueller Repräsentationen von mentalen Modellen. Und da es keine verbindlichen Regeln zum Aufstellen von Cognitive Maps gibt, sind sie (und Sie) in ihrer Form auch völlig frei.

Mit der Cognitive Map können Sie Wissen externalisieren: Teilen Sie Ihre Gedanken mit anderen, stellen Sie sie auf eine gemeinsame Basis und entwickeln Sie sie weiter.

Ihr besonderer Wert liegt jedoch in den visuellen Mustern, Strukturen und Verbindungen, die entstehen, wenn Sie sich intensiv mit der Ausarbeitung beschäftigen. Neue Themen, Handlungsfelder und Beziehungen lassen sich so leicht identifizieren, weil Sie Lücken und offene Bereiche direkt sehen.

Tragen Sie alle relevanten Informationen auf einem Spielplan zusammen. Das ist idealerweise ein digitales, kollaboratives Whiteboard, kann aber auch jede andere analoge Technik, wie Post-its, Metaplanwand, Flipchart, Pinnwand etc. sein. Wichtig ist die Möglichkeit, einfach umsortieren zu können.

Anschließend ergänzen Sie einzelne Einträge mit Eigenschaften, Skizzen, Beschreibungen. Setzen Sie sie in Beziehung zueinander, stellen Sie Abhängigkeiten, Zusammenhänge, Unterschiede und Ähnlichkeiten heraus. Finden Sie bislang unentdeckte Verbindungen oder konstruieren welche und entdecken Sie dabei vielleicht ganz nebenbei ganz (neue) Strukturen. Zwischendurch immer mal wieder clustern, zusammenfassen und gruppieren. Probieren Sie alternative und inverse Reihenfolgen und Systematiken aus. Identifizieren Sie Pain-Points, Flaschenhälse und Sackgassen.

Verwenden Sie reichlich Farben und Formen, um Ihre gesammelten Informationen visuell zu codieren – das hilft Ihnen bei der Identifikation neuer Muster, Strukturen und schließlich Themen und Handlungsfeldern der Innovation.

Als abteilungsübergreifendes oder interdisziplinäres Team profitieren Sie hier enorm von der Synergie unterschiedlicher Perspektiven und Kompetenzen aller Individuen und Teilgruppen.

# PERSONA

Sie bieten Produkte und Dienstleistungen an und es gibt Menschen, die sie verwenden. Mit der Persona-Methode bringen Sie deren Bedürfnisse, Wünsche, Erfahrungen, Vorstellungen und Voraussetzungen zusammenfassend auf den Punkt. Denn Charaktereigenschaften und Persönlichkeitsausprägungen, die sich im realen Leben auf viele Personen verteilen, werden als Persona zu jeweils einem synthetischen Persönlichkeitsprofil zusammengefasst.

So haben zum Beispiel verschiedene Altersgruppen oft sehr unterschiedliche Anforderungen an die gleiche Dienstleistung und ebenso unterschiedliche Arten der Nutzung ein und desselben Produkts. Daraus ergeben sich Ansätze für adaptierte, differenzierte, modifizierte und fokussierte Produkte und Services. Aber auch Impulse für ganz neue Produkte, die Bedürfnisse auf eine unerwartete Weise befriedigen, Probleme auf eine spannende Art lösen und Erwartungen auf eine überraschende Art übererfüllen. Oder bisherigen Nicht-Nutzern Wege, Möglichkeiten und Motive eröffnen, Ihre Produkte künftig doch zu verwenden.

Personas bieten interessante Perspektiven und vielschichtige Hinweise für neue Inhalte, Funktionen, Angebote, Produkte, Dienstleistungen.

Starten Sie mit der Identifizierung Ihrer Nutzer und Nicht-Nutzer. Aber mutmaßen Sie nicht – fragen Sie. Führen Sie gegebenenfalls kurze Interviews mit realen Personen: Was interessiert sie, was ist ein typisches Verhalten in Bezug auf Ihr Produkt, welche Vorlieben und Aversionen hat sie, was motiviert oder frustriert sie, welche Ziele will sie mit der Verwendung Ihres Produkts erreichen, über welche Skills verfügt sie /verfügt sie nicht, welcher Persönlichkeitstyp ist sie (sofern sich das in einem kurzen Interview erkennen lässt)? Achten Sie, wie bei jedem Interview, auch auf Signale und nonverbale Zeichen.

Anschließend führen Sie Typen mit ähnlichen oder vergleichbaren Angaben zu einer Persona zusammen: gleiche Motive, gleiche Probleme, gleiche Ziele. Die dienen Ihnen im Weiteren als Leitplanken für adaptierte Produkte und Dienstleistungen.

Die Angaben dieser Beispiel-Persona sollten Sie nach eigenem Bedarf einkürzen oder erweitern.

## PERSONA-TYP

„typisches mögliches Zitat in Bezug auf das Projekt oder Produkt"

**Name**

**Wohnort**

**Alter**

**Familienstand**

**Job | Position**

**Persönlichkeit**

introvertiert – extrovertiert

intuitiv – sensorisch

denkend – fühlend

wahrnehmend – urteilend

**Skills**

Projektmanagement

Office-Programme

Mobile Tools

Vogonische Dichtkunst

**Interessen**

**typisches Verhalten**

**Mag | Mag nicht…**

**Motivation**

**Frustration**

**Ziele**

# INTERVIEW WHAT-HOW-WHY

Mutmaßen Sie nicht – fragen Sie. Eine einfache Methode, Wünsche und Nöte von Nutzern und Nicht-Nutzern zu evaluieren, ist, sie zu fragen. Allerdings wissen Nutzer oft selbst nicht, welche ursächliche Motivationen, Wünsche, Bedürfnisse und Gründe hinter ihren Handlungen stecken. Erkundigen Sie sich daher in drei Phasen über die Erfahrungen, die im Zusammenhang mit Ihrem Produkt oder einer vergleichbaren Alternative gemacht wurden. So fragen Sie sich zum Kern der wahren Gründe vor.

## 1. Was

Was tun sie? Rein formal? In welcher Reihenfolge und womit? Werden Hilfsmittel eingesetzt, welche Rahmenbedingungen bestehen? Woher wissen sie, was, wann und wo zu tun ist?

## 2. Wie

Wie tun sie es? Was ist ihnen dabei wichtig? Was muss vorher und/oder nachher geschehen? Auf welche Art und Weise tun sie es, sind sie vielleicht sehr sorgfältig, schnell, ressourcenschonend, nachhaltig, preissensibel, qualitätsbewusst? Welche (Vor-)Überlegungen fließen in der Verwendung ein?

## 3. Warum

Warum tun sie es? Wollen sie ein Problem damit lösen – wenn ja: welches? Welche Bedeutung hat das Problem für sie? Ist es ihnen ein persönliches Anliegen, was wollen sie damit erreichen? Besteht die Motivation auch über die konkrete Handlung hinaus?

Identifizieren Sie reale Personen, die ein konkretes und berechtigtes Interesse an Ihrem Produkt haben könnten. Achten Sie dabei auf demografische Diversität, sofern es nicht um ein extremes Nischenprodukt geht. Beziehen Sie stets auch Nicht-Nutzer in die Befragungen ein – sie liefern Ihnen mindestens ebenso wertvolle Hinweise wie bestehende Nutzer.

Legen Sie den Fokus der Fragen auf die Schilderung von bisherigen Erfahrungen, konkreten Bedürfnissen, Problemen und Wünschen. Fragen Sie gegebenenfalls auch, welche Vorteile und Nutzen von einer neuartigen Lösung erwartet werden. Konkrete Vorstellungen von deren Funktionen und Ausgestaltung hingegen sind nicht erforderlich. »Was kann das Neue« kommt vor »Wie macht sie das?«

Sorgen Sie für eine angenehme Atmosphäre, stellen Sie sich und das Projekt kurz vor. Fallen Sie nicht mit der Tür ins Haus und quetschen Sie keine Antworten heraus – unter Druck werden nur die Erwartungen des Interviewers gespiegelt.

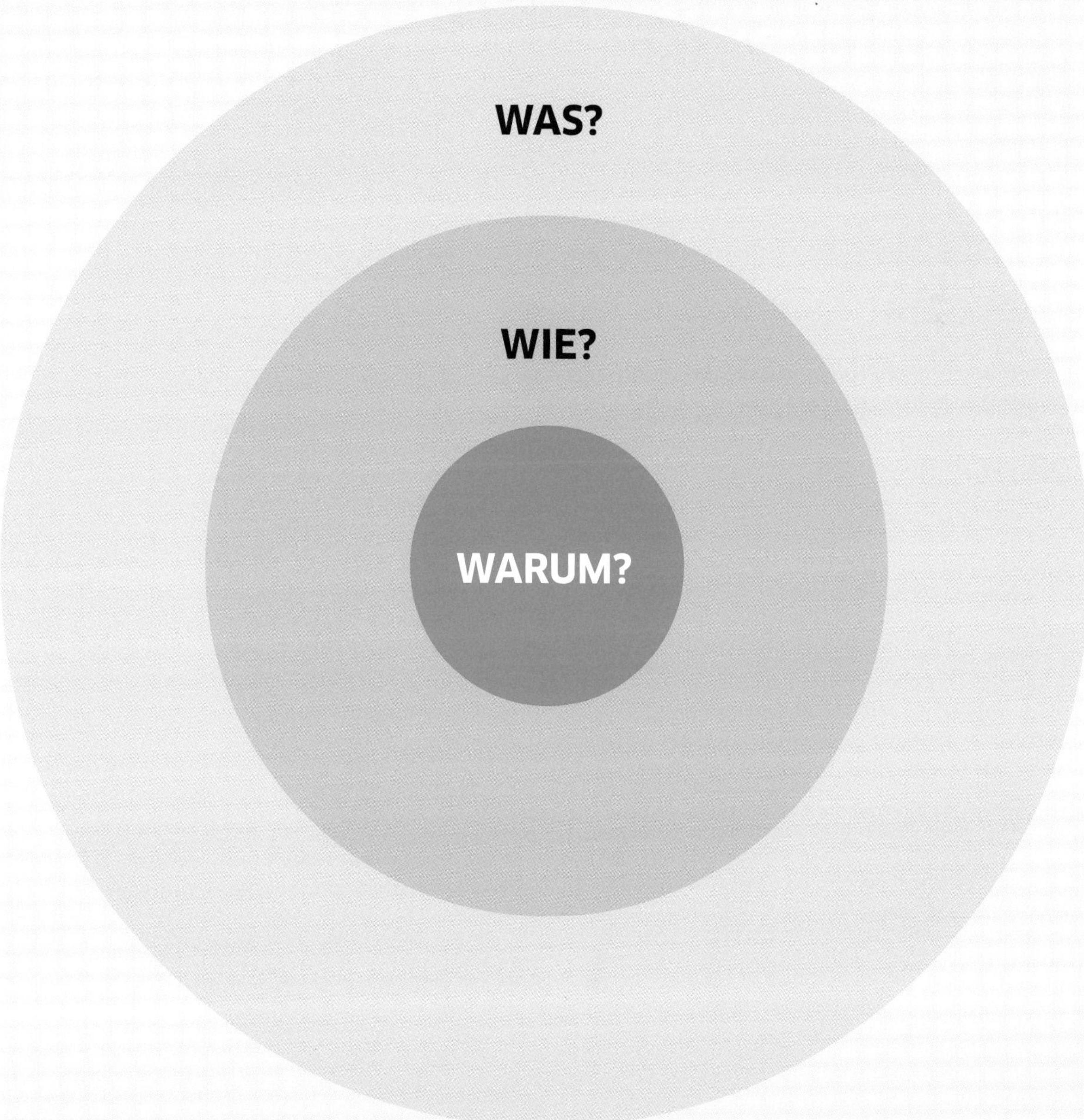
WAS?
WIE?
WARUM?

# USER JOURNEY MAP

Haben Sie sich schon einmal gefragt, wie Ihr Produkt beziehungsweise Ihre Dienstleistung in die Erledigung einer Aufgabe Ihrer Nutzer integriert ist, in deren gesamten Arbeitsablauf oder den Alltag generell? Begleiten Sie Ihre Nutzer auf dieser Reise: Mit einer User Journey beobachten Sie ihn/sie – oder versetzen sich prototypisch in dessen Lage – und dokumentieren den Ablauf der Erledigung einer bestimmten Aufgabe. Die kann mit Ihren bestehenden Produkten zusammenhängen. Aber auch alles, was (lange) davor, danach und parallel dazu stattfindet, bietet potenziell spannende Impulse für Innovationen.
Der Wert der User Journey liegt in einem hohen Detailgrad. Je genauer Sie hinschauen, desto mehr nützliche Ansätze erhalten Sie.

## Phasen

Die User Journey lässt sich grob in vier Phasen gliedern, natürlich muss man nicht jede davon durchlaufen – auch wenn es aus der Innovationsperspektive lohnt:

1. **Awareness:** Wie wird der User auf Ihr Produkt aufmerksam?
2. **Interest:** Wie steigert sich das Interesse daran?
3. **Desire:** Was löst den Kauf oder die Nutzung aus?
4. **Action:** Das Produkt wird gekauft, beschafft, genutzt.

Erkennen Sie das AIDA-Modell des Marketings wieder?
Besonders die Beobachtung der vierten Phase »Action« liefert die hilfreichsten Ansätze für konkrete Produkt- und Dienstleistungsinnovationen.

## Genau hinschauen

Jeder Handgriff, jede Körperdrehung, jeder Schritt, jeder Blick, jeder Klick, jeder Gedanke nach links, rechts, oben, unten, vorne, hinten, jedes zusätzlich eingesetzte Tool, jedes Hilfsmittel, jede Unterbrechung, jedes Stocken, Warten, Abschweifen, jede externe Konsultation, jede Interaktion ... kann ein wertvoller Impuls für Innovationen sein. Achten Sie auch auf das Umfeld, die Tages- und Jahreszeit und den technologischen, sozialen, wirtschaftlichen sowie räumlichen Kontext. Seien Sie extrem aufmerksam und dokumentieren Sie jedes noch so nebensächlich scheinende Detail in seinem Kontext.
Überführen Sie sämtliche Beobachtungen Schritt für Schritt in die Form eines Ablaufdiagramms, der sogenannten User Journey Map. An der Linearität beziehungsweise der Art und Vielzahl der Abweichungen davon erkennen Sie Veränderungs- und Innovationsansätze. Identifizieren Sie sowohl Begeisterungsmerkmale als auch Pain-Points. Wo kommen User zügig voran und erzielen schnell und leicht sehr gute Ergebnisse? Wo entstehen Sackgassen, wo sind Unklarheiten, wo wird es unverhältnismäßig komplex und unüberschaubar, wo werden Tool-Wechsel erforderlich, wo, wann, wie und warum entstehen Wartezeiten (worauf), Verwechslungen (womit) oder Fehler (woher)?
Jeder dieser Ansatzpunkte kann als Startpunkt einer Ideenfindungs-Session dienen – sowohl für Routine- und Verbesserungsinnovationen als auch für radikale und disruptive Begeisterungsideen.

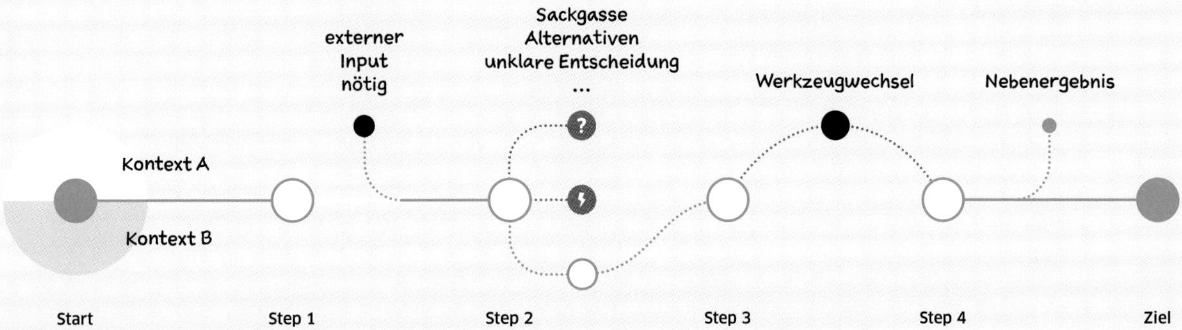

Sackgasse
Alternativen
unklare Entscheidung
...
externer Input nötig
Werkzeugwechsel
Nebenergebnis
Kontext A
Kontext B
Start
Step 1
Step 2
Step 3
Step 4
Ziel

# TOUCHPOINTS

Wo treffen Nutzer auf Ihre Produkte oder Services, wo noch nicht und welche Erfahrungen (User Experience) machen sie dabei? Von welchen Merkmalen sind sie begeistert, welche Features überzeugen, welche Ansprache wird wertgeschätzt – und welche nicht?
Mit der Touchpoint-Analyse identifizieren Sie Ansatzpunkte für zu verbessernde User Experiences. Die können sich in physischen oder virtuellen Features, Services, Interaktionen oder Kommunikation manifestieren.

## Status quo

Unterziehen Sie Ihr Produkt einem eingehenden Audit der möglichen Touchpoints, das heißt der möglichen direkten und indirekten Berührungspunkte und Interaktionen mit (potenziellen) Kunden. Wo, wann, warum, wie und unter welchen Umständen kommt wer mit dem Produkt in Kontakt? Wer nicht und warum nicht? Wie begeisternd sollten die jeweiligen Touchpoints sein – wie begeisternd fallen sie tatsächlich aus? Welche positiven, negativen, neutralen und ambivalenten Erfahrungen und Emotionen gibt es? Ist das Erlebnis konsistent oder stark schwankend?
Betrachten Sie die drei Zeiträume vor, während und nach der Nutzung beziehungsweise vor, während und nach dem Erwerb. Die Analyse lässt sich übrigens gut in Form einer Mindmap darstellen.

## Innovations-Ansätze

Jeder identifizierte Touchpoint kann anschließend als möglicher Kristallisationskern für verbesserte User Experience und damit Innovation dienen. Wie bedeutend, wertvoll, nützlich ist er für Ihre Kunden, was schätzen sie daran? Klären Sie hier für sich die Fragen: Wie begeisternd könnte der jeweilige Touchpoint sein, wie begeisternd fällt er tatsächlich aus und wie begeisternd sollte er idealerweise sein? Nehmen Sie eine vielversprechende Auswahl in die Ideation-Phase mit und entwickeln Sie dort Ideen für außergewöhnliche und begeisternde Ausprägungen dieser Touchpoints.

## Strategie-Fit

Wollen Sie die User Experience nivellieren, durchgehend und gleichmäßig begeisternd, gut, durchschnittlich oder gerade noch erträglich gestalten? Mit welchem Touchpoint können Sie eine herausragende Unique Selling Proposition erzeugen? Wie passt das Erlebnis zu Ihrer Marke? Welche Überschneidungen gibt es mit Ihrer Innovationsstrategie?

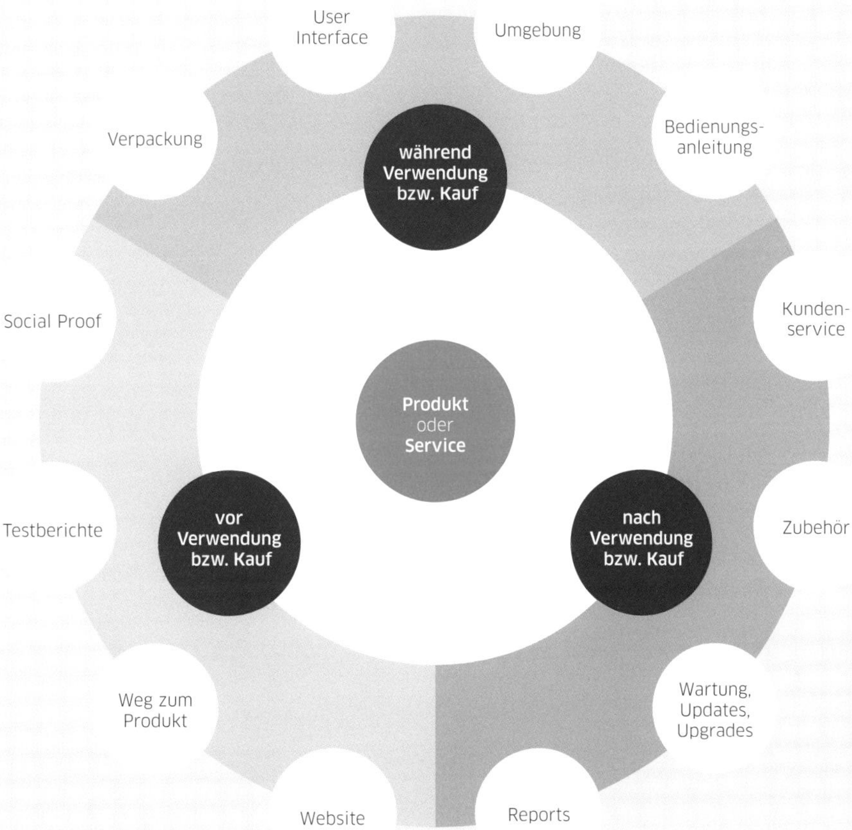

User Interface
Umgebung
Verpackung
während Verwendung bzw. Kauf
Bedienungs-anleitung
Social Proof
Kunden-service
Produkt oder Service
Testberichte
vor Verwendung bzw. Kauf
nach Verwendung bzw. Kauf
Zubehör
Weg zum Produkt
Wartung, Updates, Upgrades
Website
Reports

# SZENARIOTECHNIK

Sicher haben Sie sich schon irgendwann in Ihrem Leben die Frage »Was wäre wenn ...« gestellt: »Was wäre, wenn ich doch Wirtschaftsinformatik studiert hätte?«, »... ich meinen ersten Job bei Firma B angenommen hätte?«, »... ich damals mit Frederike statt mit Julia ausgegangen wäre?«, »... ich meinem letzten Chef diplomatischer entgegengetreten wäre?«.

Die Szenariotechnik ist letztlich nichts anderes, wenn auch auf einer etwas anderen Flughöhe.

Ursprünglich wurde sie für militärische Zwecke entwickelt, bei denen man stets nicht nur einen Plan B, sondern auch einen Plan C bis Plan Z im Ärmel haben sollte. Diese Divergenz, Vielfalt und der Einbezug der Möglichkeiten des Scheiterns hat sich im wirtschaftlichen, politischen, wissenschaftlichen und eben auch im innovativen Planungsprozess als überaus nützlich erwiesen.

## Ziel

Grundsätzlich können Sie zwei Arten von Szenarien beschreiben: alternative, zukünftige Situationen als Ziel Ihrer Innovationsaktivitäten und alternative, auch verschlungene Pfade, die dorthin führen.

Starten Sie mit einer Zielformulierung. Hier ist es nützlich, je nach erwartetem Disruptionsgrad, sich zunächst auf einen Gegenstandsbereich (Abschnitt *Gegenstandsbereich*) zu verständigen: In welchem Bereich wollen Sie innovieren – Produkte, Services, Prozesse, Technologie, Kunden, Markt ...? Systematisch mit einer Mindmap oder frei assoziativ mit einem guten Brainstorming lassen Sie Ihrer Fantasie freien Lauf und reizen alle Möglichkeiten aus.

Als Ergebnis dieser Zielfindung formulieren Sie es in einem attraktiven Szenario aus. So umfangreich wie nötig, um das Ziel präzise und nachvollziehbar zu kommunizieren, so knapp wie möglich, ohne wesentliche Details zu vernachlässigen. Schaffen Sie den Ziel-Steckbrief in zwei Sätzen, maximal 200 Wörtern?

# Wege

Nicht nur das Ziel, sondern auch der Weg dahin bietet zahlreiche Optionen für Innovationen.

Haben Sie das Ziel definiert, beginnen Sie mit der Eruierung der möglichen Weg- und Wendepunkte dorthin. Denn die besondere Stärke der Szenariotechnik liegt in der Identifizierung und Bewertung aller entscheidenden Zwischenstationen zum Ziel. Quasi ein Navigationssystem, das je nach Reisefortschritt nicht nur die schnellste, kürzeste und landschaftlich schönste Teilstrecke findet, sondern auch die gefährlichste, ungefährlichste, Stau-freieste, kurvigste, geradeste, die mit den meisten Autobahnabschnitten ohne Geschwindigkeitsbegrenzung, den meisten Baustellen oder Schlaglöchern, den wenigsten Lkw, der besten durchgehenden Mobilfunkabdeckung, den meisten Sterne-Restaurants, Kfz-Werkstätten, Tankstellen, Wegelagerern ...

Analysieren und bewerten Sie jeden Wegpunkt, jedes Ereignis, jede Entscheidung, jede Veränderung und notieren Sie die hypothetischen Folgen dieser Ereignisse. Was folgt daraus, wie müssten, könnten, sollten Sie darauf reagieren? Wie wahrscheinlich ist das? Welche Varianten und Alternativen gibt es? Wen oder was müssen Sie an welchem Punkt besonders berücksichtigen, einbeziehen, ausklammern? Welche Möglichkeiten gibt es zu scheitern? Jeder Wegpunkt, jedes Ereignis ist der potenzielle Ausgangspunkt für ein eigenes Innovationsprojekt. Denn da, wo Sie Probleme haben oder Entscheidungen treffen müssen, geht es höchstwahrscheinlich auch vielen anderen so.

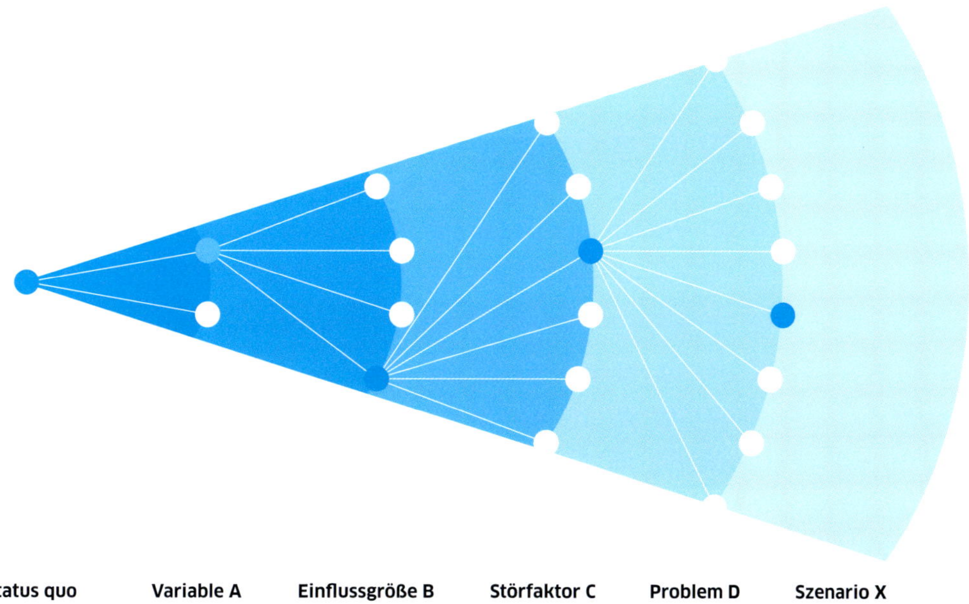

# Worst Case, Best Case, Trend-Szenario

Spannend und hilfreich zugleich sind vor allem Extrem-Szenarien: Wie kann es im besten Fall ausgehen, was kann schlimmstenfalls eintreten? Was ist das typischstes, das wahrscheinlichste Szenario und welches das relevanteste?

## 4 Phasen

Viele Methoden lassen sich qualitativ wie auch quantitativ durchführen. Wollen Sie lediglich eine grobe Richtung für Ihr Innovationsprojekt festlegen, können Sie mit den bisherigen Informationen sofort loslegen und erste Szenarien beschreiben.
Haben Sie eine Vielzahl von Problemen, Störgrößen und Einflussfaktoren, lohnt sich eine quantitative Betrachtung und gesonderte Analyse und Betrachtung aller einzelnen Schritte.

## 1. Aufgabe, Ziel, Probleme

Definieren Sie das Ziel in einem Ziel-Steckbrief (s.o.). Ermitteln Sie anschließend alle Faktoren, Einflüsse, Bedingungen, Probleme und Störgrößen, die auf das Projekt auf seinem Weg einwirken könnten, und fassen Sie sie in einer Faktorenliste zusammen. Ähnliche lassen sich gegebenenfalls zu Clustern zusammenfassen.

## 2. Einflussmatrix

Stellen Sie die Faktoren in einer Tabelle gegenüber auf und betrachten Sie die wechselseitige Beeinflussung. Welcher Faktor beeinflusst welchen anderen und wenn ja, wie: Verstärkung, Abschwächung, Ausgleich mit keiner, kleiner, mittlerer, hoher Wirkung, aktiv oder passiv?
Bewerten Sie die gegenseitige Beeinflussung mit Punkten: sehr starke Beeinflussung mit 5, mittlere mit 3, keine mit null und Abmilderungen mit z.B. -2. Anschließend summieren Sie diese Bewertungen für jeden Faktor auf: horizontal und vertikal. Rechts steht die kumulierte Einflussstärke, unten die kumulierte Beeinflussbarkeit. Das ist Ihre Einflussmatrix.

## 3. Trends und Szenarien

Die Einflussmatrix gibt Ihnen einen sehr guten Überblick über die stärksten und relevantesten Einflussfaktoren und damit den weiteren Entwicklungen, die Ihre möglichen Szenarien nehmen können. Wählen Sie den ungünstigsten beziehungsweise günstigsten kumulierten Einfluss (Worst Case, Best Case) und die relevantesten beziehungsweise wahrscheinlichsten Einflussfaktoren für die Ausformulierung der Szenarien aus.

Beschreiben Sie ausgehend vom Zustand zum aktuellen Zeitpunkt die Auswirkungen der Einflussfaktoren in je einem eigenen Szenario und fassen Sie sie in einem kommunizierbaren Szenario-Dossier zusammen (ein Anhang ist der perfekte Ort für technische Daten und Zahlen).

Komplexe Projekte haben oft mehrere Stufen mit unterschiedlichen Einflussgrößen, die entsprechend gesondert analysiert und ausgewertet werden sollten.

## 4. Bewertung und Interpretation

Schließlich bewerten Sie Ihre Szenario-Dossiers hinsichtlich Eintrittswahrscheinlichkeit sowie ihrer möglichen Chancen, Risiken und Begeisterungspotenziale. Beurteilen Sie auch, ob das Szenario zu Ihrer Innovationsstrategie, zu den Unternehmenszielen und -werten, zur Marktsituation passt oder sonstigen Erwartungen gerecht wird.

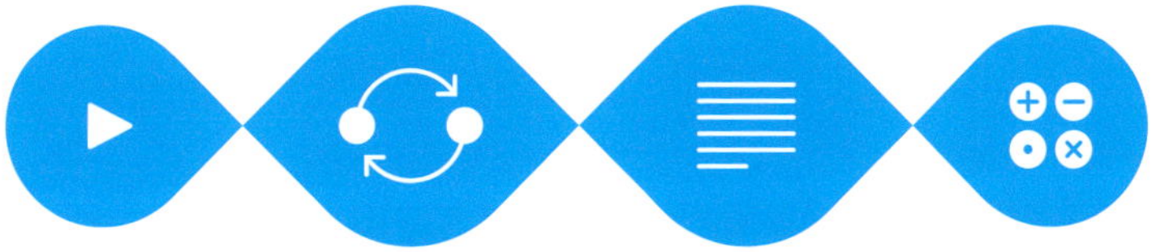

# EVALUATE

Sie haben sich nun mit den unterschiedlichsten Handlungs- und Einflussfeldern der Innovation auseinandergesetzt und dabei hoffentlich so einige spannende und vielversprechende Ansätze entdeckt. Das kann zu grob drei Szenarien geführt haben:

## 1. Spannender Ansatz entdeckt

In dieser ersten Initiate-Phase ist bereits eine konkrete Idee aufgeploppt. Sie – und idealerweise auch das Team – sind begeistert und wollen sie unbedingt gleich prototypisch umsetzen. Bestens: Sie könnten diese Evaluate- und die ganze Ideation-Phase überspringen und gleich in die Generate-Phase gehen. Dennoch lohnt sich zumindest ein kleiner Ausflug in die Ideenfindungsphase, um Varianten, Modifikationen, Anwendungsformen, besondere Merkmale, verschiedene Möglichkeiten und kreative Ausprägungen zumindest im Kopfkino entstehen zu lassen.

## 2. Grobe Richtung gefunden

Sie haben eine Reihe vielversprechender Handlungsfelder identifiziert, konkrete Ideen dazu fehlen jedoch noch. Um alle Ansätze zu verfolgen, fehlen Ihnen Zeit und Mittel. Keine Sorge, das ist der typischste Fall, für den »Innovation plug & play« entwickelt wurde. Nutzen Sie jetzt eine oder mehrere der hier vorgestellten Evaluations-Methoden. Qualitativ oder quantitativ, je nach Vielzahl und Komplexität der Ansätze. Eine kleine, priorisierte Auswahl – beziehungsweise immer nur eine zur Zeit – nehmen Sie mit in die Ideation-Phase.

## 3. Nichts dabei?

Unter allen bearbeiteten Handlungsfeldern ist aus dem Stegreif betrachtet keines dabei, dem Sie ein hohes Potenzial zuschreiben würden? Haben Sie auf Vielfalt und Quantität bei der Auswahl der Handlungsfelder geachtet? Auf eine gute Mischung analytischer, frei assoziativer und spekulativer Methoden? An Produkte, Dienstleistungen, Geschäftsmodelle und Prozesse gedacht?

Entweder sind Sie zu streng mit sich und Ihren Erwartungen, oder das Potenzial ist versteckt und Sie haben es noch nicht erkannt. Oder es ist tatsächlich schlicht und einfach nichts dabei. Um das herauszufinden, nutzen Sie qualitative Evaluierungsmethoden wie die Einflussmatrix und gehen Sie anschließend mit dem Ideen-Spin-off in eine weitere, individuelle Analyse-Phase. In meiner Erfahrung gibt es immer einen guten Ansatz – man hat ihn zu diesem Zeitpunkt nur noch nicht entdeckt.

Ganz gleich, vor welchem Szenario Sie stehen: Eine Bewertung und Priorisierung aller Ansätze lohnt sich in jedem Fall. Alles, was Sie jetzt nicht unmittelbar in die Ideation-Phase mitnehmen, steht Ihnen als Backlog, also als Nachschublager für gute Ansätze, zur Verfügung. Um die kümmern Sie sich später oder mit parallel arbeitenden Teams beziehungsweise Prozessen.

*»Nichts ist gefährlicher als eine Idee,
wenn es die einzige ist,
die man hat.«*

**Emile Chartier**

Schriftsteller

# CLUSTERING

Mit Clustering bringen Sie Ordnung in das Chaos und verschaffen sich einen klaren Überblick. Denn je nachdem, wie Sie bei der Initiierung des Innovationsprozesses vorgegangen sind, haben Sie die Ansätze und das Rohmaterial jetzt in einer mehr oder weniger geordneten Struktur vorliegen. Mit einer Mind- oder Affinity-Map, der User Journey, Service-Potenzialen oder der Persona-Methode beispielsweise haben Sie bereits in bestimmte Richtungen oder unter bestimmten Voraussetzungen gedacht. Dennoch lohnt sich eine finale Sichtung, Aufbereitung und Verdichtung der Outputs.

Hier hat sich ein sehr großes Whiteboard (analog oder digital) bewährt: Jeder Ansatz steht auf einer einzelnen Karte und kann frei verschoben und zugeordnet werden. Clustern Sie mit dem Team in drei Phasen:

## Scan

Verschaffen Sie sich einen Überblick. Schauen Sie zügig jeden Ansatz an und rufen Sie sich seine Inhalte ins Gedächtnis. Identifizieren Sie Themen: Das können Anwendungsgebiete, Zielgruppen, Technologien, Zeiträume, Ressourcen, Design, Services, Trends ... alle möglichen Gegenstandsbereiche und Ordnungskriterien sein. Fast immer ergeben sie sich von allein bei dieser Art der Durchsicht.

Platzieren Sie zunächst jeden Ansatz in einem eigenen, neuen Bereich auf dem Whiteboard. Erst, wenn etwas Ähnliches erscheint, platzieren Sie es in der Nähe. Die Herkunft eines Ansatzes spielt dabei keine Rolle. Haben Sie alle Ansätze durchgesehen, ergibt sich ein klareres Bild Ihrer innovativen Aktionsmöglichkeiten: die Handlungsfelder-Landschaft mit schnell bis zu 12 oder mehr Clustern. Gelegentlich bleiben einzelne Ansätze allein, die werden im Weiteren aber auch wie Cluster behandelt.

## Analyse

Schauen Sie anschließend jedes Cluster genau durch: Finden Sie Ähnlichkeiten, Verwandtschaften, Alternativen, Abhängigkeiten, Varianten innerhalb des Clusters – aber auch Widersprüche, konkrete Lösungen und extreme Ausprägungen. Fassen Sie ähnliche oder als zusammengehörig wahrgenommene Ansätze zusammen. Bilden Sie gegebenenfalls Sub-Cluster oder teilen Sie sie neu auf. Dubletten können Sie ausklammern oder in unterschiedlichen Clustern verorten.

## Link

Identifizieren Sie Verbindungen, Abhängigkeiten, Einflüsse und Verwandtschaften zwischen den Clustern und stellen Sie sie durch räumliche Nähe oder mit Verbindungslinien visuell dar.

Durch die intensive Beschäftigung und gleichzeitige Bewertung und Einordnung haben Sie jetzt ein umfassendes und detailliertes Gesamtbild aller Ansätze – visuell und mental.

Je nach Komplexität und der Ausgereiftheit einzelner Ansätze gehen Sie mit ausgewählten Clustern, Sub-Clustern oder gegebenenfalls zusammengefassten neuen Ansätzen in die Ideation-Phase. Haben Sie zu viele oder zu komplexe Cluster, schieben Sie eine weitere Bewertungsrunde ein: Dotmocracy, Potenzialpyramide oder Reality-Check.

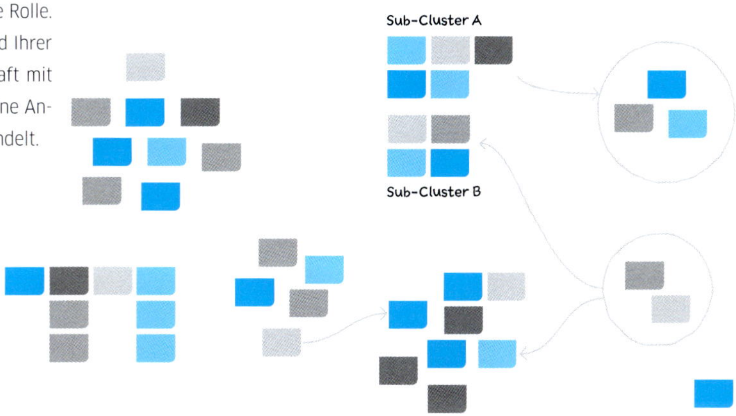

# EINFLUSSMATRIX

In Innovations- und Entscheidungsprozessen taucht immer wieder eine Vielzahl von Faktoren auf, die sich unterschiedlich stark auf Szenarien und Entscheidungsfindungen auswirken. Mit einer Einflussmatrix erhalten Sie einen sehr guten Überblick über die stärksten und relevantesten Faktoren. Diese Vorlage gibt Ihnen Impulse für die weitere innovative Such- und Initialisierungsphase oder liefert gleich den vielversprechenden Input für die nächste Phase: die Ideenfindung.

Ermitteln Sie zunächst sämtliche Faktoren, Einflüsse, Bedingungen, Probleme und Störgrößen, die auf das Projekt einwirken könnten. Erstellen Sie daraus eine nummerierte Faktorenliste, fassen Sie gegebenenfalls ähnliche zu Clustern zusammen.

Anschließend lassen Sie die Faktoren in einer Tabelle gegeneinander antreten und wägen die wechselseitige Beeinflussung ab. Welcher Faktor beeinflusst welchen anderen und wenn ja, wie: Verstärkung, Abschwächung, Ausgleich mit keiner, kleiner, mittlerer, hoher Wirkung, aktiv oder passiv? Bewerten Sie die gegenseitige Beeinflussung mit Punkten: sehr starke Beeinflussung mit 5, mittlere mit 3, keine mit null und Abmilderungen mit zum Beispiel minus 1. Schwer oder kaum einschätzbare Wechselwirkungen kennzeichnen Sie mit einem x.

Schließlich summieren Sie diese Bewertungen für jeden Faktor auf: horizontal und vertikal. Daraus erhalten Sie in der ganz rechten Spalte die kumulierte Einflussstärke, das heißt, wie stark ein Faktor insgesamt auf

| auf:<br>Einfluss von | Faktor 1 | Faktor 2 | Faktor 3 | Faktor 4 | Faktor 5 | Faktor 6 | kumulierte Einflussstärke |
|---|---|---|---|---|---|---|---|
| Faktor 1 | | 1 | 3 | 0 | 1 | 2 | 7 |
| Faktor 2 | 0 | | 2 | 5 | 1 | 0 | 8 |
| Faktor 3 | 2 | 1 | | 0 | 2 | 3 | 8 |
| Faktor 4 | 1 | 2 | 2 | | 1 | 0 | 6 |
| Faktor 5 | 2 | 1 | 4 | 3 | | 2 | 12 |
| Faktor 6 | 0 | 0 | 2 | 2 | 1 | | 5 |
| kumulierte Beeinflussbarkeit | 5 | 5 | 13 | 10 | 6 | 7 | |

das Projekt einwirkt. Unten in der letzten Spalte erhalten Sie den kumulierten Wert für die Beeinflussbarkeit, das heißt, wie stark ein Faktor von anderen Faktoren abhängig ist.

Wählen Sie den ungünstigsten beziehungsweise günstigsten kumulierten Einfluss (Worst Case, Best Case) und die relevantesten beziehungsweise stärksten sowie den wahrscheinlichsten Einflussfaktor für Ihre weitere Arbeit aus. Starke und relevante Faktoren versprechen, wegen ihres Impacts ein lukratives Feld für Routine- und Basis-Innovationen zu sein. Unsichere beziehungsweise schwer einzuschätzende Faktoren – die mit vielen x – hingegen bieten ein hohes Potenzial für Innovationen mit eher disruptivem Charakter, weil hier ganz neue Wege gefunden und beschritten werden müssen.



# K.-O.-METHODE

Um den Ideenberg schnell von 100 auf etwa 20 zu reduzieren, nutzen Sie die K.-o.-Methode: Schmeißen Sie alles raus, was nicht auf Anhieb gefällt. Gehen Sie sämtliche Ideen und Ansätze mit dem Team durch: Lesen Sie sie nacheinander vor, bringen, falls nötig, kurz erläuternd in Erinnerung, worum es ging. Per Handzeichen oder Zuruf werden Ansätze gestrichen oder beibehalten. Wer das Potenzial einer einzelnen Idee anders einschätzt, darf ein Veto einlegen oder sich als Ideen-Pate bewerben.

# DOTMOCRACY

Nutzen Sie die Herrschaft der Punkte: Bis zu etwa 25 bis 30 Ideen und Ansätze lassen sich mit Dotmocracy-Methoden bewerten und damit auf eine überschaubarere Menge reduzieren. Dotmocracy funktioniert am besten in einem heterogenen Team – und darin liegt auch der besondere Vorteil dieser Methode: Idealerweise fließen damit unterschiedlichste Perspektiven in die Beurteilung der Ansätze ein. Legen Sie vorab fest, unter welchen Kriterien die Ansätze bewertet werden sollen und unter welchen nicht. So sollten Sie zum Beispiel Einflussfaktoren wie Zeit und Budget bewusst ausklammern, um auch freieren Ansätzen, innovativeren Handlungsfeldern und außergewöhnlicheren Ideen eine Chance auf Weiterentwicklung in der nächsten Phase zu geben.

Als Gruppe erzielt man damit schnell ein demokratisches Ergebnis, als Einzelbewerter können Sie Ideen differenzierter unterscheiden.

Dabei haben sich verschiedene Vorgehen bewährt:

## Gold-Silber-Bronze

Jeder Teilnehmende darf drei Ideen auszeichnen: Vergeben Sie 3, 2 und 1 Punkt(e) entsprechend einer Gold-, Silber- und Bronzemedaille.

## 3 Punkte

Jeder Teilnehmende erhält insgesamt drei Punkte, die jeweils an einen Ansatz beziehungsweise an eine Idee vergeben werden. Keine Idee darf doppelt bewertet werden. Für mehr als 15 zu bewertende Ansätze hat sich folgende Faustformel bewährt: Anzahl der zu bewertenden Ansätze geteilt durch fünf – für 30 Ansätze also 6 Punkte.

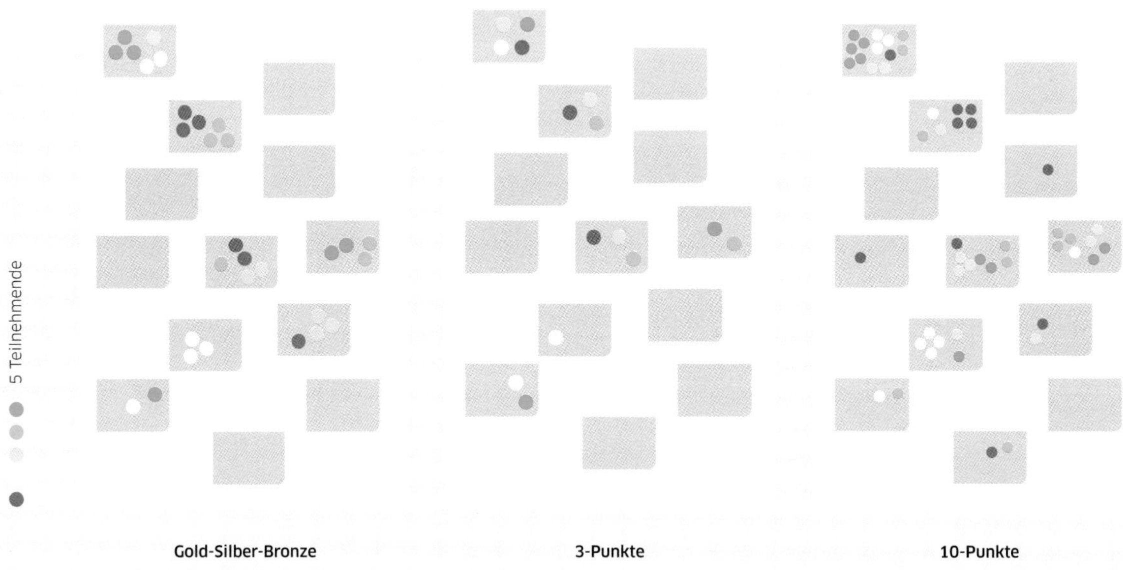

## 10 Punkte

Das 10-Punkte-Modell stellt jedem Teilnehmenden 10 Punkte zur Verfügung, die komplett frei vergeben werden dürfen. Zum Beispiel gleichmäßig je einen Punkt an insgesamt 10 Ideen oder 5+2+1+1+1, 4+3+2+1 oder im Extremfall alle 10 Punkte an eine einzige Idee. Der besondere Vorteil liegt in der Nutzung sehr individueller Bewertungsmaßstäbe.
Praktischerweise haben einige digitale Tools bereits Votings und übersichtliche Ergebnisdarstellungen in ihren Workflow integriert. Das ist insbesondere in der Begleitung und Nachbereitung umfangreicher Workshops von großem Nutzen.

# DREI EIMER

Mit den drei Eimern trennen Sie die sprichwörtliche Spreu vom Weizen. Bewerten Sie alle erarbeiteten Ansätze anhand von nur drei einfachen Kriterien. Ordnen Sie jeden Ansatz konsequent einem der drei dafür vorgesehenen Eimer zu:

### Brillante Basics

Solide Ansätze mit durchaus überzeugenden Features, die Sie gut umsetzen könnten. Aber auch alle Ihre Mitbewerber im Markt. Guter Durchschnitt halt.

### Überzeugender Unterschied

Hier hinein geben Sie alle diejenigen Ansätze und Ideen, die sich in wenigstens einem Merkmal deutlich von bisherigen Standards und Lösungen unterscheiden. Schon viel besser als der Durchschnitt und mit einigem Überzeugungspotenzial – aber nicht wirklich neu und restlos begeisternd.

### Changing the Game

Wirklich außergewöhnliche Ideen und Ansätze, die Wege aufzeigen, die noch niemand gegangen ist. Einzigartig, exzellent, herausragend, die vielleicht auch ganz neue Lösungswege, Möglichkeiten, Businessmodelle, Herangehensweisen aufzeigen – Game-Changer eben.
Eimer eins und zwei enthalten das Material für solide Routine- und Verbesserungs-Innovationen. Im dritten Eimer befindet sich das Potenzial für Game-Changer, für radikale und disruptive Innovationen.
Adam Morgan führte diese einfache Methode zur Veränderung von Unternehmen in seinem Buch »The Pirate Inside« ein – Piraten, so argumentierte er, sind keine Anarchisten, aber sie machen ihre eigenen Regeln.

# SPIN-OFFS

Um festzustellen, wie viel Potenzial in einem Ansatz steckt, betrachten Sie ihn als zentralen Massepunkt. Anschließend leiten Sie weitere und verwandte Ideen, Ansätze, Prozesse, Produkte, Dienstleistungen, Geschäftsmodelle als Spin-Offs von ihm ab. Das können auch spekulative, fantastische und absurde Ableitungen und Verwandtschaften sein. Je mehr Spin-Offs, desto mehr Potenzial. Als Form eignet sich eine

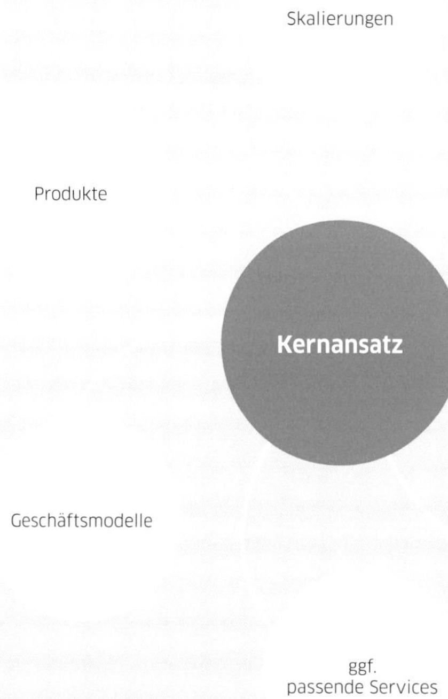

# POTENZIALPYRAMIDE

Weil in dieser Phase des Innovationsprozesses häufig noch keine validierbaren Aussagen zu einzelnen Handlungsfeldern gemacht werden können, beurteilen Sie stattdessen die Potenziale und Erfolgsaussichten einzelner Ansätze. Mit der Potenzialpyramide dampfen Sie eine größere Menge auf eine handhabbare und überschaubare Anzahl ein. Und um es nicht zu kompliziert zu machen, teilen Sie sie einfach in drei Gruppen ein:

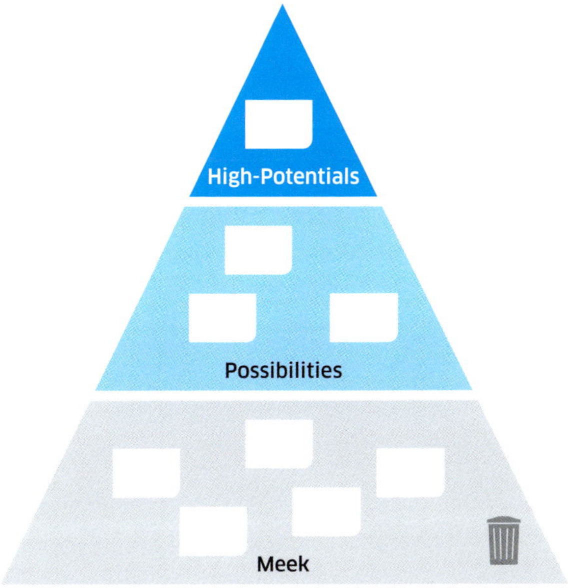


## High-Potentials

Begeisternde Ansätze mit erkennbarem Potenzial, auch wenn noch nicht genau klar ist, ob und wie das realisierbar ist. Auch erkennbar daran, dass mehr als zwei Drittel des Teams für diese Ansätze stimmen. Ideale Kandidaten für die Ideation-Phase.

## Possibilities

Diese Ansätze haben Potenzial, das aber noch nicht greifbar ist und sich daher oft auch schwer in Worte fassen lässt. Deutlich weniger als die Hälfte des Teams kann damit etwas anfangen oder mag sich überhaupt dazu äußern. Nehmen Sie diese Ansätze noch einmal genauer unter die Lupe, vielleicht mit einem Ideen-Spin-Off.

## Meek

Eine Mischung aus Mies und Weak: genauer betrachtet oder auch schon auf den zweiten Blick ohne Begeisterungsmerkmale, mit schwachem Potenzial, einfach lahm.

Arbeiten Sie mit den Ansätzen der High-Potentials-Spitze weiter. Entweder in einer Ideation-Phase oder – wenn der Ansatz bereits genügend Details aufweist und keine weitere Ideen-Anreicherung und Verfeinerung benötigt – gleich in der Generate-Phase. Haben Sie keine oder nur sehr wenige Ansätze bei den High-Potentials, nutzen Sie die besten aus der Possibilities-Ebene.

# REALITY-CHECK

Ansatz weiterverfolgen oder verwerfen? Mit dem Reality-Check beurteilen Sie die Umsetzbarkeit von ersten Ideen und Ansätzen. Damit verringern Sie deren Menge auf eine überschaubare und handhabbare Anzahl. Maßstab für die Bewertung sind die Möglichkeiten und Mittel, die Ihnen dafür theoretisch und tatsächlich zur Verfügung stehen oder, realistisch betrachtet, leicht ergänzt werden können. Achtung: Mit dem Realisierungsfilter kicken Sie alle disruptiven Ansätze aus dem Spiel. Lassen Sie die Ansätze durch drei Filterstufen laufen.

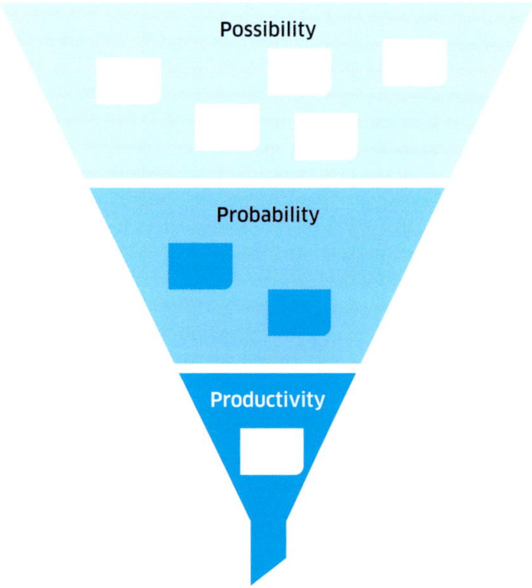


## Possibility: Ist es möglich?

Alle Ansätze, die nach aktuellem Kenntnis- und Technologie-Stand realisierbar scheinen. Helfen Sie spannenden Ansätzen gegebenenfalls mit ein bisschen Recherche auf die Sprünge, alle anderen Ideen fallen weg.

## Probability: Ist es wahrscheinlich?

Schieben Sie diejenigen Ansätze, die sich mit Ihren derzeit vorhandenen Ressourcen umsetzen lassen, in diese zweite Stufe. Das können Maschinen, Werkzeuge, Kompetenzen, Personal, Vertriebsnetze, Lieferketten, Lizenzen, Räume ... sein. Selbstverständlich dürfen Sie auch Ansätze weiterschieben, für deren Realisierung doch noch die eine oder andere Ressource erst beschafft werden muss. Hier ist Ihre Begeisterung der entsprechende Motor.

## Productivity: Wollen wir es machen?

In der dritten Filterstufe entscheiden Sie, welchen der Ansätze Sie weiter verfolgen wollen. Kriterien können sein: leichte und schnelle Umsetzbarkeit – vielleicht lässt sich mit einem sogar die Ideation-Phase direkt überspringen – und die Wahrscheinlichkeit, Unterstützung für diesen Ansatz im Unternehmen zu bekommen. Begeisterung für und Potenziale von einzelnen Ansätzen sollten Sie vorab quantifizieren.

# ORIGINALITÄTSTABLEAU

Spannende Innovationen lösen nicht nur ein Problem – sie tun es auf originelle Weise. Der Duden beschreibt Originalität als »auffällige, auf bestimmten schöpferischen Einfällen, eigenständigen Gedanken oder Ähnlichem beruhende Besonderheit; einmalige Note.«

Beurteilen und bewerten Sie Ihre Ansätze hinsichtlich ihrer Einzigartigkeit, Besonderheit, eben Originalität. Welcher Ansatz ist bloß die einfache Ableitung oder Variation eines bestehenden Lösungswegs, ein MeToo? Welcher ist besonders eigenständig? Welcher folgt einem, vielleicht auch nur in diesem Bereich, völlig unerwarteten, neuen Prinzip?

Teilen Sie Ihre Ansätze zugleich auch in begeisternde, gute, durchschnittliche und lahme Impulse ein.

Aus diesen beiden Kriterien bilden Sie ein Originalitätstableau:

**Quadrant 1: sehr originelle und auch ansonsten gute Ansätze**
unbedingt weiter ausarbeiten.

**Quadrant 2: originell, aber mit Schwächen**
Widmen Sie diesen Ansätzen eine eigene Ideation-Phase: Wie lassen sich die Schwächen beseitigen, ersetzen, verhindern, überspielen, kompensieren?

**Quadrant 3: ausgelutscht und langweilig**
Mülleimer.

**Quadrant 4: vielversprechender Ansatz**
in der aktuellen Ausprägung leider nicht sehr originell
Was sind die Vor- und Nachteile? Welche Schwächen hat der Vorgänger, aus welchen Fehlern wollen Sie lernen? Was können Sie besser machen? Mit welchen Begeisterungsmerkmalen wollen Sie überzeugen? Wenn Sie keine oder nur sehr wenige Ansätze in den Quadranten 1 und 2 haben, gehen Sie mit diesen in die Ideation-Phase.

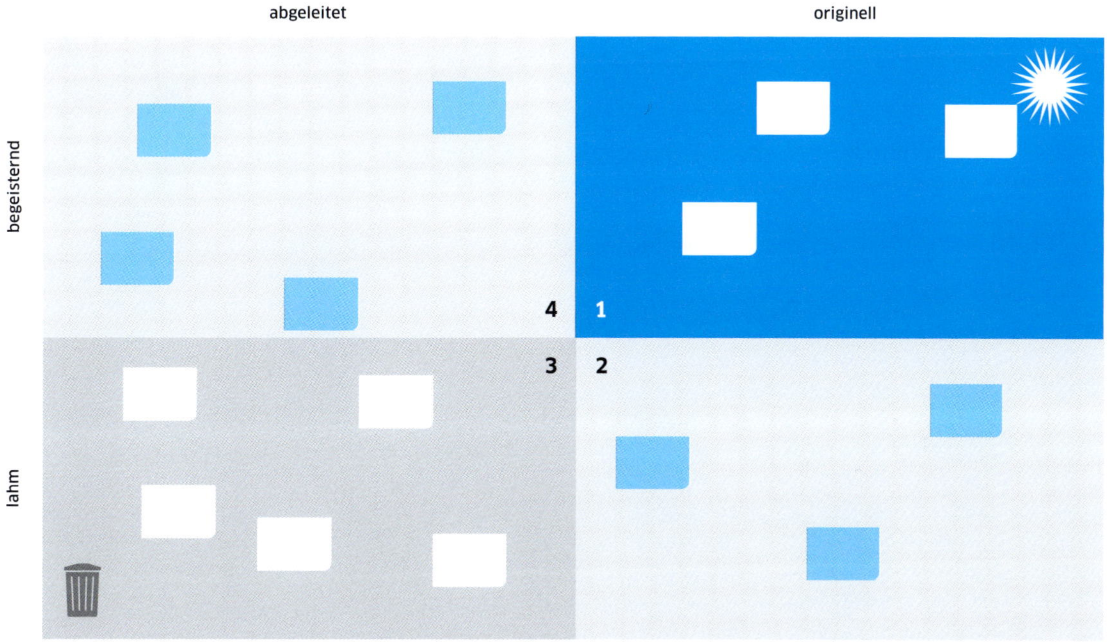

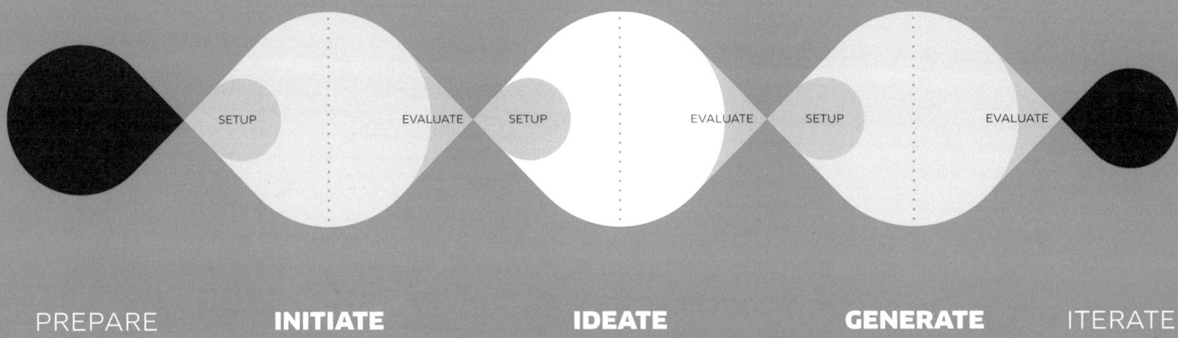
SETUP
EVALUATE
SETUP
EVALUATE
SETUP
EVALUATE
PREPARE
INITIATE
IDEATE
GENERATE
ITERATE

# IDEATE

In der Ideation-Phase geht es allein um Ideen: Sammeln, Finden, Generieren. Die Basis dafür haben Sie idealerweise in der vorangegangenen Initialisierungs-Phase gelegt: Sie haben innovative Handlungsfelder identifiziert, vielversprechende Gegenstandsbereiche entdeckt und dabei eine Reihe neuer Ansätze herausgearbeitet. Auf diese eher analytische Phase folgt jetzt die kreative Phase, in der Sie die ausgewählten Ansätze nach innovativen, kreativen, disruptiven, radikalen, überraschenden, begeisternden, nachdenklich stimmenden ... Ausprägungen und konkreten Merkmalen hin gründlich abklopfen.

Dabei helfen Ihnen: das kreative Mindset aus Kapitel PREPARE und die hier vorgeschlagenen Kreativtechniken umgesetzt mit den Kreativmethoden.

## Mindset

Seien Sie aufmerksam, gerade kleine Details machen oft den entscheidenden Unterschied. Experimentierfreude und Neugier helfen Ihnen, diese Details zu entdecken. Denken Sie mit allen Sinnen. Seien Sie auch in der Ideenfindung ausdauernd und lassen Sie sich nicht von ein paar Misserfolgen beirren. Nutzen Sie Ihr Kopfkino intensiv. Und vermeiden Sie jede Form von Kreativkillern: sprachliche Phrasen, mentale Fixierungen, persönliche Komfortzonen.

Denken Sie in Möglichkeiten – nicht in Hinderungsgründen.

# WARM-UPS

Vor jeder Kreativ-Session sollten Sie sich und das Team in kreative Stimmung bringen: um Denkmuster aufzulockern, sich von Fixierungen zu lösen, die Komfortzone nur als Ausgangspunkt zu betrachten, den Denk-Autopiloten auszuschalten und den mentalen Möglichkeitsraum zu weiten. Setzen Sie das Warm-up ganz am Anfang der Session ein, noch bevor das erste Wort gesprochen ist. Und: Vergleichen Sie mal die kreative Qualität der Ergebnisse von Sessions mit und ohne Warm-ups.

In einer Studie der Universität Nimwegen wurden Probanden gebeten, Aufgaben möglichst kreativ zu lösen. Zuvor machten sie noch einen kleinen Ausflug in eine Virtual Reality Cafeteria. Dort herrschten jedoch alternative physikalische Gesetze: Flaschen fallen nach oben, wenn sie vom Tisch gestoßen werden, digitale Objekte werden immer kleiner, je mehr man sich ihnen nähert, und mit jedem Schritt legt man mehrere Meter zurück.

Für die Kontrollgruppe verhielt sich die virtuelle Cafeteria absolut normal und erwartungskonform: Flaschen fallen nach unten, Objekte werden beim Nähern größer und ein Schritt bringt einen genau einen Schritt voran.

Die Probanden, deren Wahrnehmungs-Schema in der virtuellen Realität der alternativen, bizarren Cafeteria durchbrochen wurde, lösten die Aufgaben mit einer deutlich größeren kreativen Bandbreite. Wer kein Virtual-Reality-Labor hat: Ähnliche Ergebnisse wurden auch durch die Lektüre bestimmter Kurzgeschichten von Franz Kafka erzielt. Oder mit Warm-ups.

Kurz: Bringen Sie Ihre Teilnehmer aus dem Konzept, durchbrechen Sie typische Handlungsabläufe und Routinen und damit deren Erwartungs- und Erfahrungswelt. Lösen Sie sich vom üblichen Schema, sorgen Sie dafür, dass Situationen neu überdacht und bewertet werden. Achtung, die Abnutzung ist immens: Sie müssen jedes Mal einen neuen Impuls setzen. Das spielt übrigens auch eine Rolle bei der Gestaltung Ihrer Innovationsräume: Die sollten Sie sehr regelmäßig mindestens umdekorieren und umstellen. Besser noch: Suchen Sie sich für Ideation-Sessions stets neue Locations.

Warm-ups sind einfach und kurz – planen Sie 5 Minuten gegebenenfalls inklusive Erklärungen ein.

## Disruptive Videos

Nicht jeder hat eine virtuelle Cafeteria, die nach einmaliger Nutzung ohnehin unbrauchbar wäre. Behelfen Sie sich mit kurzen verstörenden Videos, die Sie bei YouTube zuhauf finden. Je bizarrer, merkwürdiger, eigenartiger, faszinierender, sonderbarer, sinnloser, disruptiver, desto besser. Da ist das Gemüse-Orchester, bei dem sich die (professionellen) Musiker aus Möhren, Auberginen, Zucchini, Kürbissen ... ihre Instrumente schnitzen, dann ein Konzert geben und anschließend zum gemeinsamen Eintopf einladen. Das kann kinetische Kunst sein, skurrile japanische Werbespots oder Chindogu, verstörende Motion-Designs und Morph-Effekte, Bühnenkünstler mit bemerkenswerten Darbietungen, verrückte Erfindungen ... alles, was den Durchschnittsmenschen beim ersten Kontakt aus seiner bisherigen Erfahrungswelt kickt, ist geeignet.

Legen Sie sich eine YouTube-Playlist an und speichern Sie regelmäßig jedes infrage kommende Video darin. Bei der nächsten Session spielen Sie die essenziellen 2 Minuten davon ab. Auch hier gilt: Jedes Video ist nach einmaligem Anschauen verschlissen.

## LEGO Serious Play

Nur eine von vielen Aspekten der LEGO-Serious-Play-Methode ist es, Situationen bildnerisch darzustellen. Das nutzen wir hier. Stellen Sie jedem Teilnehmer eine Handvoll Bausteine zur Verfügung und bitten Sie sie, damit eine bestimmte Situation darzustellen. Die Lage des Unternehmens oder des Teams, mit oder ohne die anstehende Innovation, wie fühle ich mich gerade, wie werde ich mich mit der Innovation fühlen. Sie können auch ausgewählte Handlungsfelder aus der Initialisierungsphase darstellen lassen. Lassen Sie die Ergebnisse anschließend vorstellen. Und, sorry LEGO, Sie dürfen natürlich auch alternative Spielbausysteme (FischerTechnik, Stem) nutzen.

## Story Cubes

Rory's Story Cubes sind Würfel, auf deren Seiten unterschiedlichste Piktogramme abgebildet sind. Ein Basis-Satz besteht aus neun Würfeln mit insgesamt 54 Piktogrammen. Ergänzend gibt es eine Reihe von thematischen und aktivitätenbezogenen Würfel-Sets: Science-Fiction, Vorzeit, Helden, Emergency, Mystery ...
Besorgen Sie ein paar Sätze Rory's Story Cubes – Sie benötigen für jeden Teilnehmenden etwa ein bis zwei Würfel. Teilen Sie das Team in Zweier- oder Dreier-Gruppen auf, jede Gruppe erhält drei Story-Würfel.
Die Gruppen würfeln, drei Piktogramme zeigen nach oben, daraus muss die Gruppe innerhalb der vorgegebenen Zeit eine kleine Geschichte konstruieren.

## Soziogramm

Soziale Interaktion, Teambuilding und Bewegungsspiel in einem: Die Teilnehmenden sollen sich nach einem gegebenen Kriterium aufstellen. Während die Körpergröße ein äußeres Merkmal ist, geht es beim Soziogramm um unsichtbare Eigenschaften, sodass die Teilnehmenden miteinander in den Dialog und soziale Interaktion treten müssen. Bei einem relativ neu zusammengestellten Team könnte das der Vor- oder Familienname sein. Für gefestigtere Teams eignet sich zum Beispiel die alphabetische Sortierung nach der gefahrenen Auto- beziehungsweise Fahrradmarke, Länge der Unternehmenszugehörigkeit, Vorname des Partners, Lieblingsspeise, letzter Urlaubsort, Entfernung zwischen Wohn- und Arbeitsstätte, Reihenfolge der Geburtstage im Jahr ...
Wählen Sie Merkmale, die sich in einem sortierbaren Kontinuum anordnen lassen.

## Ahooga

Sie werden sich selten alberner vorgekommen sein als mit dem Ahooga-Warm-up.
Lassen Sie die Teilnehmenden in freier Bewegung untereinander begrüßen und vorstellen – allerdings dürfen sie dazu lediglich das Kunstwort »Ahooga« (oder ein beliebiges anderes) benutzen. Das heißt, sie dürfen Intonation und Sprachmelodie, Freundlichkeit und Formalität, Gestik und Mimik variieren – aber eben nur mit dem Wort »Ahooga«. Wer seine/ihre Seriosität derart überwinden kann, fürchtet sich im Anschluss auch nicht vor ungewöhnlichen Ideen.

# KREATIVTECHNIKEN

Kreativtechniken sind universelle Denkprinzipien, die uns anregen, komplett anders, ungewohnt, abwegig oder neu über die uns umgebenden Dinge oder Parameter unserer Probleme nachzudenken. »Kombinieren«, »Gegenteil« und »Weglassen« sind solche Prinzipien. Sie erweitern unser individuelles Repertoire an kreativen Denkmustern und erhöhen damit unsere Möglichkeiten des innovativen Outputs. Es ist wie Werkzeuge bedienen lernen: Wer nur den Hammer kennt, sieht in jedem Problem einen Nagel (und löst es auch so) ... aber es gibt auch Schattenfugensäge, Dicktenhobel, Kreuzlinienlaser, Oszilloskope ... Kreativtechniken sind Denkzeuge und sie funktionieren an jedem Punkt der Ideenfindung und Ideenausarbeitung und mit jeder Kreativmethode.

Interessanterweise führen unterschiedliche Kreativtechniken manchmal zu sehr ähnlichen oder sogar gleichen Ideen. Das liegt einfach daran, dass eine Ausprägung gleichzeitig der Extremwert einer anderen Ausprägung sein kann. Beispiel: Wenn es um die Anzahl der Borsten auf einer Zahnbürste geht: Das Gegenteil von »viele Borsten« ist »wenig Borsten« beziehungsweise »eine« oder sogar »keine«, was gleichzeitig der Extremwert von Eliminieren ist. Dass sich Ergebnisse ähneln, macht aber gar nichts, denn es geht ja um den kreativen Output an sich.

Die beschriebenen Kreativtechniken sind nahezu universell einsetzbar. Mit ihnen kann man Produkte, Designs und Dienstleistungen entwickeln, technische, soziale, sprachliche und naturwissenschaftliche Herausforderungen bearbeiten oder einfach nur Alltagsprobleme lösen. Einige Denkzeuge eignen sich besonders gut für technische Probleme, andere wiederum für geisteswissenschaftliche Aufgaben oder gestalterische Fragestellungen. Aber immer werden Sie mit der Anwendung der Denktechnik zu interessanten und vor allem neuen Inspirationen, Einsichten, Ansichten und Ideen kommen.

Probieren Sie in jeder Session zwei bis drei neue Techniken aus.

## Kombinieren und Verbinden

Die einfachste, mächtigste und am weitesten verbreitete Kreativtechnik ist wahrscheinlich das Kombinieren. In unserem Alltag begegnen uns tausendfach Kombinations-Produkte. Beginnend mit der Erdbeer-Mango-Marmelade zum Frühstück, der anschließenden Zahnpflege, bei der die Zahnpasta acht Dinge gleichzeitig erledigt, der Baby-Transportschale, die gleichzeitig Autositz, Tragekorb und Aufsatz für den Kinderwagen ist, und eine tragische Erfindung aus Südamerika zu Pandemie-Zeiten: das Krankenbett aus Pappe, das ohne Umbettung auch als Sarg dient.

Kombinationen können nicht nur aus zwei ursprünglich getrennt auftretenden Bestandteilen bestehen, sondern auch aus drei, vier, fünf, sechs oder noch weiteren, wie es das Schweizer-Taschenmesser-Prinzip vormacht. Es kann aber auch eine Multiplikation sein, wie Nassrasierer mit jährlich einer weiteren Klinge beweisen. Kombinieren ist mittlerweile so allgegenwärtig, dass es uns oftmals nur noch bei sehr ungewöhnlichen Produktkombis auffällt.

Neue Dinge lassen sich aus der Anwendung oder Kombination bestimmter Eigenschaften, Herstellungs- oder Bearbeitungsprozesse, Aussehen, Formen, Farben, Funktionen, Verwendungskontexte, Gerüche auf das jeweils andere Objekt generieren. Halten Sie einfach nur mal zwei Objekte nebeneinander und fabulieren Sie daraus etwas Neues. Kombinieren ist eine starke, extrem vielseitige, sehr produktive, effektive und noch dazu leicht anwendbare Kreativtechnik.

### 1+1

Kombinationen lassen sich aus zwei direkt miteinander zu verbindenden Bestandteilen herstellen, die beide vollständig enthalten sind. Sie verändern nichts oder nur wenig, um die Komponenten zusammenzubringen – das sind die bekannten 2-in-1-Produkte, so wie bei der Erdbeer-Mango-Marmelade, Göffel – also Gabel+Löffel, Shampoo und Spülung, Pedelecs oder Hybrid-Autos.

## 1:10

Interessanter wird es, wenn man nur Teile, bestimmte Eigenschaften, besondere oder typische Merkmale, das Aussehen, eine Herstellungstechnik oder andere Details verwendet und diese mit dem anderen Objekt zu etwas Neuem verbindet: Barbeque-Saucen mit Whisky-Aroma, Intel inside, Goretex oder das wasserdichte Smartphone. Fußball und Rasen: ein Ball aus Rasen.

## 10:1

Richtig gut: Kombinieren funktioniert immer auch in beide Richtungen. Jedes Merkmal lässt sich gegenseitig anwenden: Whiskey mit Tomaten-Aroma, Dell outside, wenn Goretex eigene Kleidung machen würde oder ein Wassersportobjekt Kommunikationseigenschaften aufweist. Fußball und Rasen: Der Platz besteht aus kleinen Leder-Segmenten.

## 1+Z

Je weniger die kombinierten Bereiche miteinander zu tun haben und je weiter sie inhaltlich auseinanderliegen, desto widersprüchlicher und absurder, aber auch spannender werden in der Regel die Ergebnisse. Verlassen Sie auf der Suche nach Kombinationsmöglichkeiten Ihre angestammten Bereiche. Suchen Sie branchenfern: Wenn Sie aus dem Lebensmittelbereich kommen, suchen Sie in der Touristik, Maschinenbau im Lifestyle, Gesundheitswesen in der Möbelindustrie, Bekleidung in der IT ...

## 1+1+1

Was mit zwei Elementen funktioniert, geht auch mit drei, vier und mehr. Bringen Sie entweder alle Einzelelemente beziehungsweise -eigenschaften in Ihrem neuen Produkt unter, oder ordnen Sie sie zu einer Produktpalette mit diversen Ausprägungen.

### Do it yourself: Kombinieren und Verbinden

In welcher Branche sind Sie aktiv?

In welcher nicht?

Warum nicht?

Kopfkino: Kombinieren Sie Ihr Produkt mit anderen Branchen – Maschinenbau, Energie, Lebensmittel, Mode, Freizeit, Kosmetik, Tourismus, Politik ...

Welche wesentlichen Merkmale weist Ihr Produkt / Ihre Dienstleitung auf?

Welche wesentlichen Merkmale weisen andere Objekte/Produkte/Services auf?

Wie sehen Kombinationen und Teilkombinationen davon aus?

Und umgekehrt?

Welche Eigenschaften Ihres Objekts / Ihres Produkts / Ihres Service lassen sich auf andere Objekte, Produkte, Services übertragen?

In welchem Kontext bekommt Ihr Objekt eine (völlig?) andere Bedeutung?

Womit können Sie Ihr Objekt oder Teile davon kombinieren?

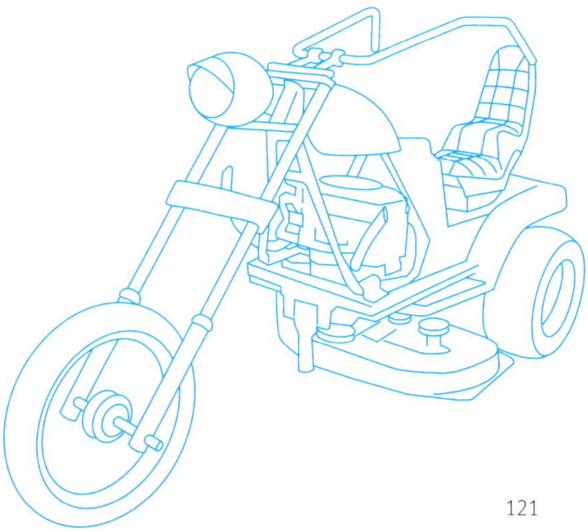

**Moke**: Mower-Bike

# Zerlegen und Zusammensetzen

Eine sehr große Hilfe beim Ideenfinden ist das Zerlegen. Teilen Sie Ihr Thema, Ihr Produkt, Ihren Prozess oder Ihre Dienstleistung in kleinere Teile, Abschnitte oder Elemente auf. Denn die Frage nach der einen großen, alles verändernden Erfindung setzt ja auch unter Druck und man weiß oft nicht, wo anfangen. Über das Zerlegen nähern Sie sich systematisch, inkrementell und überschaubar Ihrer Innovation.

## Zerlegen

Zerlegen Sie Ihr Objekt konzeptionell und denken Sie in allen möglichen Aspekten: funktionale, technische, gestalterische, zeitliche, organisatorische, ökologische, personelle, soziale, materielle ... Alles, was darin irgendeine Rolle spielt, vielleicht auch nur nebensächlich oder lediglich im Umfeld auftaucht, kann in kleinere Teile zerlegt und dann kreativ verarbeitet werden.

Also: Zerlegen Sie Ihr Ding erst mal komplett. Was ist innen, außen, elektronisch, mechanisch, automatisch, manuell, analog, digital, basic, feature, robust, empfindlich, oben, unten, teuer, günstig, leicht, schwer, einfach, komplex, bunt, farblos, monochrom, dick, dünn, schnell, langsam ... was kommt zuerst, was zuletzt, was dazwischen, was ist essenziell, was verzichtbar, was überflüssig ... Schauen Sie auf Form, Farbe, Funktionen, Material, Geruch, Geschlecht, Aussehen, Grundstoffe, Oberflächenbeschaffenheit, Reihenfolgen, Umfeld, Anwendungs- und Nebenfelder, Benutzungsabsichten, Verpackungen, Aggregatzustand, Zielgruppe ... was und wie können Sie Ihr Ding in Abschnitte, Einheiten, Elemente zerlegen? Schalten Sie Ihr Kopfkino ein und jegliche Kritik aus.

Entdecken Sie auch neue Kategorien: Kuscheligkeitsaspekt, Kompostierbarkeit, Mobilität, Want-to-use-again-Faktor, Eignung als Spielzeug, Office-Tauglichkeit ...

## Zusammensetzen

Anschließend setzen Sie Ihr Ding auf ganz neue Art wieder zusammen: Ersetzen Sie das eine oder andere Teil durch etwas Alternatives, etwas Vergleichbares, lassen Sie etwas ganz weg, fügen Sie etwas Neues hinzu, vereinen Sie zwei Aufgaben in einer Lösung ...

Organisatorische Hilfen sind hier das Mindmapping und die morphologische Matrix.

### Do it yourself: Zerlegen

Zerlegen Sie Ihr Ding gedanklich oder tatsächlich in mechanische oder technische Einheiten.

Welche Einheiten, Baugruppen, Module, Elemente, Teile, Aspekte können Sie bilden?

Welche sind möglicherweise vorhanden, aber verborgen?

Welche gibt es in Ihrem Ding nicht?

Warum nicht?

Was wäre, wenn sie zugefügt würden oder etwas anderes ersetzen würden?

In welche organisatorischen, konzeptionellen oder prozessualen Teile lässt es sich zerlegen?

Welche Design-Bestandteile gibt es?

Welche funktionalen Elemente gibt es?

Wer benötigt diese Teile noch?

Kann es auch in anderer Reihenfolge wieder zusammengesetzt werden?

Würden Sie es exakt genauso wieder zusammensetzen?

Was würden Sie ändern, wenn Sie gezwungen wären, irgendetwas zu ändern?

Welche Teile kann man durch etwas anderes ersetzen?

Welche Teile könnte man weglassen?

Wovon ist Ihr Ding ein Teil beziehungsweise wovon könnte es ein Teil sein?

# Umkehren

Das Umkehren, auch Kopfstandmethode, Gegenteil- oder 180°-Technik genannt, ist fast genauso einfach anzuwenden wie das Kombinieren. Wie der Name schon andeutet, geht es hier darum, gewohnte Funktionen, Wirkungen, Abläufe, Reihenfolgen, Erwartungen, Materialeigenschaften, Absichten, Perspektiven oder Handlungsmuster ins Gegenteil zu drehen. Das Bekannte durch etwas Fremdes zu ersetzen, Nachteile als Vorteile und umgekehrt anzusehen, die Temperatur zu erhöhen, statt zu senken, Härte und Widerstandsfähigkeit durch Weichheit und Nachgiebigkeit zu ersetzen, Wichtiges unwichtig werden zu lassen und das Unwichtige bedeutend.

Dabei ist es immer lohnend, eine ursprüngliche Problemlösung auf mögliche formale, konzeptionelle, funktionale, materielle oder sonstige Kontraste hin abzuklopfen. Fast ausnahmslos gibt es etwas umzukehren oder zu tauschen. Denken Sie an Autowaschanlagen: Ganz früher kam der Tankwart mit Wischlappen und Eimer ans Auto – heute wird es unter wabernden Waschlappen hindurchgezogen.

Falls einem dennoch nichts einfällt, dann muss eben etwas an den Haaren herbeigezogen werden, was erst recht interessant wird. Dazu können Sie gut einen Ausflug in die Synektik machen oder eine Mindmap oder morphologische Matrix bauen: Zerlegen Sie zunächst Ihr Problem-Projekt-Ding und schauen Sie sich dann seine Einzelteile in Ruhe an.

## Das Umkehren umkehren

Nicht immer führt das Umkehren auf direktem Weg zu einer produktiven Idee, sondern zunächst nur zu dem Gegenteil von dem, was man eigentlich beabsichtigt. Doch selbst das ist produktiv, denn: Folgt man diesem Gedanken konsequent, erhält man trotzdem eine Menge Inspirationen und Anregungen zu Dingen, die man ja eigentlich vermeiden will. Supersache das, kann ich da nur sagen: Denn damit hat man eine Zusammenstellung von Eigenschaften und Faktoren, die (im Allgemeinen oder nur hier) zu meiden sind oder von denen man einfach nur wiederum ein anderes Gegenteil tun muss, um daraus ein gewünschtes Ergebnis zu erhalten.

Ein Beispiel aus dem Service-Design: Wartezeit – Was können Sie unternehmen, um Ihren Kunden die Wartezeit kürzer scheinen zu lassen? Zum Gegenteil »Was muss ich unternehmen, um meinen Kunden die Wartezeit so lang, enervierend oder öde wie nur möglich scheinen zu lassen« fallen Ihnen sicher hunderttausend Möglichkeiten ein – die Hälfte davon aus eigener Erfahrung als Kunde irgendwo anders: lange stehend ohne Möglichkeit, sich von der Stelle zu bewegen, mit intransparenter Reihenfolge, unklarem Dran-kommen-Zeitpunkt, man weiß auch nicht, ob oder wo man sich gegebenenfalls anstellen oder anmelden muss, in einem sterilen Raum ohne Zeitschriften und Handynetz beziehungsweise WLAN ... Wenn Sie nun von all dem das Gegenteil andenken, werden die Anregungen und To-dos klarer.

## Extreme Umkehr

Auch das Belassen der extremen »Umkehr« ist eine effektive Kreativtechnik: Konstruieren Sie erstklassige Tabubrüche, machen Sie alles anders, als »man« es macht, kehren Sie allen Konventionen den Rücken, kratzen Sie die Farbe von alten Bildern, um neue Gemälde zu kreieren, reißen Sie ein Hochhaus ab, bis es aus nur noch einem Stockwerk besteht, reduzieren Sie einen Text, bis er nur noch aus einer Schlagzeile besteht, wie viele Pflanzen gehören in einen Garten, wie gemütlich muss ein Sofa sein.

Denn schließlich: Das Gegenteil von »gut« kann auch »Wow!« oder »OMG« sein.

## Formal

Oben-unten, vorne-hinten, schnell-langsam, heiß-kalt, vorher-nachher, früher-später, wenig-viel, alles-nichts, schwarz-weiß, sichtbar-unsichtbar, groß-klein, positiv-negativ, billig-teuer, trocken-nass, nah-fern, kross-labbrig, hart-weich ...

## Konzeptionell

Ursache-Wirkung, Edukt-Produkt, Input-Output, Weg-Ziel, analog-digital, Vergangenheit-Gegenwart-Zukunft, Lehrer-Schüler, Insider-Outsider, Dynamik-Stillstand, Objekt-Subjekt, tun-lassen, Liebe-Hass, aufwendig-einfach, komplex-simpel, global-lokal, Freiheit-Bindung ...

## Technik

Hier gibt es je nach aktuellem Standpunkt sehr unterschiedliche Gegenteile. Welche passen zu Ihrem Ding, welche nicht, warum nicht – warum doch?

Länge, Gewicht, Fläche, Volumen, Kraft, Geschwindigkeit, Druck, Stabilität, Temperatur, Energie, Leistung, Materialeigenschaften, Kopplung, Verschachtelung, Schwingungen, Kontinuität, Homogenität ...

### Do it yourself: Umkehren

Machen Sie das Gegenteil von dem, was Sie sonst (immer?) machen.

In welche Teile lässt sich Ihr Ding zerlegen?

Inhaltlich, konzeptionell, formal, technisch, zeitlich?

Welche üblichen Ding-Eigenschaften lassen sich umkehren?

Welche rein technischen oder formalen Parameter lassen sich umkehren?

Welche nicht?

Warum nicht – warum doch – versuchen Sie es! Benutzen Sie Ihr Kopfkino.

Was gibt es in Ihrem Ding normalerweise nicht? Warum nicht?

Was kann man an Ihrem Ding nicht weglassen? Warum nicht?

Wenn man es nicht weglassen kann, durch was kann man es zumindest ersetzen?

# Eliminieren

Als innovativ gilt, wenn ein Produkt immer noch eine Funktion mehr hat. Wie wäre es, wenn Sie ein Merkmal Ihres Produkts oder Ihrer Dienstleistung wegließen? Oder radikal gedacht: ein wesentliches? Eliminieren ist eine leicht anzuwendende Kreativtechnik und liefert interessante Ergebnisse.

Starten Sie das Gedankenexperiment mit: »Was wäre, wenn man x wegließe?« Dann fallen Ihnen wahrscheinlich zunächst hundert Gründe ein, warum das eine schlechte Idee ist, weil dieses eine Teil wichtig oder jene Funktion essenziell ist. Aber es finden sich auch immer Gründe, warum das Entfernen oder Weglassen eine gute Idee ist: Das Teil war wartungsanfällig, ist teuer, umweltschädlich, wurde selten genutzt, und: haben alle anderen auch ...

Anschließend schalten Sie Ihren Reality-Check aus und stellen sich vor, dass »irgendetwas anderes« die Aufgabe übernimmt oder sie schlicht wegfällt: Wenn ein Auto keine Reifen mehr hat, dann muss es wohl über den Boden schweben oder rutschen. Wenn ein Weihnachtsbaum keinen Baum mehr enthält, dann könnte er wohl aus einem regenschirmartigen Gegenstand aus Textil sein, aus kegelförmig aufgeschichteten Kugeln bestehen, Baumschmuck und Kerzen könnten von der Decke hängen, auf Ständern auf dem Boden stehen oder in so großer Vielzahl miteinander verbunden sein, dass man den Baum ohnehin nicht mehr sehen würde.

Im Alltag der Ideenfindung werden Sie sich oft dabei ertappen, über einen Ersatz nachzudenken – versuchen Sie konsequent, Teile, Elemente oder Wesentliches aus Ihrem Produkt herauszudenken.

Denn: Um alles, was man entfernt, muss man sich später keine Gedanken mehr machen.

Denken Sie in Möglichkeiten, nicht in Hinderungsgründen.

## Punktuell oder Striptease

Generell können Sie beim Eliminieren mit Ihrem Kopfkino punktuell oder sukzessiv vorgehen.

**Punktuell:** Sie lassen in jedem Gedankenexperiment nacheinander immer nur ein einzelnes Element einmal weg und schauen, welche Inspirationen und Anregungen sich daraus ergeben. Beim Auto: einzelne oder alle Reifen, Fenster, Dach, Sitze, Kofferraum, Motor, Lenkrad ...

**Sukzessiv:** Sie reduzieren Element für Element, bis schließlich nur noch ein oder gar keins mehr vorhanden ist – das Striptease-Prinzip. Noch einmal das Auto: einzelne Räder, Sitz für Sitz, Fenster für Fenster ... Sie dürfen übrigens auch wieder Teile zurücklegen.

Mit jedem einzelnen Schritt der Elimination entstehen neue Ideen und Inspirationen.

Häufig ist es ein Detail, die ein DOPS (Dinge, Objekte, Produkte, Services) durch seine Abwesenheit spannend macht, zum Nachdenken anregt oder irritiert: Plüschtiere ohne Plüsch, Limonade ohne Zucker, Bier ohne Alkohol.

Den großen Wurf macht man mit radikalem Weglassen: Skateboards ohne Rollen sind Hoverboards, Autos ohne Benzin, Telefone ohne Kabel, Vertrag oder Provider, Websites ohne Programmierkenntnisse ...

## Eliminieren oder doch nur Ersetzen

Einigermaßen eng verwandt ist das Eliminieren mit dem Ersetzen: Wenn ich den Zucker aus einem Bonbon eliminiere, ersetze ich ihn in der Regel durch einen Zuckeraustauschstoff. Ersetzen und Eliminieren sind Extremwerte voneinander: Eliminieren ist Ersetzen durch »nichts«. Ersetzen ist Eliminieren durch »etwas, das in nur einer bestimmten Eigenschaft abweicht«.

## Faktische Elimination

Bei echter Elimination gibt es keinen Ersatz: Kein anderes Ding übernimmt konzeptionelle, technische oder ästhetische Funktionen, der Platz bleibt leer. Hier fehlt dann tatsächlich etwas und das hat reale Auswirkungen auf die physische Welt: Koffeinfreier Kaffee macht nun nicht mehr wach und lasse ich eine Verpackung weg, dann liegt mein Produkt nackt oder lose in der Welt herum und muss gegebenenfalls anders transportiert oder geschützt werden.

## Reduce to the max

Ein interessantes Extrem ist »Reduce to the max«. Heißt: so viel wie nur irgend möglich wegnehmen. Dieses im Design beliebte Prinzip lässt sich auch leicht auf andere Bereiche anwenden: So wenig wie möglich, nur so viel wie gerade nötig. Am Ende bleibt nur der innerste Kern Ihres Produkts oder Ihrer Dienstleistung übrig. Daraus entstehen häufig die besten konzeptionellen Gedankenansätze. Von einem bis auf das Wesentliche reduzierten Ding lassen sich leichter ganz neue Produkte und Dienstleistungen entwickeln, weil man vom ganzen »üblichen« Feature-Ballast befreit neu denken kann.

### Do it yourself: Eliminieren

Zerlegen Sie Ihr Produkt beziehungsweise Ihre Dienstleistung in Elemente.

Was ist das wichtigste Element? Warum?

Was ist das zweitwichtigste Element?

Was passiert, wenn Sie eines davon weglassen?

Welches ist das unwichtigste Element? Warum?

Welches Element ist unverzichtbar? Warum?

Was passiert, wenn es ersatzlos fehlt?

Wie ließe es sich doch weglassen?

Wodurch ließe es sich ersetzen?

Was ist essenziell, was nur nice to have?

Welche Auswirkung hat das Fehlen in einer Fantasiewelt?

Auf welche Elemente könnte man am ehesten verzichten?

Wie reagieren die übrigen Elemente auf das Fehlen?

## Ersetzen

Das Ersetzen ist eine ähnlich effektive Technik wie das Kombinieren und ist noch schneller erklärt. Denn grundsätzlich können Sie alles als austauschbar ansehen: Materialien, Medien, Prozessschritte, Bauteile, Designs, Funktionen, Worte, Verwendungszwecke, Energiequellen, Benutzergruppen, Rohstoffe ...

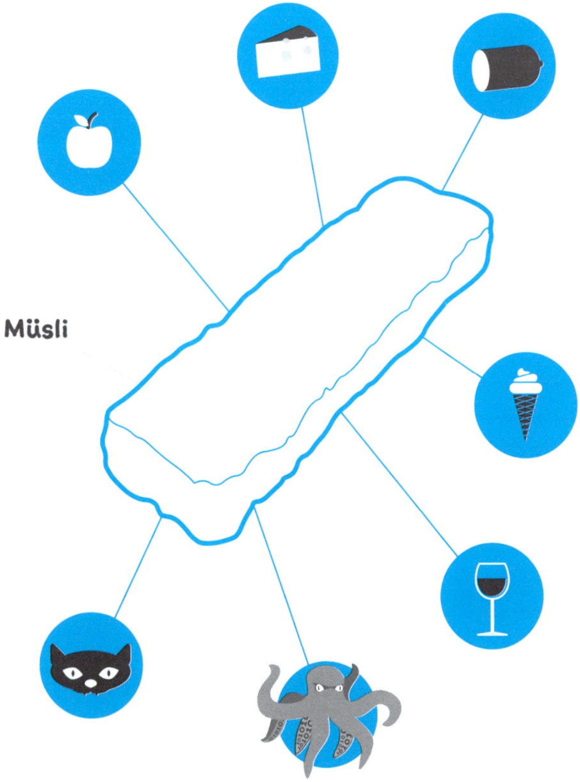


Ein Ersatz kann ein Austauschobjekt aus der gleichen Kategorie sein, so wie sich Kaffee durch Tee ersetzen lässt. Es können aber auch ebenso gut andere Eigenschaften, Prozessschritte oder Handlungen sein: Ein Beutel Kräutertee lässt sich z.B. prinzipiell auch durch ein Hustenbonbon ersetzen. Je nach Kontext können aber auch völlig neue Dinge entstehen: Möbel aus Beton, Fahrräder aus Bambus, Snacks aus Insekten. Manche Ersetzungen bleiben beliebte Alternativen, wie Butter und Margarine, manche verdrängen den Ursprung dauerhaft wie Video-on-demand die Videotheken, manche erleben ein Revival: Vinyl-Schallplatten. Deutlich spannender, interessanter und überraschender ist es jedoch, wenn der Ersatz durch ein vollständig anderes Objekt aus einem absolut anderen Themenbereich kommt. Vasen aus Gummi mit der ebenso überraschenden sowie überzeugenden Eigenschaft der Unzerbrechlichkeit. Und auch hier gilt: Je weiter die beiden Dinge auseinanderliegen – spröde vs. elastisch –, desto interessanter und disruptiver wird es. Vor 130 Jahren wurde ein Stück Natur durch Technik ersetzt: Nicht ein besseres Pferd, Maultier oder Ochse sollte fortan Kutschen und Pflüge ziehen, sondern der Verbrennungsmotor.

Die Eigenschaften der beiden auszutauschenden Objekte oder Konzepte müssen nicht mal im Entferntesten miteinander vergleichbar sein – im Gegenteil: je stärker der Kontrast, desto drastischer und spannender das neue Produkt. Was können Sie an Ihrem DOPS durch einen überraschenden, ungewohnten, nützlicheren, kompatibleren Bestandteil ersetzen? Wollen Sie eine bestimmte Funktion erhalten, den Herstellungsprozess, die Form, den Vertriebsweg? Die Beantwortung dieser Fragen hilft Ihnen bei der Auswahl passender Substitute.

Die morphologische Matrix basiert stark auf der Funktionsweise der Kreativtechnik »Ersetzen«.

## Details

Häufig reicht es, nur ein Detail oder eine Nebensächlichkeit zu ersetzen. Das kann eine neue Art der Verpackung sein, ein anderer Vertriebsweg, ein ungewohntes Material, die Nutzung neuer Trends oder Technologien, andere Konsum-Umfelder oder Zielgruppen. Ersetzen Sie – zunächst nur im Kopfkino – systematisch alle Bestandteile Ihres Produkts oder Ihrer Dienstleistung durch »anderes« und lassen Sie unbedingt auch abstruse und surreale Zusammen(er)setzungen zu.

## 90%

Sie können Ihr Produkt oder Ihre Dienstleistung aber auch vollkommen auf den Kopf stellen und alle Bestandteile oder seinen Kern durch alles Mögliche andere ersetzen: Wer Fahrräder baut, sich mit dem Biegen von Rohren und dem Montieren von Rollen und Bremsen daran auskennt – der kann auch Campingliegen, Bürostühle oder Rollatoren bauen. Hier gibt es tatsächlich keine Grenzen. Nur die im eigenen Kopf.

### Do it yourself: Ersetzen

Ersetzen Sie Materialien.
Ersetzen Sie funktionale Einheiten.
Ersetzen Sie das Verwendungsumfeld.
Wer könnte Ihr Produkt noch benutzen und wofür?
Wie können Sie das ursprüngliche Ziel noch erreichen?
Welche besonderen Eigenschaften hat Ihr Ding?
Wodurch können Sie die auch erreichen?
Welcher Ersatz stärkt Ihr Ding?
Wodurch können Sie das Ziel ersetzen?

## Alternative Nutzung

Haben Sie schon mal mit einer CompactDisc das Eis von den Scheiben Ihres Wagens gekratzt oder Honig auf eine kleinere Wunde geschmiert? Für nahezu jedes Objekt oder Produkt lässt sich im Prinzip auch eine andere Verwendung entdecken, viele Serviceprinzipien sich für andere Zwecke nutzen. Allerdings muss man sich dafür zunächst vom Konzept der optimalen Eignung verabschieden. Die alternative Anwendung könnte daher auch »Wozu kann ich das noch benutzen, wo kann ich es noch anwenden?« heißen. Wer hat nicht schon mal einen wackligen Tisch mit einem zusammengefalteten Stück Papier gebändigt oder den Familienhamster in einer Zigarrenkiste beerdigt? Und wie viele Methoden kennen Sie, eine Flasche mit Kronkorken zu öffnen – und welche Werkzeuge kommen dabei zum Einsatz?

Um zu spannenden Inspirationen zu kommen, abstrahiert man zunächst die Basis-Funktionalitäten, sucht nach typischen Merkmalen und stellt wesentliche Eigenschaften heraus. Anschließend sucht man nach Objekten, Prozessen, Services, die ähnliche oder gleiche Eigenschaften haben: Ist zum Beispiel ein Pullover sehr flauschig, kann er auch in einem Kaninchenkäfig oder mit Öhrchen verkauft werden. Eine Scheibe Pumpernickel kann auch PacMan sein, der keine Geister, sondern Cherrytomaten, Gürkchen, Käse und Salami jagt, und manche Menschen gehen zum Essen ins Möbelgeschäft.

Lassen Sie sich von Ihren Kunden erzählen, wie, womit und wozu sie Ihre Produkte noch so verwenden oder zweckentfremden.

### Spinnen erlaubt

Auch hier gilt wieder: Je weiter ursprüngliche und inszenierte Verwendung auseinanderliegen, desto spannender wird das Neue. Fragen Sie dabei erst einmal nicht nach der Sinnhaftigkeit der alternativen Verwendung. Die Bewertung der Idee kommt ja erst viel später. Nehmen Sie völlig andere Kategorien, in denen man das Objekt zweckentfremden kann. Eine Hose kann man als Schal verwenden, was immer noch die Kategorie Kleidung ist. Was passiert, wenn man mit der Hose in die Kategorie Lebensmittel wechselt: Sie wird zum Kartoffelsack – was immer noch ein Behälter ist, nur jetzt für Gemüse statt Körperteile – Isolationsmaterial für Tiefgefrorenes, Verpackungsmaterial für extralange Spaghetti, Wurstschlauch, Hosensuppe, Eisbeinkleid … Jetzt wird's Zeit,

darüber nachzudenken, was für eine Hose das eigentlich ist: Jeans, Anzug, Bade, Krachlederne, Hotpants, Knickerbocker, Handwerker, Tweed, Damen, Herren – denn jeder Hosentyp und jedes Material hat andere Stärken und Eigenschaften. Eine große Hose kann auch als Zelt für Kinder dienen, was könnte man in einem String-Tanga verstecken – zwei Cocktailwürstchen?

## Mit Produkten spielen

Die alternative Anwendung eignet sich besonders für reale Produkte und Kommunikationsaufgaben: weil man einfach mit ihnen herumspielen und sie leicht in einen anderen Kontext stecken kann. Das Handy als Taschenlampe war zunächst nur eine Notlösung, bevor es ein reguläres Feature wurde. Erfreulicherweise kann man aber auch für Prozesse und Dienstleistungen alternative Anwendungen finden oder konstruieren:

Der reich gedeckte und sehr geordnete Frühstückstisch wird von einem Schachspieler als Brett interpretiert – das gekochte Ei auf C4 schlägt Salzstreuer auf D5. Hier muss man sich nur überlegen, welche typischen Handlungen, Handbewegungen und Gesten auch eine andere Bedeutung haben können.

## Bodystorming

Eine sehr gute Methode, um Ideen zur alternativen Nutzung zu generieren, ist das Bodystorming: Sie tragen über den Zeitraum von ein paar Tagen bis Wochen das Objekt bei sich – es kann auch ein Foto, Pretotyp oder eine Skizze sein, im Fall von Prozessen und Services auch eine Ablauf-Infografik. Immer, wenn Sie daran denken, versuchen Sie, Ihr Ding in Verwendung zu bringen. Wo und wie das Objekt noch einsetzbar ist, werden Sie durch häufiges Ausprobieren selbst erfahren.

Die alternative Anwendung kann man auch als so etwas wie die umgekehrte Ersetzen-Technik betrachten. Dort macht man das Gleiche mit anderen Objekten, hier geht es darum, etwas anderes mit demselben Objekt zu tun.

Eine erlernte Killerphrase in Bezug auf alternative Verwendung lautet übrigens: »Mit Essen spielt man nicht.«

### Do it yourself: Alternative Nutzung

Tragen Sie das Produkt (gegebenenfalls als Foto oder Funktionsskizze) mehrere Tage mit sich herum.

Was kann man mit dem Produkt, der Dienstleistung, dem Prozess noch alles anstellen?

Woran erinnert die äußere Form des Objekts?

Welche abstrahierte Basis-Funktion erfüllt das Objekt, die Dienstleistung?

Welche typischen Merkmale weist Ihr Objekt auf?

Wo gibt es diese Merkmale ebenfalls? Und wozu werden sie dort genutzt?

Mit welchen besonderen Eigenschaften kann Ihr Produkt auch in anderen Bereichen punkten?

Zweckentfremden to the max.

Welche Kategorie ist Ihrem Produkt am fremdesten? Wie können Sie es dort einsetzen?

# Tabu & Provokation

Dort wo sich keiner hinwagt, was kaum jemand macht, was sich niemand traut – abseits von Konventionen und Harmonien, bei den No-Gos und Tabus, finden sich interessante Spiel- und Handlungsfelder: Hundefleisch oder Insekten essen, Tote ausstellen, Rituale aus aller Welt,
In oder mit diesen aktiv zu werden, sorgt für kontroverse Diskussionen, löst starke Emotionen aus, ja schockiert vielleicht sogar. Allerdings bleiben solche Aktionen und Produkte in Erinnerung, denn die heile genormte Welt ist schön und gut – aber auch etwas langweilig und wir lieben Abwechslung und Aufregung.
Wer aufmerksam machen will, aufrütteln, durchschütteln, auf Missstände hinweisen, eben Auseinandersetzung provozieren will, der darf, soll und muss zu drastischen Mitteln greifen: Tabus brechen, provozieren, schockieren.
Die Zielgruppe zu kennen, ist hier besonders essenziell, denn was den einen brüskiert, kümmert andere möglicherweise überhaupt nicht. Wo ist Ihre moralische, ethische oder gemeinwohlorientierte rote Linie?

## Tabu

Bei Tabus haben Sie die Auswahl aus einer breiten Palette ungeschriebener Gesetze und gesellschaftlicher Konventionen für jeden Lebensbereich: der gute Ruf, Sexualität, Rasse, Religion, Politik, Krankheit, Tod, Fäkalien, Nahrung, Körperflüssigkeiten, Rituale ...
In welchem übergeordneten Bereich unterliegt Ihr Produkt oder Ihr Service einem ungeschriebenen Gesetz, einem konventionellen Korsett, einem Tabu – und wie kann das gebrochen werden? Wie können Sie den Tabubruch nur andeuten, wieder zurücknehmen, in etwas Positives wandeln? Die Kraft der Symbolik ist häufig schon ausreichend provokant, und Tabubrüche müssen vielleicht auch nur angedeutet werden.

## Provokation

Das ist: mit einer geeigneten Aktion eine Reaktion erzwingen. Das kann in positive und negative Richtungen gehen. Hier funktioniert alles, was starke Emotionen wie Freude, Überraschung, Wut, Angst, Ekel, aber auch Trauer, Scham, Verachtung und möglicherweise sogar Hass hervorruft. Das kann von einem speziellen Detail oder durch die Gesamtkonzeption verursacht sein. Generell gilt: Provozieren ist weitaus einfacher, als Tabus zu brechen, weil es immer jemanden geben wird, der sich von einer Aussage oder Eigenschaft berührt fühlt – positiv wie negativ: Bringen Sie ein Smartphone ohne Kopfhöreranschluss und USB-Port auf den Markt, einen Gartenzwerg, der den Stinkefinger zeigt, eine App für nur eine OS-Plattform.
Provokation kann auch nur verbal oder kommunikativ stattfinden: Behaupten Sie einfach mal das Gegenteil vom allgemeinen Konsens und schauen Sie, wer dann aus den Löchern kriecht. Haben Sie eine Anti-Zielgruppe – womit können Sie die »erfreuen«? Haben Sie keine Angst vor Ablehnung, Provokation polarisiert: Man wird Sie auch dafür lieben.

## Kontrast zwischen Norm und Normbruch

Wie auch bei den meisten anderen Kreativtechniken erzeugt man durch die Spreizung des konzeptionellen Kontrastes eine starke Spannung. Je harmonischer, normaler, erwartungskonformer das Basiskonzept, desto stärker sticht eine Provokation heraus: plastinierte Tote in einem Altenheim ausstellen, Wein aus dem Tetrapack im 4-Sterne-Restaurant, Mettigel an eine Veganer-WG spenden, Kettensäge für Kleinkinder (auf dem Spielzeugmarkt gibt es übrigens eine ganze Reihe von Produkten, die offenbar nur von provozierenden Onkeln verschenkt werden dürfte). Um ihre provokativen Ideen produktiv umzuwidmen, überlegen Sie, an welchen Stellschrauben man drehen müsste, welche kleinen oder großen Veränderungen gemacht werden könnten, um die jeweilige Grundidee doch noch in eine Umsetzung zu retten: Die Kettensäge für Kleinkinder wäre dann ein Spielzeug aus Kunststoff oder eine normale Säge in Kettensägenoptik für Grundschüler.

Überlegen Sie sich vorher ziemlich genau, ob und wem Sie gegebenenfalls gehörig auf den Schlips treten wollen, denn das werden Sie. Und wenn man es richtig gut gemacht hat, verliert man Freunde – und gewinnt dafür begeisterte Neue.

Achten Sie unbedingt auf Angemessenheit von Mittel und Ziel. Provokation der Provokation willen ist platt. Auch hier gibt es eine Killerphrase als untrügliches Kennzeichen, dass Sie auf dem richtigen Weg sind: »Das tut man nicht.«

### Do it yourself: Tabu & Provokation

Über welche Tabus wollten Sie sich schon immer mal hinwegsetzen?

Gehen Sie mindestens an die Grenze Ihrer persönlichen Komfortzone.

Schicken Sie Ihre guten Manieren in die Ferien.

Wo ist Ihre moralische, ethische oder gemeinwohlorientierte rote Linie?

Welche Eigenschaft Ihres Produkts / Ihres Service polarisiert am meisten?

Was müsste man tun, um diese Eigenschaft noch provokanter zu machen?

Wie wird Ihr Produkt / Ihre Dienstleistung liebenswert, begehrenswert, süchtig machend?

Was macht Ihr Produkt / Ihre Dienstleistung eklig, beleidigend, verachtenswürdig?

Was traut sich keiner, zu sagen?

Was würde zu einer Nicht-Verwendung oder gar Ablehnung des Objekts führen?

Kann das Produkt bluten, eitern oder sich übergeben?

Was könnten Sie tun, wenn es bestimmte Tabus nicht gäbe?

Welche Tabus kommen für Ihr Produkt / Ihre Dienstleistung infrage?

Welche unserer Tabus sind in anderen Teilen der Welt keine und umgekehrt?

# Adaptieren

Anpassen ist eine ebenso einfache wie universelle Kreativtechnik. Sie brauchen hier lediglich ein Gegenüber, etwas Anderes, Neues, etwas, an das Sie Ihr Produkt oder Ihre Dienstleistung angleichen, von dem Sie etwas abgucken, etwas übernehmen können. Mit ein bisschen Willen und Zuversicht lässt sich alles an alles andere anpassen: Produkte an andere Produkte, Produkte an Dienstleistungen und umgekehrt, Produkte an Menschen, Dienstleistungen an Verwendungsumfelder, Eigenschaften an Produkte, Materialien an Eigenschaften …

Die hier über allem stehende Frage ist: Wie können Sie das Vorhandene an etwas Neues oder Anderes anpassen? Welche Eigenschaften können Sie übernehmen? An welchen Stellschrauben müssen Sie drehen, damit es den neuen Anforderungen entspricht, welche Features müssen Sie wie verändern, damit es passt. Wie müssen Sie das Produkt anpassen, damit es in ein bestimmtes Umfeld passt, und umgekehrt: Wie können Sie das Umfeld anpassen, damit das Produkt hineinpasst? Müssen Sie etwas schwarz machen, damit es bei Gothic- und Metal-Fans gut ankommt?

Adaptieren kann auf das Gesamtkonzept oder Details angewendet werden.

## Zerlegen

Ein häufiges Problem bei der Ideenfindung ist, dass man nicht weiß, wo man anfangen soll. Zum gedanklichen Loslegen ist es daher hilfreich, Ihr Produkt oder Ihre Dienstleistung zunächst in Teile oder Parameter zu zerlegen. Das können funktionale, technische, gestalterische, konzeptionelle, zeitliche, organisatorische, ökologische, materielle … sein. Alles, was darin eine Rolle spielt, nur nebensächlich auftaucht oder auch nur angedeutet wird, kann vollständig oder in Teilen angepasst und verändert werden.

Also: Zerlegen Sie Ihr Ding erst mal komplett. Was ist innen, außen, sichtbar, unsichtbar, wichtig, unwichtig, oben, unten, teuer, günstig, leicht, schwer, einfach, komplex, bunt, farblos, monochrom, dick, dünn … was kommt zuerst, was zuletzt, was ist essenziell, was verzichtbar, was überflüssig … Schauen Sie auf Form, Farbe, Funktionen, Material, Geruch, Geschlecht, Aussehen, Grundstoffe, Oberflächenbeschaffenheit, Reihenfolge, Umfeld, Anwendungs- und Nebenfelder, Benutzungsabsichten, Verpackungen, Aggregatzustand, Zielgruppe … woran können Sie das anpassen?

Kopfkino an: Wie müssten Sie Ihr Produkt oder Ihre Dienstleistung anpassen, damit es in einer anderen Branche benutzt werden kann, was müssten Sie verändern, damit Kinder es verwenden können, wie können Sie es mobil beziehungsweise transportabel machen, aus welchem Material könnte es alternativ gefertigt sein?

Das Zerlegen kriegen Sie gut und systematisch mit Mindmapping oder morphologischer Matrix hin. Falls Ihnen spontan keine inspirierenden Gegenstücke einfallen: Helfen Sie sich mit Synektik weiter.

Hundehose

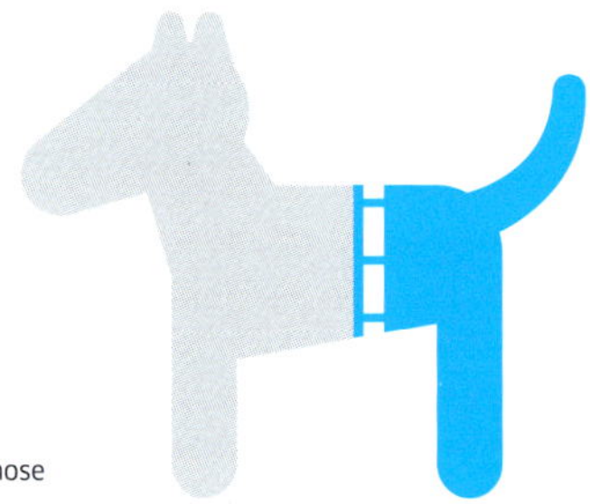

## Objekt anpassen

Sie haben die volle Kontrolle über Ihr Ding – Sie können dem Sessel für Autofans vier Räder spendieren oder dem Taucherhandbuch einen Neoprenumschlag geben. Egal ob konkret oder abstrakt – sofern Sie ein oder mehrere Hauptobjekte haben, können Sie die an etwas anderes anpassen. Das muss nicht mal etwas sein, was auch unmittelbar mit dem Objekt zu tun hat. Interessant wird es oft erst, wenn die Anlehnung aus einem externen Bereich kommt, den man mit dem angepassten Objekt dann nur konnotiert oder eben eine völlig neue, unerwartete, eben kreative, Bedeutung gibt: Taucheranzug im Brautkleid- beziehungsweise Tuxedo-Look für die Hochzeit unter Wasser, ein Farbstift, der mit jeder beliebigen Farbe zeichnen kann, die ihm gezeigt oder per App eingestellt wird.

## Umfeld anpassen

Dabei bleibt Ihr Objekt, wie es ist, jedoch passen Sie dessen Umfeld an – ganz oder in Teilen: Die Website um eine App herum, die Verpackung, das Verwendungsumfeld, das Produkt wird in einer neuen Zielgruppe platziert, das Material wird für einen neuen Verwendungszweck eingesetzt: Milchprotein als Ausgangsmaterial für Textilien, Schleimpilze weisen nach dem Trocknen Leder-ähnliche Eigenschaften auf: Schleimpilz-Lederjacke. Was aus dem Umfeld des Produkts ist veränderbar, lässt sich anpassen, welche Zielgruppe passt besser zu Ihrem Produkt / Ihrer Dienstleistung, in welcher Branche könnte Ihr Produkt ebenfalls benötigt werden, wo müssen Sie Ihr Produkt anbieten? Food-Trucks gehen z.B. überall dorthin, wo gern anders oder experimentell gegessen wird: auf Einzel-Events, Festivals und Wochenmärkte.

### Do it yourself: Adaptieren

Suchen Sie sich beliebige Objekte – die sich z.B. gerade in Ihrem Blickfeld befinden – und wenden Sie deren markanteste Eigenschaften oder Merkmale auf Ihr Ding an.

Zerlegen Sie Ihr Ding in seine wesentlichen Merkmale und Bestandteile.

Welche typischen Eigenschaften sind das?

Welche einzigartigen Eigenschaften weisen die auf?

Welche unterschätzten Eigenschaften gibt es?

Woran lassen die sich jeweils anpassen?

Welche besonderen Merkmale weist das Umfeld auf?

Welche Kategorienachbarn hat das Objekt, horizontale und vertikale?

Was passiert unmittelbar vor beziehungsweise nach der Verwendung des Objekts?

Wer benutzt das Produkt / die Dienstleistung üblicherweise?

Warum? Wozu? Wozu nicht? Warum nicht?

Wann? Wann nicht? Warum nicht?

Was müsste man tun, damit es doch benutzt wird?

# Modifizieren

Beim Modifizieren verändert man sein Objekt oder seine Dienstleistung ähnlich wie beim Adaptieren, geht jedoch deutlich und weiter über das Umfeld hinaus – ohne Ziel und Vorbild, sondern einfach nur, weil es geht. Vielleicht sogar ein wenig anarchistisch. Das heißt, Sie sind noch freier in der Veränderung. Denn man kann es auch komplett verändern, skalieren, verformen, quetschen, aufblasen, wörtlich vollständig zerlegen, ja sogar zerstören, um es anschließend auf alternative Weise, nur halb oder auf ganz neue Art wieder zusammenzusetzen. Zum Modifizieren gehört auch das Hinzufügen und Entfernen. Das können Eigenschaften, Funktionen, Designs, Herstellungsprozesse, Materialien, Märkte, Zielgruppen ... sein. Extreme Fans des Case-Modding von Computer-Gehäusen lassen z.B. ihre hochleistungsfähigen Spiele-Computer wie schmutzige, alte Pappkartons aussehen.

## Zerlegen

Extrem hilfreich, wie bei fast allen Kreativtechniken, ist das Zerlegen zu Anfang. Jedes Objekt lässt sich hinsichtlich einzelner Eigenschaften zerlegen und anschließend Komponente für Komponente modifizieren. Eine Banane besteht zum Beispiel aus Gelb und Kurve. Das Zerlegen kann jedoch auch wörtlich stattfinden, dann hat man Schale und Frucht oder Stiel, Mittelteil und Endstück, süß und bitter, wenn man an den Geschmack denkt, und Grün, Gelb, Braun, Schwarz, wenn man an den Einfluss der Zeit denkt. Kopfkino: In welche Parameter würden Sie eine Banane zerlegen und welche Modifikationen könnten Sie mit ihr vornehmen?

## Zusammensetzen

Beim Zusammensetzen haben Sie sämtliche Freiheiten: einzeln, in Teilen oder komplett. Mit nur einem, mehreren oder allen Teilen modifiziert. Die Bestandteile sind wie ein Puzzle, das jedoch viele richtige Lösungen hat oder dessen fertiges Bild nicht mit dem Abbild auf dem Karton übereinstimmt. Gibt es Fragmente, die für das Ganze stehen können?

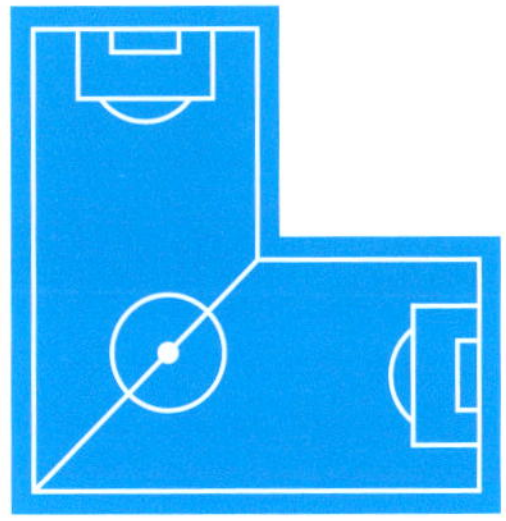

## Do it yourself: Modifizieren

Tragen Sie das Objekt (gegebenenfalls als Foto) ein paar Tage mit sich herum.

In welchem Kontext scheint es besonders sinnlos?

Nehmen Sie das Produkt in die Mangel und zerlegen Sie es funktional, konzeptionell, organisatorisch, mechanisch.

Kann man Teile abnehmen, entfernen, abbrechen?

Spielen Sie mit den einzelnen Bestandteilen: Was lädt besonders zur Beschäftigung damit ein?

Variieren Sie den Maßstab: von winzig bis überdimensional.

Wie könnte ein Fragment das Ganze repräsentieren oder ersetzen?

Könnten Sie – oder gegebenenfalls jemand handwerklich Begabterer – einen Bestandteil aus Pappe oder Knetmasse nachformen und ersetzen? Welcher wäre das?

Erkennt man anhand aller nebeneinandergelegten Einzelteile noch das Gesamtwerk?

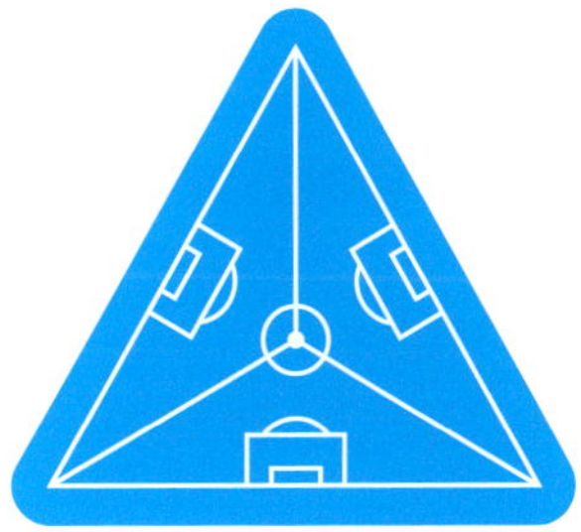

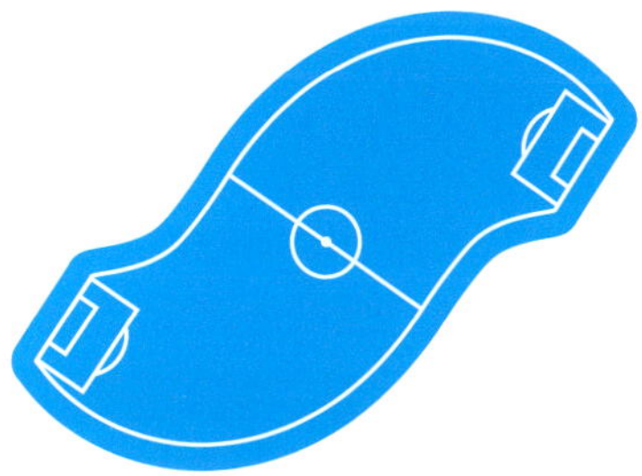

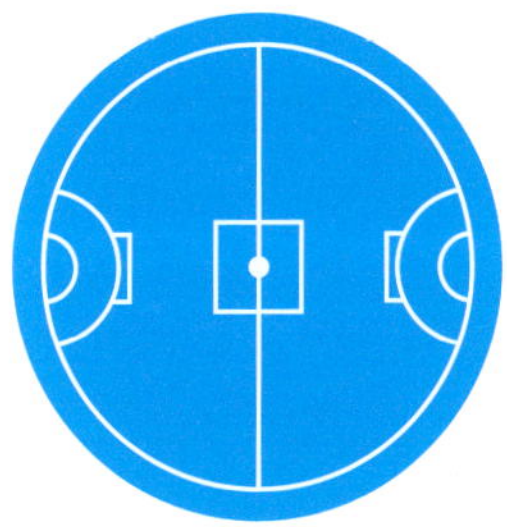

## Übertreiben & Untertreiben

Nichts einfacher als das! Alles kann man übertreiben: Von jedem Objekt und jeder Dienstleistung lässt sich immer eine stärker ausgeprägte Variante konstruieren oder denken. Der City-SUV mit 400 PS, der Fünffach-Triathlon, das TV-Gerät mit zimmerhoher Bilddiagonale, eben alles, was gerne ins Guinness-Buch der Rekorde aufgenommen werden möchte. Und am Ende stehen dann Extremwerte: Aus teuer wird Superluxus, mit dem Smartphone lassen sich zuverlässige Klimamodelle berechnen und aus Fernreisen wird ein Trip ins All, zum Mond oder zum Mars. Apropos Mond: Bei Google nennt man das Prinzip Moon-Shots, weil man es nicht 1,5-mal so gut machen will, sondern 1000-mal besser.

Vergessen Sie nicht: Bei der Ideation geht es ums Ideen-Generieren und die Inspirationen, die daraus entstehen ... das Bewerten kommt später.

## Übertreiben

Welche übertriebenen Ergebnisse würden Sie mit Ihrem Produkt oder Ihrer Dienstleistung erzielen wollen? Wie übertrieben können Sie sich Ihr Produkt selbst vorstellen – und seien Sie mutig: doppelt, zehn- oder 100-fach? Auch hier können Sie das Objekt, Produkt oder die Dienstleistung in Einzelteile zerlegen und diese dann mit übertriebenen oder extremen Ausprägungen zunächst im Kopfkino durchspielen. Subtile und bescheidene, weil realistische, Übertreibungen sind in dieser Ideation nicht so fruchtbar. Probieren Sie lieber den 1000%-Exzess oder die absurde oder unkontrollierte Eskalation.

Gängige Parameter sind Größe, Anzahl, Dichte, Dauer, Gewicht, Volumen, Leistung, Höhe, Preis, Temperatur, Geschwindigkeit, Zeit ... Aber auch numerisch nicht oder schlecht erfassbare beziehungsweise subjektive Dinge lassen sich übertreiben: Flauschigkeit, Geschmack, Geruch, Fürsorge, Sympathie, Service beziehungsweise das Fehlen desselben, Reize, Museumsreife, Bequemlichkeit ...

## Untertreiben

Dass es dabei nicht immer ein »Mehr« sein muss, zeigt sich schnell: Denn manchmal bedeutet übertreiben auch, signifikant weniger von etwas zu nehmen. Statt einer gigantischen Hochzeitstorte steht da nur ein zierlicher Cupcake, auf dem das eingesteckte Plastikbrautpaar wie auf einem Golfball balanciert, für ein internationales Sportevent sind nur fünf Zuschauer zugelassen (eingeholt von der Realität unter Pandemie-Bedingungen), und ein Smartphone hat überhaupt keine Tasten mehr. Hier bewegen wir uns an der Grenze zur Elimination. Bei der Generierung von wertvollen Gegenständen spielt die Untertreibung eine wesentliche Rolle: Verknappung, Seltenheit, Verfügbarkeit.

### Do it yourself: Übertreiben & Untertreiben

Wovon kann Ihr Produkt / Ihre Dienstleitung mehr vertragen?

Wie wird Ihr Produkt doppelt so wirksam?

Wie wird Ihr Produkt zehnmal so effektiv?

Wie wäre es, wenn Ihr Produkt hundertfach wirksamer/größer/schneller ... wäre als derzeit?

Stellen Sie sich Ihr Produkt oder Ziel 1000-fach so groß, stark, intensiv vor wie heute. Was könnte man damit machen?

Welche Parameter können Sie extrem multiplizieren? Wie sähe das aus?

Und was extrem verringern? Welche Eigenschaften träten in den Vordergrund?

Wie extrem lassen sich Details verstärken?

Was passiert, wenn Sie noch einen Schritt weiter gehen?

Und dann noch einen?

## Perspektivwechsel

Stellen Sie sich vor, Sie wären ein Auto: Wie und womit würden Sie Ihren Passagieren den Aufenthalt so angenehm wie möglich gestalten?

Die Technik Perspektivwechsel hat nur insofern etwas mit Vogel- oder Froschperspektive zu tun, als dass man wörtlich eine entsprechende Sichtweise einnimmt und sich vorstellt, was so ein Vogel aus der Höhe oder der Frosch vom Boden darüber denken würde und was ihm wichtig und bedeutend in so einer Situation wäre. Es ist ein bisschen wie eine Fabel: Da können Tiere sprechen und weisen noch dazu menschliche Charakterzüge auf.

Hier geht es aber keinesfalls nur um Tiere, denn man kann wörtlich die Perspektive von allen möglichen Dingen, Handlungen, Objekten, Details, Vorprodukten, Techniken, Hilfsmitteln, Nebensächlichkeiten einnehmen. Probieren Sie es sofort aus. Die Vielfalt der Perspektiven und Sichtweisen ist so unglaublich groß, dass es richtig Spaß macht, ein beliebiges Objekt oder Detail herauszupicken und sich vorzustellen, was es denkt, spürt, sagt und hört. Ja, richtig gelesen: denken, sagen, sprechen, fühlen. Stellen Sie sich einfach vor, »es« könne wie jeder Mensch denken, ein bestimmtes Verhältnis zu anderen Objekten und eine eigene Biografie haben, Freunde, Feinde, einen Beruf, Werdegang, Nachbarn und Familie noch dazu. Wenn Sie ein Saft wären, welcher Saft wäre das – Früchte, Gemüse, Beeren, Nüsse, Fleisch, Gras, Holz (schon mal Ahornsirup oder Birkensaft probiert?). Eben alles, aus dem man Flüssigkeiten herauspressen kann – und wie würden Sie sich anziehen, also verpacken?

Dann fragen Sie sich mal, was Sie sich als dieses Objekt oder Detail so denken. Sind Sie zufrieden? Möchten Sie mehr in den Vordergrund treten, wollen Sie mehr aus Ihrer Biografie beitragen, wurden Ihre Stärken genug beachtet, würden Sie lieber etwas anderes machen? Woran haben Sie Freude, womit kommen Sie nicht so gut klar?

Dabei kann man einerseits versuchen, möglichst originäre oder typische Eigenschaften zu verkörpern oder sich komplett von einem Rollenbild zu lösen und dem Objekt/Ding einen völlig neuen und eigenen Charakter zu verleihen: Ein Kühlschmierstoff könnte stolz auf seinen Körpergeruch sein oder sich darüber ärgern. Andererseits könnte er auch ein kultivierter Theaterliebhaber sein, der betrübt darüber ist, dass er so selten Gelegenheit hat, dieser Leidenschaft zu frönen.

Alle einnehmbaren Sichtweisen liefern wertvolle Impulse für die Inszenierung dieser Gedanken. Dabei können das reale oder völlig hypothetische Gedanken sein. Der Fantasie sind wie immer keine Grenzen gesetzt, alles ist erlaubt: Was denkt die Zahnbürste über die Zahnpasta, was der Kühlschmierstoff über den Fräskopf, was die Unterwäsche über das Kleid, was der Leuchtturm über das Meer?

Hier entstehen lauter kleine Geschichten, Anekdoten, Emotionen, aus denen sich Innovationen ableiten lassen.

Der Perspektivwechsel ist einer meiner persönlichen Favoriten unter den Kreativtechniken. Wer sich schon als Kind gern verkleidete, Gefallen an Rollenspielen hatte, vielleicht in der Theater-AG war oder sich auf langweiligen Partys als Austauschstudent aus Kopenhagen ausgab, wird das vielleicht verstehen. Empathische Menschen übrigens auch.

## Details

Die Perspektive eines vollständigen Produkts oder einer kompletten Dienstleistung einzunehmen, kann mitunter zu allgemein und vielschichtig sein. Zerlegen Sie sie und nehmen Sie gezielt nur einzelne Perspektiven ein. Maschine: Was denkt der Startknopf über den Daumen oder Zeigefinger, der ihn regelmäßig drückt: »Dieser Finger macht mich dreckig«, oder »so ein Schwächling«. Bietet Ihr Ding noch mehr Möglichkeiten des Zerlegens?

## Weniger Details

In die andere Richtung gedacht, nimmt man die Perspektive von übergeordneten beziehungsweise zusammengefassten Objekten ein. Aus der Perspektive einer Flasche Bier wird die eines Sixpacks: Ich und fünf Freunde flachsen herum, machen anzügliche Witze oder befinden sich vielleicht auf einer Reise.

### Do it yourself: Perspektivwechsel

Stellen Sie sich vor, Sie wären Ihr Produkt oder Ihre Dienstleistung.

Wie fühlen Sie sich vor, während und nach der Benutzung?

Würden Sie genauso weitermachen, was würden Sie ändern?

Wenn Ihr Produkt ein Mensch wäre – welche typischen Charaktereigenschaften hätte es?

Und welche untypischen?

Ist es sportlich, leistungs- oder modeorientiert, fleißig, kleinlich, großzügig, dumm oder intelligent?

Geht es offen auf Fremde zu oder ist es eher introvertiert und verschlossen?

Welches Verhältnis hat es zu Nebenobjekten oder seinem Umfeld? Fühlt sich das eine wichtiger als das andere?

Wie würden sich die Objekte gegenseitig vorstellen?

# Metapher, Analogie, Konzeptextraktion

»Wie wird es woanders gemacht? Wo gibt es Ähnlichkeiten?«, könnten hier die über allem stehenden Fragen sein. Wir kennen Metaphern aus der Rhetorik oder der Literatur. Dort werden sie verwendet, um etwas über einen Vergleich anschaulicher oder sprachlich reicher darzustellen. Manchmal auch, um etwas zu vereinfachen oder auf den Punkt zu bringen: Flaschenhals statt kapazitiver Ressourcen-Knappheit. Analogien kennt man eher aus dem naturwissenschaftlich-technischen Bereich: Ähnliche Strukturen oder Sachverhalte aus verschiedenen Bereichen werden in einen neuen Zusammenhang gestellt: Die Bionik befasst sich z.B. mit technischen Funktionen in der Biologie u.a. bei Flügeln, überall haftenden Geckofüßen oder den strömungsoptimierten Hautschuppen von Haien. Die so gewonnenen Erkenntnisse werden auf technische Anwendungen übertragen.

Metaphern und Analogien sind gute Voraussetzungen für Cross Innovations.

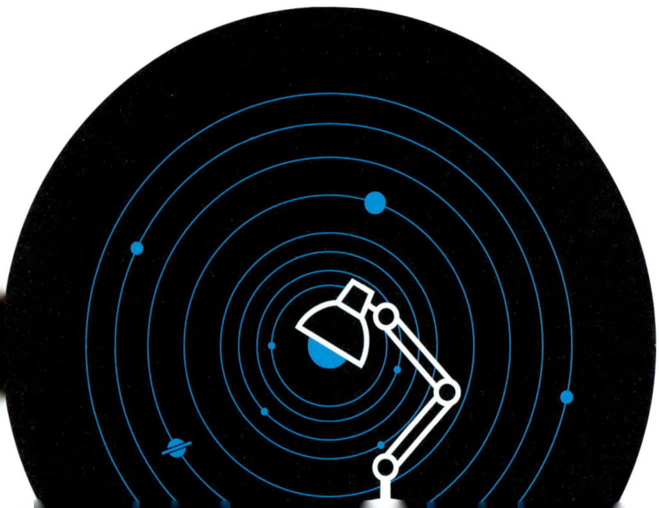

## Analysieren

Greifen Sie eine bestimmte Eigenschaft, ein bestimmtes Merkmal oder eine bestimmte Funktion Ihres Produkts oder Ihrer Dienstleistung heraus. Oder zerlegen Sie es gegebenenfalls nach verschiedenen Gesichtspunkten (mechanische, konzeptionelle, funktionale ... wie in den Abschnitten *Zerlegen, Morphologische Matrix und Mindmap* beschrieben), um diese Merkmale oder Aufgabenstellungen herauszuarbeiten. Welches Konzept steckt dahinter? Was kann Ihr Produkt besonders gut, leider nicht so gut oder gar nicht? Was ist typisch und untypisch, was würden Sie gern anders machen oder gelöst sehen wollen? Beispiel Schreibtischlampe: ist zumeist höhenverstellbar und das Licht lässt sich in bestimmte Richtungen lenken. Welche (Teil-)Funktion steckt dahinter?

## Analogien finden

Anschließend machen Sie sich auf die Suche nach Dingen, die irgendwie ähnliche oder vergleichbare Eigenschaften, Merkmale, Funktionen, Formen, Aufgaben, Strukturen oder Problemlösungsstrategien haben. Welche Inhaber dieser Merkmale und Funktionen gibt es? Auch hier gilt wieder: Jedwede Art von Analogie ist in der Ideation hilfreich.

Beispiel Höhenverstellbarkeit: Fahrradsattel, Rapunzel, Autositz, Bügeltisch, Sonnenschirm, Obstpflücker an Teleskopstange, Leiter, Luftmatratze, Bürotisch, Klavierhocker, moderne ÖPNV-Linienbusse ...

## Wie macht die Analogie das?

Stellen Sie jetzt heraus, mit welchem besonderen Merkmal die Aufgabe im Analogon gelöst wird. Extrahieren Sie dessen Konzept. Was könnte man daraus lernen, übernehmen, kopieren? Bei der Luftmatratze ist die Höhe über das Luftvolumen in deren Kammern variabel einstellbar, beim Klavierhocker über eine Gewindespindel, beim Linienbus sorgt eine Hydraulik für barrierefreien Zustieg auch für Rollstuhlfahrer ...

## Lösung übertragen

Schließlich übertragen Sie eine oder mehrere analoge Lösungen auf die ursprüngliche Aufgabenstellung. Eine Schreibtischlampe mit pneumatischer Höhenverstellung steht in meiner Fantasie jedenfalls ganz oben auf der Wunschliste und die Leuchte mit der kleinen Spindel und elektrischem oder Handkurbel-Antrieb ist sicher auch ganz reizvoll an so manchem Arbeitsplatz.

Analogien und die Cross-Innovation-Methode sind ein effizientes Paar, vor allem, weil in der Variante mit den anwesenden Fachleuten aus anderen Disziplinen die Suche nach Analogien sehr einfach und schnell geht.

### Do it yourself: Metapher & Analogie

Welche Merkmale hat Ihr Produkt / Ihre Dienstleistung?

Welche typischen und welche untypischen sind das?

Was kann Ihr Produkt besonders gut?

Was kann Ihr Produkt nur schlecht oder eingeschränkt?

Was kann Ihr Produkt gar nicht?

Wo finden sich alternative Lösungsstrategien?

Wo und wie wird die Aufgabe ähnlich gelöst?

Denken Sie an Technik, Natur, Kunst, Design, Biologie, Physik, Gastronomie, Supermärkte.

Wie wird sie anderswo gelöst?

Übertragen Sie die Lösungswege auf Ihre Aufgabe.

## Neuer Gegner

Sie kennen Ihre Branche, den Markt, ihre Mitbewerber und deren Produkte. Kennen Sie auch andere Branchen, Märkte und Noch-nicht-Mitbewerber? Stellen Sie bei der Suche nach einem neuen Gegner Ihr Produkt oder Ihre Dienstleistung in ein ganz neues Umfeld. Das kann ein Marktumfeld, aber auch ein Verwendungsumfeld sein. Was vorher in einem industriellen Rahmen verankert war, funktioniert möglicherweise auch im häuslichen, privaten Bereich: Hochdruckreiniger. Wer im Sport erfolgreich ist, ist es möglicherweise auch in der Arbeitswelt: Sicherheitsschuhe von Puma, Nike oder Adidas. Und seit es Müsli in Riegelform gibt, haben Schokoriegelhersteller einen ernsthaften Konkurrenten, der auch noch mit dem – mittlerweile ungerechtfertigten – Gesundheits-Bonus des Müslis an den Start geht. Und die Schokoriegel-Hersteller gehen in die Offensive: Mit Frühstück-Cerealien im Look und Geschmack bekannter Süßigkeiten eroberten sie die Herzen der Naschkatzen im Sturm.

## Meine Güte

Um als neuer Gegner anzutreten, schauen Sie zunächst, was Ihr Ding besonders gut kann, wofür es gegebenenfalls bekannt ist und wo und wie es zum Einsatz kommt. Sind es bestimmte Eigenschaften oder Leistungen, ist es eine bekannte Marke? Ist es nur in einer bestimmten Branche, Gegend, Bevölkerungs- oder Berufsgruppe bekannt? Warum nur dort? Anschließend sehen Sie sich systematisch nach Bereichen um, in denen es grundsätzlich auch zur Verwendung kommen könnte. So wie es ist oder mit Modifikationen. Am Müsliriegel-Beispiel: Die lose, körnige Getreide-Obst-Mischung brauchte einen Kleber, um in Riegelform zu bleiben. Welche Modifikationen wären für Ihr Produkt oder Ihre Dienstleistung nötig, um in einem neuen Umfeld zu bestehen? Sind die Anpassungen von Ihnen umsetzbar? Holen Sie sich gegebenenfalls den Rat eines Experten aus Ihrer neuen Ziel-Branche. Denken Sie auch in Lizenz-Modellen, die Sie nutzen oder vergeben können – schließlich muss man nicht alles selbst machen.

## Marken

Sogenanntes Brand-Stretching überträgt die Werte einer bekannten Marke auf ein neues Produkt: Computer-Hersteller baut erst MP3-Player, dann Handys, jetzt auch smarte Armbanduhren, demnächst Autos – und die Konsumenten beklatschen das. Ich stelle mir gerade den Hersteller von Autopflege-Produkten vor, der seine Marke für eine Körperpflegeserie für echte Männer nutzt: Shampoo im schwarzen Metallic-Look von Felgenreiniger und Haarlack statt Cockpit-Spray. Und umgekehrt: Wann gibt es die erste Lederpflege-Serie von L'Oreal, Schwarzkopf oder Bull-Dog?

In welche Branchen oder Bereiche können Sie Ihr Produkt / Ihre Dienstleistung exportieren, aus welchen Branchen oder Bereichen können Sie Erfolgsprinzipien importieren?

Ein wesentlicher Erfolgsfaktor des »Neuen Gegners« ist die Mitnahme beziehungsweise Übertragung bereits bekannter, mit positiven Werten aufgeladener, erwünschter Eigenschaften auf das »neue« Produkt. Das können rein produkt- beziehungsweise markenspezifische Werte sein, aber auch generische, also allgemeine, wie »gesund« beim Müsliriegel.

### Do-it-youself: Neuer Gegner

Was kann Ihr Produkt / Ihre Dienstleistung / Ihr Ding besonders gut?

Wofür ist es bekannt?

In welcher Branche, Markt oder Szene ist es bekannt? Warum?

Warum nur dort?

Welche Personengruppen verwenden es? Welche nicht? Warum eigentlich nicht?

In welcher Branche etc. wird Ihr Produkt wofür verwendet?

In welcher Branche etc. ist Ihr Ding unbekannt? Warum?

Was könnte man dagegen unternehmen?

In welchem Umfeld, Branche, Zielgruppe könnte Ihr Ding auch noch eingesetzt werden?

Welche Modifikationen wären dafür nötig – kleine und große?

Können Sie diese Anpassungen selber umsetzen?

Können Sie eine Lizenz für einen anderen Anwendungsbereich erwerben oder anbieten?

Wenn Ihr Produkt bisher ausschließlich professionell, industriell genutzt wurde – wie würde das im privaten Hausgebrauch aussehen? Und umgekehrt?

Wie sieht Ihr Produkt in anderen Branchen aus? Sport, Körperpflege, Möbel, Bildung, Lebensmittel, Transport, Freizeit, Tourismus, Musik, Kunst, Maschinenbau, Lebensmittel, Mode …

Mit welchen Sieger-Attributen kann Ihr Produkt in anderen Bereichen an den Start gehen?

Welche in Ihrer Branche bislang unbekannten Dinge können Sie aus anderen Branchen »importieren«?

# Wirkung der Zeit

Wie hätte man vor 100 Jahren eine E-Mail geschrieben? Wie wird man es in 100 Jahren tun? Die Wirkung der Zeit ist eine fantastische und vor allem sehr plastische Möglichkeit, Ideen zu spinnen. Unsere Vorstellung von der Zukunft beinhaltet oft die Überwindung technischer oder physikalischer Grenzen und, wie bei Lichtgeschwindigkeits- und Zeitreisen, von derzeit geltenden – Naturgesetzen. Und genau da wollen wir mit unseren Ideen hin: jenseits des heute Denkbaren. Science-Fiction ist eine wertvolle Inspirationsquelle für Wissenschaftler. Welche der Technologien aus der Enterprise, mal abgesehen von Warp-Geschwindigkeit, gibt es heute immer noch nicht?

## Zukunft

Stellen Sie sich verschiedene Szenarien vor: 5, 10, 50, 100, 500 Jahre in der Zukunft. Positive wie negative, Utopien und Dystopien. Welche technologischen, physikalischen, gesellschaftlichen, politischen, gesundheitlichen, wirtschaftlichen ... Möglichkeiten und Bedingungen werden wir in jener Zukunft haben? Wie sieht Ihr Produkt oder Ihre Dienstleistung dann aus beziehungsweise gibt es sie noch und falls nein: Wodurch wurde es verdrängt oder ersetzt? Wie fühlt sich das Leben an, wenn erst jeder noch so kleine Gegenstand mit einer kleinen Energiequelle ausgestattet ist, um das Internet-of-Things möglich zu machen? Welche Erfindungen vereinfachen uns das Leben, welche würden wir gerne wieder rückgängig gemacht wissen? Worin besteht der Sinn einer exotischen Fernreise, wenn die Reisezeit überallhin stets auf nur wenige Minuten reduziert wäre oder Teleportation das übliche Verkehrsmittel wäre? Wer Spaß an Science-Fiction hat, kommt hier voll auf seine/ihre Kosten.

Machen Sie eine gedankliche Zeitreise und sammeln Sie Ideen und Inspirationen aus der Zukunft, in der so viel mehr möglich ist als heute.

## Vergangenheit

Auch ein schweifender Blick in die Vergangenheit liefert wertvolle Anregungen: Welches Problem löst Ihr Produkt und wie hätte es das vor 50, 100, 500 oder 4000 Jahren getan? Wie hätten die Menschen reagiert, hätte Ihre heutige Lösung damals zur Verfügung gestanden? Auf welche Werte, Fertigkeiten, Kenntnisse, Prozesse, Regeln, Rezepte, Kommunikationswege, Medien, Technologien, Wissen kann man zurückgreifen? Analog statt digital, Mechanik statt Elektronik, handwerkliche Meisterschaft statt günstiger Massenfertigung, 100% nutzen statt Wegwerfen, Reparieren statt Deponieren, weniger Zusatzstoffe statt haltbarer Industrienahrung, erzählten Geschichten zuhören statt Binge-Viewing, Wanderweg statt Autobahn, Brief statt Posting, Seuchen statt Intensivstation ... Suchen Sie nach vielleicht verschollenen oder in Vergessenheit geratenen Methoden, Technologien, Rezepten ... Gibt es etwas, was Menschen heute wieder begeistert, weil es lange genug untergetaucht war? Wie wurden Probleme früher gelöst, wie hätte man z.B. Farbkopien, Winterreifenwechsel, E-Mails, Mikrowellenessen, Streaming, Sonnenenergie ... vor 100 Jahren gemacht? Lassen Sie Ihrer Fantasie freien Lauf und halten Sie sich bitte keinesfalls an historisch korrekte Fakten: Was haben Social-Media-Manager vor 200 Jahren eigentlich den ganzen Tag gemacht und mit welchem Routenplaner hat James Cook seine Reisen geplant?

## Do it yourself: Wirkung der Zeit

Wie sieht die Welt in 5, 10, 50, 100 und 1000 Jahren aus?

Gibt es Ihr Produkt noch?

Und wenn ja: Wie sieht es dann aus?

Falls nicht: Wodurch wurde es ersetzt beziehungsweise verdrängt?

Von welchem technologischen Sprung würde Ihr Produkt am meisten profitieren?

Welche ökologischen, ökonomischen, sozialen, politischen, medizinischen Entwicklungen würden die Verwendung Ihres Produkts beeinflussen?

Welche Entwicklungen oder Erfindungen würden es überflüssig machen?

Wie hätte man exakt das Problem, das Ihr Produkt heute löst, vor 10, 50, 100 oder 500 Jahren gelöst?

Welche Teile Ihres Produkts lassen sich durch historische ersetzen?

Wodurch könnte Ihr Produkt besonders langlebig werden?

Was könnte dafür sorgen, dass Ihr Produkt einen kurzen Lebenszyklus hat?

## Effekt der Zeit

Eine dritte Dimension ist die direkte Wirkung der Zeit auf Ihr Produkt oder Ihre Dienstleistung sowie die Entwicklung dessen Umfelds.

Kein Produkt ist allein auf der Welt – wann müssen Sie Ihres überarbeiten, auf den neuesten Stand bringen, updaten, wie lange hält es, gibt es eine Obsoleszenz, also ist es auf nur eine bestimmte Lebensdauer angelegt, befindet es sich in einem bestimmten, sehr schnellen Wandel unterworfenen Marktumfeld, wie sind die üblichen Entwicklungszyklen, gibt es Materialermüdungen, Ersatzteile? Was können Sie daran ändern? Wie können Sie Ihr Produkt langlebiger beziehungsweise kurzlebiger machen?

Schauen Sie auf faktische, übertragene, demografische, wahrgenommene, modische, saisonale Alterung: Wann wird Ihr Produkt brüchig, porös, unwirksam, uninteressant, technisch oder von neueren Trends überholt und wann wird es wieder in sein, weil Retro? Wie können Sie diese Effekte aufhalten, neutralisieren, ihnen entgegenwirken, mit ihnen mitlaufen, sie aktiv anwenden oder sogar forcieren?

## Anti-Physik

Mit Anti-Physik setzen wir sämtliche physikalischen Gesetze außer Kraft. Wir denken alles, was eben sonst nicht möglich ist: Atmen im luftleeren Raum, freies Schweben, die Zeit rückwärtslaufen lassen, etwas mit Traktor-Strahlen anziehen, Materie-Übertragung durch Zeit und Raum, endlose Energiereserven, durch eine Wand gehen, kopfüber an der Decke wandern, Schatten-Strahlen, Dinge schwerelos machen ...

Der Physiker Michio Kaku definierte drei Grade des physikalisch Unmöglichen: 1. Dinge, die nur scheinbar die bekannten physikalischen Gesetze verletzen, also letztlich ein Ingenieursproblem sind. 2. Dinge, die heute unmöglich sind, aber in ein paar Jahrhunderten vielleicht möglich sein könnten, wie Zeitreisen und 3. Dinge, die die fundamentalen Gesetze der Physik verletzen, aber vielleicht in einem Paralleluniversum möglich wären.

Glücklicherweise kann uns das egal sein und wir springen sofort in das Paralleluniversum: Wir fantasieren zusammen, was gut und nützlich scheint – ganz gleich, welche physikalischen Gesetze dabei im Weg stehen. Denn es geht nur darum, hilfreiche Inspirationen und Ideen zu gewinnen. Und da ist so ein Physik-Reality-Check ein ziemlicher Klotz am Bein. Benutzen Sie die entwickelten Impulse, um einen Sprung zu machen: Geben Sie Ihrem Produkt einen kräftigen Schub in eine ganz neue Richtung – das ist vielleicht disruptiv. Oder nur einen Schritt nach vorn: Wie können Sie die Idee in die Tat umsetzen, welche technischen Möglichkeiten haben Sie, an welchen Stellschrauben müssen Sie drehen, wie müssen Sie Ihr Produkt modifizieren? – Das ist inkrementell.

Also: Stellen Sie sich Dinge vor, die nicht möglich sind, die all Ihren Erfahrungen und Ihrem Wissen widersprechen, die spannende Gedankenexperimente versprechen.

Dinge, die leichter werden, je mehr man davon hat, kürzer, je stärker man an ihnen zieht, schneller gehen, je länger man dafür braucht, Farbe, die unsichtbar macht, Hoverboards, ein Anti-Gravitations-Device, das Dinge leichter macht, die Zeit nur halb so schnell laufen lassen, WLAN-Kabel, Strom aus Körperwärme, Hüpfburgen, die einen 100 Meter in die Luft katapultieren, ein elastisches Smartphone, selbstmähender Rasen, ein 3D-Drucker, der faktisch alles drucken kann, z.B. auch Haustiere oder Pizza ...

Erst bei der Ideenbewertung entscheiden Sie, was nur eine vielversprechende Inspiration war und welchen Aspekt Sie davon in eine Realität umsetzen können. Nutzen Sie die Prinzipien hinter den hier gewonnenen Ideen: Wenn man die Zeit schon nicht rückwärtslaufen lassen kann, wie können Sie dennoch Prozesse oder Abläufe umkehren? Wenn man etwas nicht unendlich groß skalieren kann, kann man dann das Gegenstück nicht sehr, sehr klein gestalten? Finden Sie Auswege, keine Ausreden.

## Do it yourself: Anti-Physik

Durch welche physikalischen Gesetze wird Ihr Produkt limitiert?

Was bräuchte man, um das zu umgehen? Gibt es etwas Ähnliches?

Wie wäre es, wenn Sie die Zeit rückwärtslaufen lassen könnten?

Wie wäre es, wenn Sie Schwerelosigkeit erzeugen könnten?

Was ist so gut wie schwerelos – was käme dem nahe?

Wie wäre es, wenn ein von Ihnen benötigtes Verbrauchsgut sich nicht verbrauchen würde?

In welcher Hinsicht könnte Ihr Produkt Lichtgeschwindigkeit gebrauchen?

Stellen Sie sich Ihr Produkt unendlich klein vor.

Stellen Sie sich Ihr Produkt materielos vor.

Welche Vorteile bietet es, wenn Ihr Produkt unsichtbar ist?

Wie wäre es, wenn sich Ihr Produkt jeder Umgebung vollkommen anpassen könnte?

Was würden Sie mit einem 3D-Drucker herstellen, der alles erzeugen kann?

Wenn Energie aus der Luft gewonnen werden könnte, was hätte das für Auswirkungen auf Ihr Produkt?

# Attribute Dependency

Alle Dinge stehen mit irgendwelchen anderen in einer Beziehung – Autoreifen mit dem Boden, Zeiger mit dem Ziffernblatt, Knospe und Stamm, Treibstoff und Motor, Teppichboden mit Schuhen, Socken oder Füßen … Sie haben ein Verhältnis zueinander: Sei es, dass sie sich berühren, gegenseitig abnutzen, abfärben, oben beziehungsweise unten sind, Ursache und Wirkung darstellen, eines fest und das andere beweglich ist, eines fix und das andere variabel ist, eine bestimmte Entfernung voneinander haben, materiell und immateriell sind, teuer und billig, das eine das andere bedingt …

Beim Verhältnis-Ändern stellen Sie Komponenten in eine alternative Beziehung zueinander, drehen sie um, schaffen eine ganz neue oder entkoppeln beziehungsweise beseitigen sie.

Beispiel Restaurant: Üblicherweise bezahlt man lediglich für die Speisen, die man gegessen und getrunken hat, die jeweils individuelle Summe – beim All-you-can-Eat zahlen Sie einen festen Betrag und essen, so viel Sie mögen oder können. Auf dem Jahrmarkt zahlen Sie für jedes Fahrgeschäft einzeln, im Freizeitpark einen festen Eintrittspreis für alle Achterbahnen, Karussells etc. Alle Flatrate-Angebote sind umgekehrte verbrauchsabhängige Vergütungsmodelle, sei es in Telefonie, Energieversorgung, All-you-can-Eat oder Flatrate-Saufen. Und als Alternative zur klassischen Rechnung gibt's das Prepaid-Modell, das wie ein Gutschein funktioniert. Und während ganz früher mal der Tankwart mit einem schmuddeligen Lappen ums Auto herumging, läuft heute das Auto unter den wabernden Lappen hindurch.

Laufbänder verändern das Verhältnis von Laufen und Fortbewegung, Wohnwagen das von Ferienhaus und Ort, Fast Food das Verhältnis von Zeitaufwand und dem Wissen um gesunde Ernährung. Die komplexesten Preis-Leistungs-Verhältnisse gibt es wahrscheinlich im Flugtourismus: Zwischen early-bird und last-minute ist es teurer, je mehr Personen sich für einen bestimmten Flug interessieren, desto teurer wird das einzelne Ticket, es wird pro Person abgerechnet, unabhängig, wie schwer diese ist, bei den mitgeführten Gepäckstücken spielt deren Gewicht aber sehr wohl eine Rolle – neben dem Volumen. Bei Air Samoa kann man sich mit geringem Körpergewicht und leichtem Gepäck Bonus-Kilos für künftige Flüge erhungern.

Zerlegen Sie zunächst Ihr Produkt und das Umfeld und identifizieren Sie Verhältnis-Komponenten.

Berühren sie sich, wie hängen sie voneinander ab, was kommt zuerst, was danach, wer hat den größten Nutzen, wer den geringsten, sind sie direkt oder indirekt, kausal oder zufällig miteinander verbunden, gilt je mehr desto weniger, lässt sich das Verhältnis quantitativ oder gar mathematisch exakt ausdrücken?

Probieren Sie zunächst im Kopfkino, diese Verhältnisse zu verändern, zu ersetzen, zu kombinieren, umzukehren, wegzulassen oder umzuwidmen. Welche neuen Modelle lassen sich so generieren?

## Do it yourself: Attribute Dependency

Welche Verhältnisse hat Ihr Produkt zu seinem Umfeld?

In welchem Verhältnis steht es zu den Verwendern?

Welche qualitativen Verknüpfungen gibt es?

Welche quantitativen Verhältnisse?

Welche Einheiten gibt es?

Durch welche Äquivalente könnten sie noch ausgedrückt werden? Stück, Länge, Fläche, Volumen, Gewicht, Kraft, Leistung, Zeit?

Wodurch kann man es ersetzen?

Welche Staffelungen oder Obergrenzen gibt es?

Lässt sich das Verhältnis umkehren?

Was wird als statisch angesehen, was als variabel – können die Rollen getauscht werden?

Was wird vom Benutzer vorausgesetzt – was nicht?

# Dinge anders

Dinge einfach mal anders ... machen, benutzen, anordnen, fühlen, riechen, schmecken, schreiben, aussprechen, hören, sehen, werfen, streicheln, feiern, zerstoßen, denken ... ist eine inspirierende Entdeckungsreise: Sie führt Sie systematisch zu alternativen und neuen Sichtweisen, Aktivitäten, Bezügen, Umfeldern, Sinneseindrücken, Themen, Materialien, Formen, Prozessen, Verwendungen ...

Skizzieren Sie sich z.B. eine Mindmap mit »#Hier-Ihr-Produktname anders ...« in der Mitte und umzingeln Sie ihn mit 5 bis 8 der oben genannten Verben oder weiteren, die ihnen spontan einfallen:

Spiegeln, verteilen, abrunden, anmalen, einpacken, schieben, aufstellen, drücken, anschließen, versorgen, schichten, verstecken, schützen, reinigen, trinken, verabschieden, begrüßen, färben, mahlen, aufhängen, kleben, schrauben, tragen, ziehen, legen, heben, schneiden, graben, sägen, biegen, heften, stapeln, kühlen, verflüssigen, lagern, formen ...

Gehen Sie die Mindmap oder Liste anschließend Punkt für Punkt durch und erfinden Sie zu jedem Eintrag möglichst viele Lösungen in Bezug zu Ihrem Produkt oder Ihrer Dienstleistung. Bleiben Sie hartnäckig am Ball, auch wenn die Verbindungen zunächst absurd oder bizarr scheinen mögen.

Nehmen wir zum Beispiel »Bonbon« als Ausgangspunkt und »sehen« als Verb – daraus wird »Bonbon anders sehen« und wir stellen uns linierte, karierte, hohle, figürlich geformte, planetoide, UV- oder Infrarot-aktive Süßigkeiten vor – Lutscher in Form eines Augapfels gibt es ja schon. Aus »Bonbon anders schreiben« entsteht vielleicht Ponpon, Bånbån, Bønbøn, Bambam oder mit einem B, das drei statt der zwei Bäuche hat. Was denken Sie, entsteht aus »Bonbon anders schrauben« oder »Bonbon anders tragen« – eine Bastel-Süßigkeit aus mehreren Geschmacksrichtungen beziehungsweise Schmuck?

## Do it yourself: Dinge anders ...

Machen Sie sich eine lange Liste von Verben.

Welche Aktivitäten gibt es in Verbindung mit Ihrem Ding nicht?

Denken Sie auch an solche, die in Ihrer Branche oder Ihrem Metier völlig fremd sind.

Suchen Sie nach Aktivitäten oder Prozessen in der Elektrotechnik, Küche, Holzwerkstatt, Labor, Sport, Mode, Handel, Kunst, Maschinenbau, IT.

Verwenden Sie auch Verben, deren Bedeutung Sie nur vage oder gar nicht kennen.

Stellen Sie sich verschiedene Gruppen von Verben zusammen: konstruktive, künstlerische, verbindende, verarbeitende, zerstörende, dekorative ...

Beziehen Sie alle Sinne ein: Fühlen, Riechen, Schmecken, Hören, Sehen

Worüber haben Sie in Bezug auf Ihr Ding noch nie nachgedacht?

Lassen Sie Ihren Blick schweifen: Welche Aktivitäten sind mit den Sie umgebenden Gegenständen verbunden?

Wie würde sich das auf Ihr Produkt auswirken?

Begeben Sie sich dazu gegebenenfalls an einen für Sie neuen Ort.

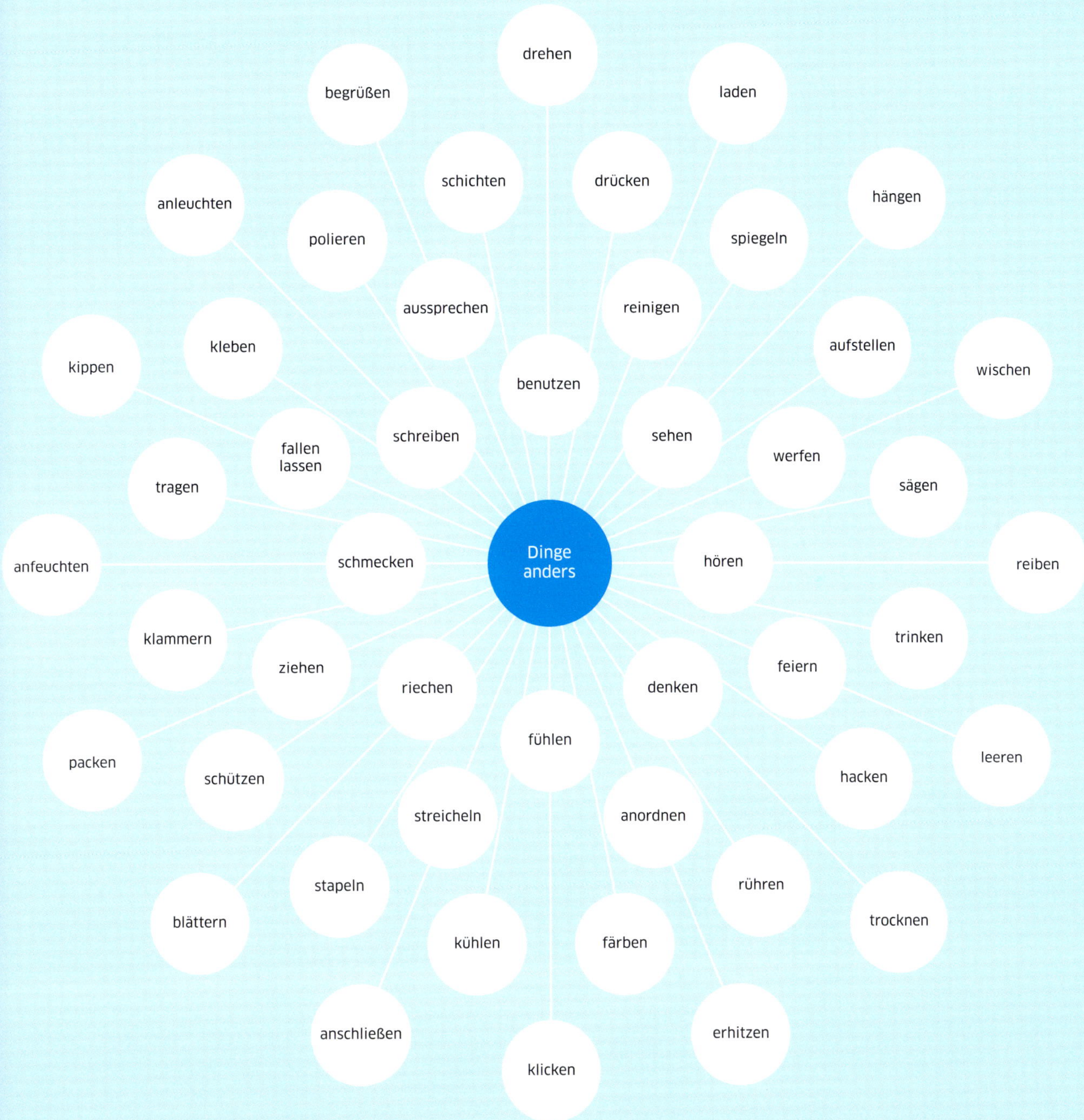
Dinge anders
drehen
begrüßen
laden
schichten
drücken
anleuchten
hängen
polieren
spiegeln
aussprechen
reinigen
kippen
kleben
aufstellen
wischen
benutzen
schreiben
sehen
fallen lassen
werfen
tragen
sägen
anfeuchten
schmecken
hören
reiben
klammern
trinken
ziehen
feiern
riechen
denken
packen
fühlen
leeren
schützen
hacken
streicheln
anordnen
stapeln
rühren
blättern
trocknen
kühlen
färben
anschließen
erhitzen
klicken

# KREATIVMETHODEN

Jeder kennt Kreativmethoden, hat von ihnen gehört oder sie bereits ausprobiert. Brainstorming zum Beispiel ist so eine – kennt jeder, weiß jeder, macht jeder. Meist jedoch mit suboptimalem Erfolg und so gut wie immer ganz ohne Spielregeln. Regeln?, fragen Sie sich, was suchen Regeln in einem Spiel ohne Regeln? Nicht ganz richtig, denn wer systematisch neue Ideen entwickeln will, sollte die Systematik kennen – und die hat tatsächlich ein paar sinnvolle Spielregeln.

Kreativmethoden sind Praxisanleitungen, die bei Organisation und Ablauf der Ideenfindung sehr hilfreich sind. Mit ihnen allein kann man schon deutlich produktiver und effizienter kreativ sein. Doch obwohl sie uns strukturiert über unglaublich viele Aspekte unserer Arbeit und unsere Aufgaben nachdenken lassen und systematisch extrem weit herumführen können, ändern sie doch wenig an der Art, **wie** wir über die Dinge denken und nachdenken. Hier kommen jedoch gleich die Kreativtechniken ins Spiel.

Es gibt Kreativmethoden, die besonders gut für eine, zwei, mehrere Personen oder auch Gruppen geeignet sind. Welche, die wenig, mittel oder viel Zeit beanspruchen, mit geringem oder hohem Vorbereitungsaufwand verbunden sind. Welche, für die man Hilfsmittel und Material benötigt, und solche, für die man einfach nur seinen Kopf mitbringen muss. Also: Für jeden Typ und jede Situation ist etwas dabei.

Alle vorgestellten Methoden haben jeweils einen kleinen Steckbrief, der die geeignete Teilnehmerzahl, den Vorbereitungsaufwand, benötigte Materialien und den Zeitbedarf auf einen Blick zusammenfasst.

Um herauszufinden, welche Methoden gut zu Ihrem eigenen Arbeitsstil, zu Ihrem Team, in die Arbeitsprozesse des Unternehmens oder zu bestimmten Fragestellungen passen, sollten Sie alle einmal ausprobiert haben, wozu ich ausdrücklich auffordere.

## Brainwriting

Brainwriting funktioniert im Prinzip wie Brainstorming: Die Ideen der anderen werden als Inspiration genutzt – allerdings wird geschrieben statt gesprochen.

Das hat diverse Vorteile: Die Gruppe kann größer sein, weil es kein Gedränge bei den Wortmeldungen gibt. Zudem müssen zum Beispiel zurückhaltende oder introvertierte Teilnehmer nicht auf eine Redepause warten, die lang genug ist, sie aus der Reserve zu locken. Und langsamere Teilnehmer haben genau die Zeit, die sie brauchen, eine Inspiration wirken zu lassen, darüber nachzudenken und schließlich einen eigenen Gedanken daraus zu generieren und zu formulieren.

Außerdem werden alle Äußerungen direkt schriftlich erfasst, was eine gesonderte Protokollierung erübrigt – sofern leserlich geschrieben wurde. Und: Brainwriting lässt sich auch ausgezeichnet mit verteilten Teams realisieren. Digitale Kollaborations-Tools wie Mural, Miro, Hoylu und sogar Office-Software bieten entsprechende Möglichkeiten. Ansonsten gelten dieselben Spielregeln wie beim Brainstorming.

Die Pool-Methode hat sich gegenüber anderen Brainwriting-Varianten als effizientere Methode klar herauskristallisiert, weshalb nur sie hier vorgestellt wird.

### Brainwriting Pool

Die Teilnehmer sitzen am Tisch, auf dessen Mitte ein großer Vorrat weißen Papiers liegt. Nach Briefing und Aufgabenstellung geht's los: Jeder Teilnehmer schreibt jede einzelne seiner Inspirationen und Ideen stichwortartig oder gegebenenfalls mit kleiner Skizze auf ein eigenes Blatt. Das wird hinten noch mit den Initialen oder einem kleinen Zeichen beschriftet und anschließend in die Mitte des Tisches – den Pool – gelegt. Nächstes Blatt, nächste Idee, Initialen auf die Rückseite, in den Pool und so weiter.

Die ersten zehn Minuten vergehen meist mit geschäftigem Schreiben, aber dann beginnen die ersten Blicke zu wandern – das ist der richtige Zeitpunkt zur Eröffnung des Pools. Denn wem gerade nichts mehr einfällt, nimmt sich eine Idee aus dem Pool, ergänzt diese oder lässt sich davon zu einer eigenen neuen Idee inspirieren, die natürlich auf einem separaten Blatt notiert wird. Dann wieder Initialen hinten draufschreiben – damit man weiß, welche man schon hatte – und einen neuen Ideenzettel ziehen.

Der größte Nutzen des Brainwriting-Pools ist die gegenseitige Inspiration. In jeder Notiz jedes einzelnen Teilnehmers steckt Potenzial, um in den Köpfen der Anderen neue, abwegigere, verrücktere, übertriebenere Gedanken und Ideen auszulösen.

Beim Brainwriting-Pool vergeht die Zeit wie im Flug, also den Timer nicht vergessen (oder gerade doch?).

In der digitalen Variante beschreiben Sie, je nach Tool, Textkärtchen und platzieren Sie mit großem Abstand voneinander auf dem virtuellen Whiteboard. Jeder Teilnehmende ergänzt seine Idee und positioniert sie direkt darunter.

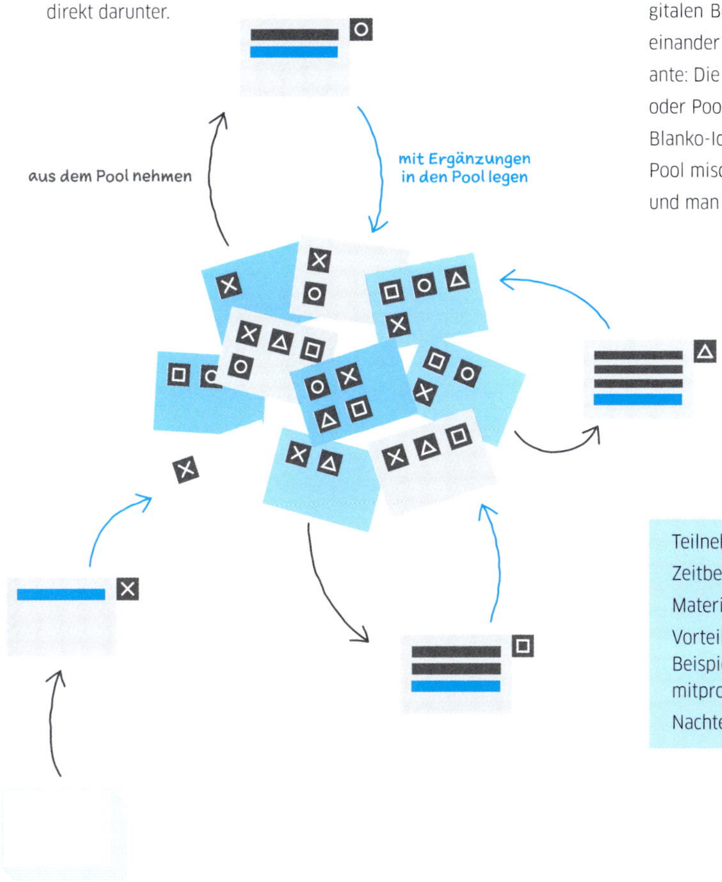


## Pro, Contra, Tipps

### Vorteile

Jeder kann sich mit seinem eigenen Kreativtempo beteiligen und fühlt sich daher weder unter- noch überfordert und häufig kommt man in einen richtigen Flow-Zustand.

### Nachteile

Durch die individuelle Zeiteinteilung kann die gewollt intensive, schöpferisch fruchtbare Auseinandersetzung mit einer einzelnen Idee entfallen, wenn Sie nicht lang genug dranbleiben.

### Praktische Hinweise

Bei größeren Gruppen und/oder mehreren Tischen beziehungsweise digitalen Boards kann man auch mehrere Ideenpools anlegen und untereinander mischen – abwechslungsreicher ist die »Bees & Flower«-Variante: Die Teilnehmer wechseln selbstständig zwischen den Tischen und/oder Pools.

Blanko-Ideenzettel liegen in einem Karton, damit sie sich nicht mit dem Pool mischen. Ich benutze hier gern das A5-Format, weil es handlich ist und man sich kürzerfasst.

Teilnehmerzahl: 2 bis 12

Zeitbedarf: 20 bis 60 Minuten

Material: Papier und Schreibmaterial, Timer

Vorteil: Geringer Aufwand, größere Gruppen möglich (zum Beispiel mit weiteren Stakeholdern), Ergebnisse werden direkt mitprotokolliert

Nachteil: Schreiben dauert länger als Sprechen

# Morphologische Matrix

Die morphologische Matrix, auch morphologischer Kasten oder Zwicky-Box genannt, wurde bereits in den 50er Jahren von dem Schweizer Physiker Fritz Zwicky für die Lösung vor allem technisch-naturwissenschaftlicher Probleme entwickelt. Und so systematisch, wie das klingt, ist es tatsächlich auch. Aber keine Sorge, denn eigentlich ist die Matrix nur eine ziemlich breite Tabelle.

Das Potenzial der morphologischen Matrix lebt entscheidend von der Vorarbeit: Zerlegen Sie Ihr Problem in einzelne Elemente. Je genauer man beim Zerlegen in Parameter hingesehen, nachgedacht und differenziert hat, desto größer ist später der kreative Output.

## Zuerst: Zerlegen

Das Problem, das Objekt, das Thema oder die Aufgabe wird zunächst komplett in seine Grundbestandteile oder Elemente zerlegt. Dabei sind alle Arten der Dekonstruktion möglich: strukturelle, funktionale, zeitliche, inhaltliche, örtliche, hierarchische, taxonomische, visuelle, technische, formale, sprachliche … Schon beim Zerlegen unter verschiedenen Gesichtspunkten poppen erste Ideen auf und man kann Klassifizierungen, die man unbewusst immer wieder gleich vornimmt, frisch überdenken und künftig aus Alternativen schöpfen.

Sie können allgemein bleiben oder einen Schwerpunkt setzen und so einen ganz speziellen Bereich gesondert unter die Lupe nehmen. Denn je nach Aufgabe, Vorhaben und Anspruch gibt es nahezu unbegrenzt viele spezielle Parameter und Elemente. Als Spezialist kann man natürlich auch nur einen einzelnen Schwerpunkt setzen und sich ausschließlich um die kreative Entwicklung eines ganz bestimmten Teilaspekts seiner Arbeit kümmern: Effizienz, Geschichte, Nachhaltigkeit, Homogenität, Wirkungsschwerpunkt, Wirkungsort, Materialien, Funktionsprinzipien, Unterhaltungswert … Sie bestimmen den Fokus.

Egal, in welchem Bereich Sie etwas Neues oder Außergewöhnliches suchen – sorgfältige Recherche hilft, einen Überblick zu bekommen. Sehr hilfreich ist bei diesem Schritt übrigens eine Mindmap. Am Beispiel eines Stuhls wird das deutlicher: Es gibt generelles und partielles Material, eine variable Anzahl von Beinen und Lehnen, die Eignung für eine bestimmte Personenanzahl, Form der Sitzfläche und so fort.

Mit zehn Teilaspekten zu beginnen, ist schon eine ordentliche Aufgabe – zum Anfangen und Üben reichen aber auch schon fünf. Die aufgedröselten Elemente schreibt man untereinander in die erste Spalte einer richtig breiten Tabelle. Die kann auf Papier, aber auch mit einer Tabellenkalkulation erstellt sein.

## Zweiter Schritt: Einzellösungen finden

Im zweiten Schritt findet man für jeden Parameter möglichst viele unterschiedliche Einzellösungen. Jede wird separat in jeweils ein einzelnes Tabellenkästchen geschrieben. Papier hat den Nachteil, dass das Blatt irgendwann endet – die Ideen aber noch nicht. Legen Sie die Tabelle daher auf maximale Breite an, zum Beispiel mit quer beschriebenem Flipchart-Papier oder in Form einer Excel-Tabelle mit unendlich vielen Spalten.

Die systematische Tabellenstruktur hilft Ihnen, nichts zu übersehen. Haben Sie etwas bewusst ausgelassen? Warum? Wenn es nicht ganz passen wollte, ergänzen Sie dies gegebenenfalls in einer zusätzlichen neuen Zeile als Parameter oder stellen Sie dafür sogar eine eigene Matrix auf.

Hören Sie nicht bei 10 Einzellösungen auf, mindestens 20 sollten es schon sein, wenn am Ende interessante, wirklich neue Ideen stehen sollen. Notieren Sie so viele Einzellösungen wie möglich und dann immer noch ein paar mehr und dann noch ein paar absurde beziehungsweise absurd scheinende und dann die bizarren und schließlich die unmöglichen.

Diesen zweiten Schritt wiederholt man anschließend für jeden Parameter, in jeder Zeile, den man sich im ersten Schritt herausgearbeitet hatte. Für das Stuhl-Beispiel könnten Sie die Anzahl der Beine von 0 bis 1000 variieren. Klingt absurd? Genau dort wollen wir hin.

## Dritter Schritt: Ideen ernten

Irgendwann ist die Matrix satt und gut gefüllt. Dann stellt man aus den Einzellösungen der Parameter wieder ein Gesamtkonzept zusammen. Dabei gehen Sie die Tabelle von oben nach unten durch und kombinieren verschiedene Einzeleinträge miteinander.

Wichtig: Kopfkino aktivieren, Möglichkeitsdenken einschalten – denn auch hier gilt: Je weiter die Einzellösungen auseinanderliegen – vor allem vom ursprünglichen Objekt – desto spannender wird die neue Zusammenstellung. Unser Stuhl-Beispiel: eine dreieckige Sitzfläche aus Beton mit 21 Beinen. Diese Roh-Idee mag zunächst merkwürdig klingen, ist aber auf jeden Fall interessant.

| **Parameter ↓** | **Einzellösungen →** | | | | | | |
|---|---|---|---|---|---|---|---|
| für x Personen | keine | ½ | 1 | 2 | 3 | 4 | ... |
| Material allg. | Holz | rohes Holz | Stahl | Gummi | Beton | Pappe | ... |
| Form Sitzfläche | rund | Quadrat | Dreieck | abgerundet | trapezoid | Polyeder | ... |
| Bequemlichkeit | abweisend | mittel | anschmiegsam | extrem | flauschig | Gel | ... |
| Beine Anzahl | 0 | 1 | 2 | 3 | ... | 7 | ... |
| Beine Material | Holz | rohes Holz | Stahl | Gummi | Beton | Pappe | ... |
| Beine Höhe | 0 cm | 10 cm | 40 cm | 60 cm | 1 m | 2 m | ... |
| Lehnen Anzahl | 0 | ½ | 1 | 2 | 3 | 4 | ... |
| Lehnen Höhe | 0 cm | 10 cm | 40 cm | 60 cm | 1 m | 2 m | ... |
| Stabilität | geleeartig | wackelig | elastisch | normal | überdimensioniert | extrem | ... |

## Booster

Mit zwei ganz einfachen Mitteln kann man das Potenzial der morphologischen Matrix wesentlich erweitern: erstens, indem man einfach immer weitere Einzellösungen in der Horizontalen hinzudichtet, und zweitens neue Parameter in der Vertikalen hinzufügt, die mit dem ursprünglichen Projekt (noch) nichts zu tun haben müssen.

**Horizontal**

Der Trick ist: einfach nicht aufhören, neue Einzellösungen dazuzuschreiben. Wenn man erst mal im kreativen Flow ist, fallen einem auch abwegige, unrealistische, tabubrechende und verrückte Lösungen ein – aber auf die haben wir es ja gerade abgesehen.

Interessant sind hier auch stets Zahlen: Was bewirkt eins mehr beziehungsweise weniger als »normal« üblich – ein Stuhl mit 3 oder 5 Beinen? Besonders aber die Grenzwerte null und unendlich führen dazu, völlig anders über die Kreativaufgabe nachzudenken. Ein Stuhl mit keinen oder wimmelvielen Beinen – was soll das, wie geht das, wer braucht das, wofür ist das, wie macht man das? Diese Fragen sind wertvoll, weil sie Sie sofort abseits der üblichen Denkmuster lotsen.

Serien, Zyklen, Gruppen: Der rote Faden ergibt sich, wenn man verschiedene Einzellösungen einer Zeile zu einer Gruppe verbindet: Stühle, die sich Beine teilen, Stühle, die mit unterschiedlich vielen Beinen ausgestattet werden können, austauschbare Elemente, Serien und Alternativen.

Man sieht: Die Vielfalt ist riesengroß und jede hineingeschriebene Inspiration ist Ausgangspunkt einer neuen Geschichte.

| **Parameter ↓** | **Einzellösungen →** | | **Booster →** | einfach immer weitere Lösungen (er)finden | | | |
|---|---|---|---|---|---|---|---|
| für x Personen | keine | ... | 2x2 | Paare | II | 25 | ... |
| Material allg. | Holz | ... | Filz | Haut-artig | Glas | Ziegelstein | ... |
| Form Sitzfläche | rund | ... | Po-förmig | Landschafts-oberfläche | Stern | Donut | ... |
| Bequemlichkeit | abweisend | ... | unmöglich zu sitzen | versinkend | immer schräg | darin hängend | ... |

**Vertikal: Neue Parameter erfinden**

Um noch mehr aus der morphologischen Matrix herauszuholen, kann man sie aufbohren. Dazu fügt man am Ende einfach ein paar Parameter hinzu, die es üblicherweise in Ihrem jeweiligen Projekt nicht gibt oder darin scheinbar keine Rolle spielen: Lautstärke: ein Regler am Stuhl, der das Knarzen beim Kippeln reguliert, Energiequelle: Hat/ist der Stuhl eine Energiequelle und wenn ja, wofür? Outdoor: sofern es sich nicht um einen geplanten Campingstuhl handelt – welchen Bezug hat er zur Draußenwelt? Hier berühren sich Synektik und morphologische Matrix.

Ein weiterer Trick besteht darin, Oberbegriffe anstelle von konkreten Parametern zu nutzen. Also anstelle von »Akku« »Stromquelle« oder »Energiequelle« zu schreiben. Denn bei Akku denkt man natürlich nur an Stromspeicher – Energiequelle kann auch ein mechanischer Federaufzug, Feuer, Windenergie oder Erdwärme sein.

Teilnehmerzahl: 1 bis 10

Zeitbedarf: 45 bis 90 Minuten

Material: Stifte, großes Blatt Papier oder Tabellenkalkulation

Vorteil: kann man allein machen, die Basis-Matrix zu einem bestimmten Thema kann man immer wieder verwenden

Nachteil: etwas mehr Vorbereitungszeit

| **Parameter ↓** | **Einzellösungen →** | | | | |
|---|---|---|---|---|---|
| für x Personen | keine | ½ | 1 | 2 | ... |
| Material allg. | Holz | rohes Holz | Stahl | ... | ... |
| **Booster ↓** neue, unerwartete, unübliche Parameter einführen | | | | | |
| Kompatibilität | Natur | LEGO | iOS | Indoor Outdoor | ... |
| Multimedia | USB | Dolby | Bluetooth | Halterung | ... |
| Antrieb | Treten | Elektro | Raupe | Segel | ... |
| Upcycling aus | Autositz | Gartenstuhl | Koffer | Einkaufswagen | ... |
| ... | ... | ... | ... | ... | ... |

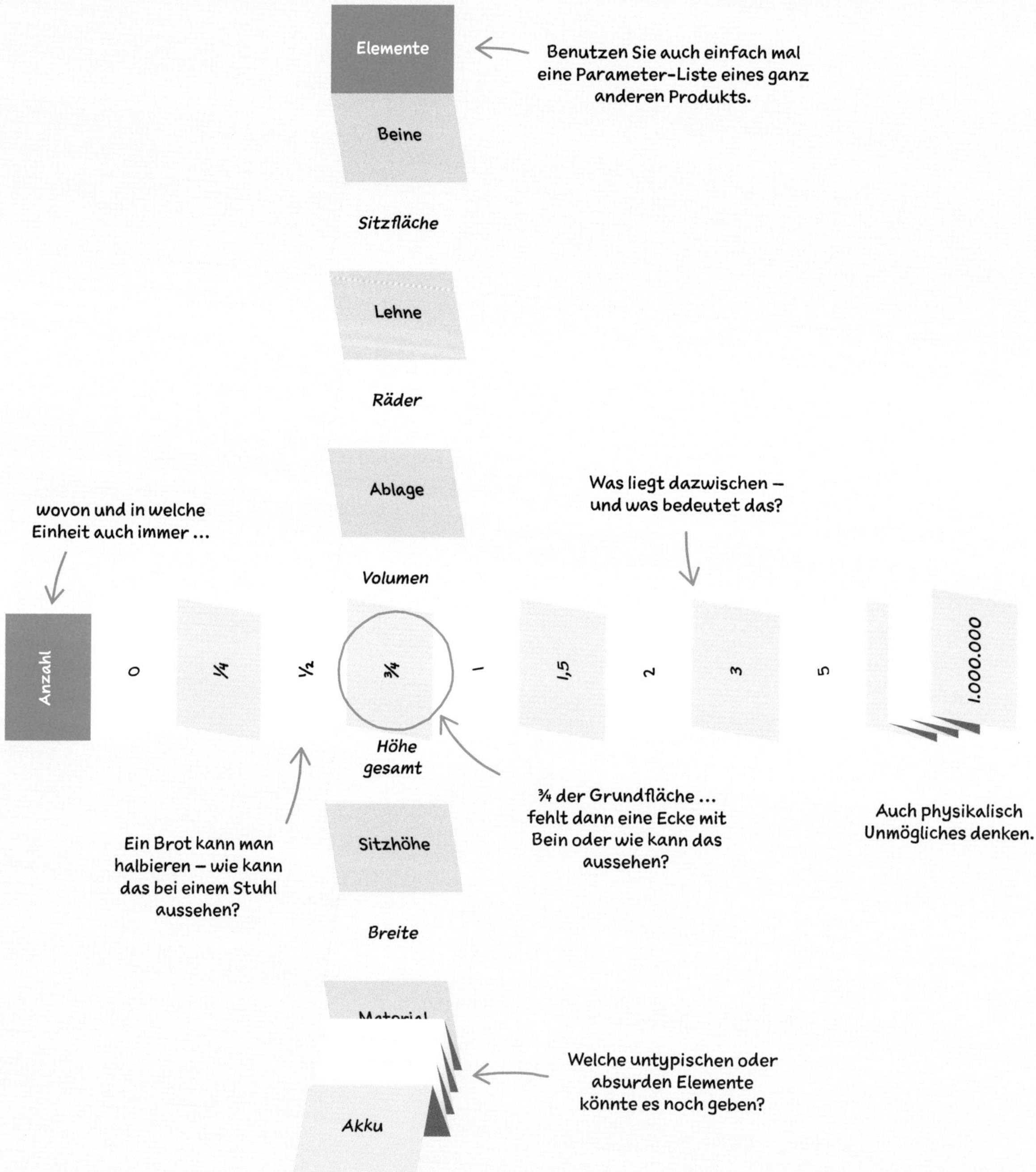
Elemente
Benutzen Sie auch einfach mal eine Parameter-Liste eines ganz anderen Produkts.
Beine
Sitzfläche
Lehne
Räder
Ablage
Volumen
Höhe gesamt
Sitzhöhe
Breite
Akku
Welche untypischen oder absurden Elemente könnte es noch geben?
wovon und in welche Einheit auch immer …
Anzahl
0
¼
½
¾
1
1,5
2
3
5
1.000.000
Was liegt dazwischen – und was bedeutet das?
Ein Brot kann man halbieren – wie kann das bei einem Stuhl aussehen?
¾ der Grundfläche … fehlt dann eine Ecke mit Bein oder wie kann das aussehen?
Auch physikalisch Unmögliches denken.

# Parameter-Kreuz

Das Parameter-Kreuz ist der kleine Bruder der morphologischen Matrix. Man kann es zur Ideenentwicklung nutzen, aber auch spontan als Kreativ-Snack, wenn man noch schnell alternative Ideen braucht. Der kreative Trick liegt auch hier wieder in der systematischen Anregung des Kopfkinos.

Ähnlich der morphologischen Matrix zerlegen Sie Ihr Projekt, Objekt, Problem wieder in einzelne Elemente. Im Parameter-Kreuz suchen Sie sich aber nur zwei heraus, die Sie anschließend miteinander rekombinieren.

Jeder der beiden Parameter wird genauso wie bei der morphologischen Matrix ausgearbeitet und in Einzellösungen zerlegt. Die werden anschließend geordnet: von klein zu groß, von einfach zu aufwendig, von simpel zu komplex, von langsam zu schnell, von wenig (oder nichts) zu viel, oder wie auch immer man die gewählten Parameter sortieren kann. Ein Stuhl kann von 0 bis unendlich viele Beine haben, und aus einem oder sehr, sehr vielen Einzelteilen (z.B. zusammengeklebten Sägespänen oder LEGO-Steinen) bestehen.

In dieser Ordnung schreibt man sie neben- beziehungsweise untereinander auf. Dazu eignen sich lange, schmale Papierstreifen oder kleine Karteikarten, die man aneinanderklebt. Ein sehr großes Blatt Papier, das man längs in Viertel schneidet und mit Strichen abtrennt, tut's allerdings auch.

Schließlich hat man zwei unabhängige Streifen, die man wie x- und y-Achse über Kreuz legt. Dort, wo sich die Achsen kreuzen, ergeben die beiden notierten Parameter-Einzellösungen Inspiration für eine neue Gesamtlösung. Dann verschiebt man eine der Achsen (die eben noch Streifen hießen) um eine Einheit und schmeißt das Kopfkino erneut an: Wie sähe das denn nun aus? Und dann wieder die andere Achse: Was passiert jetzt?

## Variante In-between

Zwischen den Einzellösungen auf jeder Achse kann man auch je ein Feld frei lassen: Dort hinein denkt man sich Werte, die eben irgendwo zwischen den einzelnen Lösungen liegen und an die man eher nicht gedacht hat oder die es (noch) nicht gibt: ein Stuhl für 1,5 Personen, diverse Material- oder Funktionsmixe in bestimmten Details, unübliche, aber interessante Zwischengrößen ... So gelangt man schnell zu Inspirationen, die jenseits üblicher Denkmuster liegen.

Teilnehmerzahl: 1 bis 3

Zeitbedarf: 10 bis 30 Minuten

Material: Stifte, lange Papierstreifen oder kleine Karteikarten und Klebestreifen

Vorteil: kann man allein machen, wiederverwendbar

Nachteil: etwas kleinerer kreativer Radius als andere Methoden, etwas Vorbereitung

Küste Box mies Herbst schwarz Moos Meer
Brötchen BBQ Na
Nest Freizeit sauber Bimmel primä
schlag Menthol Organe transparent S
Benzin
urig Getreide Tee Biene Meinun
gatrend
Experience Reifen Golfplatz Bedürfni
n Silo gelb Bolzen Spitze W
A
chraube Glühen Start Tempera
mmer Gras Micro Stützen Knethaken Kinder Bonb
Maschine
Parent
na Reptil Virus digitale Kleid
ockchain Cross Zielgruppe dünsten Filzstift
Nummer regu
land wirkungslos solo Arktis kriechen Säugling Kält
mat Mimose Tannenzapfen Sinn Farbe
len China
reck
uer nirgendwo regulieren Saugnapf Druc
harma Schale verstecken neu Planet Neugier
grün morgens niedlich
nrad verlieren gebraucht Kerl Use
üsli A
den Pipi wenig Sänger Kittel Werkzeug Seite
Handy saugen Sagengestalt auf
er Mineralwasser Geruch schm
kaufen jammern Afrika USA Pfeil normal Bambu
Button Ku
lech Verrat Steg Watt gestern Dialo

# Synektik

Die klassische Synektik ist eine Kreativmethode, die seit 1944 von William Gordon entwickelt und 1961 von ihm in einem ganzen Buch beschrieben wurde. Da sie in der von ihm publizierten Reinform ganz schön komplex ist, zehn definierte Prozessschritte bis zum Lösungsansatz benötigt werden, einen darin erfahrenen Moderator erfordert und zumindest ich für das alles viel zu ungeduldig bin, nutzen wir hier die visuelle Synektik.

Sie ist auch unter dem Namen Katalog- oder Zufallstechnik und in der verbalen Form als Lexikon- oder Reizworttechnik bekannt. Aber egal ob per Bild, Ton, Video oder Wort: Allen gemeinsam ist, dass man bewusst externe, zufällige Impulse einsetzt, um sich für sein Problem oder seine Fragestellung inspirieren zu lassen. Synektik hat übrigens nichts mit Ektoplasma zu tun.

## Spielregeln visuelle Synektik

Für die Synektik benötigt man eine Materialsammlung. Das ist im einfachsten Fall ein stark bebilderter, vielseitiger Katalog (solange es die noch gibt) und im besten Fall eine inhaltlich völlig freie Sammlung von Bildern, Worten, Objekten, Videos, Tönen, Klängen, Geräuschen und anderen Eindrücken. Das können Kataloge, Broschüren, alle Arten von Lexika, exotische Fachbücher, Postkarten oder alte Stockfotokataloge sein – je vielfältiger und fachfremder, desto besser. Ich benutze dazu auch immer eine Kiste mit kleinen Objekten, die kontinuierlich erneuert werden. Und wenn Sie gerade keine Materialsammlung zur Hand haben, dann googeln Sie Bilder zu einem merkwürdigen Begriff oder Sie gehen einfach selbst in die Materialsammlung hinein: in den Supermarkt, auf den Flohmarkt, in die Bibliothek oder Buchhandlung, in eine Ausstellung oder durch eine Straße oder ein Viertel, durch die/das Sie noch nie gegangen sind.

Alles Weitere beschreibt der Name »Zufallstechnik« schon sehr treffend: Man blättert oder kramt in seiner Materialsammlung herum und stellt konsequent von jedem gesichteten Bild, Wort oder Objekt eine Verbindung zum aktuellen Problem beziehungsweise zur aktuellen Aufgabe her. Achten Sie auf besondere Eigenschaften und Funktionen, auf Verwendungskontexte, Strukturen und Materialien, betrachten und analysieren Sie es von allen Seiten. Man kann immer einen Bezug konstruieren – anderer Ausdruck für »an den Haaren herbeiziehen« – versprochen.

Ganz wichtig ist hier: am Ball bleiben und nicht aufgeben. Auch wenn Ihnen nicht sofort etwas dazu einfällt – unbedingt hartnäckig dranbleiben. In Gedanken kann man das gesichtete Objekt / das Bild / den Begriff zerlegen und nur diese Teile, Eigenschaften, Materialien auf das eigene Problem anwenden. Gehen Sie niemals weiter, ohne zumindest eine Verbindung hergestellt zu haben!

Teilnehmerzahl: 1 bis 5
Zeitbedarf: 10 bis 60 Minuten
Material: Stift, Papier, synektische Materialsammlung
Vorteil: kann man allein machen
Nachteil: Materialsammlung erforderlich

# Cross Innovation

Unternehmen können viel durch kreatives Abgucken von anderen Branchen lernen und daraus eigene Produkte und Dienstleistungen generieren oder Bestehende verbessern. Cross Innovation beruht im Wesentlichen auf der Inspiration durch Produkte, Prozesse und Branchen. Es können aber auch Trends, Techniken und Ziel- beziehungsweise Lifestylegruppen in die Überlegungen einbezogen werden. Hinter allem steckt die Frage, ob und wie mein/unser Problem gegebenenfalls woanders bereits gelöst wurde.

## Die Spielregeln

Um allein oder innerhalb einer homogenen Gruppe mit Cross-Innovation kreativ erfolgreich zu sein, muss man sich darauf einstellen, die Ideation, also den Zeitraum des Ideenfindens, zeitlich extrem auszuweiten. Denn sie findet schon während der intensiven Informations- und Recherchephase statt, ohne die man hier kaum etwas Nennenswertes bewegen wird.

Nach der eigenen Zielformulierung (SMP) macht man sich aktiv auf die Suche nach Problemlösungen in anderen Branchen und Technologien, vergleicht Prozesse mit den eigenen, versucht Ähnlichkeiten in den Herausforderungen zu finden und daraus Adaptionen von Lösungen zu formulieren.

Sie können die Ideation etwas beschleunigen, indem Sie sich, ähnlich der Synektik, mit Impulsen aus bestimmten Branchen, gesellschaftlichen und Konsumtrends sowie Lifestylegruppen gezielt inspirieren. Überlegen Sie, was Ihr Unternehmen oder Ihr Produkt von Branchen wie Mobilität, Kosmetik, Gesundheitswesen, Tourismus, Social Engineering lernen kann.

Daneben gibt es eine Reihe von gesellschaftlichen, technischen und Konsumtrends, die für Nachfragen in bestimmten Bereichen sorgen (werden). Nutzen Sie sie, um daraus neue Produkte oder Dienstleistungen abzuleiten, die Ihr Unternehmen bereits heute mit angemessenem Aufwand erfüllen kann. Extrapolieren und übertreiben Sie die Auswirkungen des Trends auch auf einen Zeitraum von 5, 10 oder 15 Jahren – wie wirkt er sich auf Ihr Unternehmen / Ihr Produkt / Ihre Dienstleistungen aus? Fördernd, neutral oder tödlich – und wie sollten Sie handeln?

Schließlich gilt es, bestimmte Zielgruppen zu begeistern. Das ist erfahrungsgemäß im Lifestylebereich und mit Marketing einigermaßen leicht zu erfüllen. Wenn Sie wissen, wie bestimmte Gruppen ticken, worauf sie Wert legen, was ihnen wichtig ist und was sie ablehnen, können Sie ihnen maßgeschneiderte Produkte und Dienstleistungen anbieten. Kennen Sie Latte-Macciato-Mütter, Silver-Surfer, ...

## Interdisziplinäres Team

Der organisatorische Aufwand ist deutlich größer als alle anderen hier vorgestellten Methoden – aber die mögliche kreative Ausbeute rechtfertigt den Aufwand: Laden Sie sich Spezialisten aus allen möglichen Disziplinen ein. Das können Verfahrenstechniker, Chemiker, Soziologen, Leute aus der Krankenhausverwaltung, Elektroingenieure, Baumaschinenhersteller, Physiotherapeuten, Neurobiologen, Logistiker, Marketer oder Verpackungstechniker ... sein – jede/r kann aus seinem Wissens- und Erfahrungsschatz wertvolle Impulse zu Ihrem Problem beitragen, an die Sie im Traum nicht gedacht hätten.

Zur Organisationsform: Als Individuum eingeladen, lastet die Erwartungshaltung schwer auf so einem Experten-Consultant – nutzen Sie lieber die Dynamik und den entstehenden Flow einer kleinen Gruppe aus Internen und Externen. Das kann ein einmaliger Workshop oder eine Veranstaltungsreihe sein. Sie als Project-Owner geben das Thema/Problem vor, die Experten steuern aus ihren Disziplinen Impulse und Problemlösungen bei. Planen Sie ausreichend Zeit für die Briefings ein – die können Sie den Teilnehmern schriftlich bereits ein paar Tage vorab zur Verfügung stellen.

Achten Sie auch hier wieder darauf, nur kleine Gruppen bis 5 Personen gleichzeitig zusammenarbeiten zu lassen.

Teilnehmerzahl: 1 bis 5

Zeitbedarf: 60 bis 90 Minuten

Material: Materialsammlung

Vorteil: kann man allein machen

Nachteil: aufwendige Recherche oder interdisziplinäres Team erforderlich

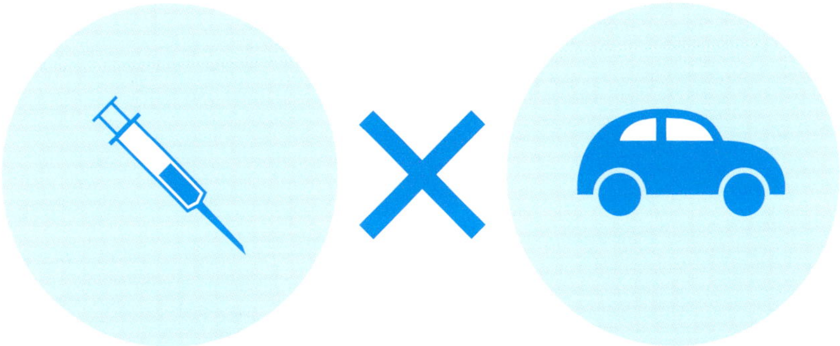

# Collective Notebook, Collective Board

Das Collective Notebook ist eigentlich nur ein zunächst leeres Buch oder (digitales) Blackboard – dann haben Sie ein »Collective Board«. In beziehungsweise auf das schreiben Sie die Aufgabe oder das Problem in Form eine Frage und legen den so präparierten »Köder« offen an einer stark frequentierten Stelle in Ihrem Unternehmen aus. Nun kann jede/r seine/ihre Ideen dazu hineinschrieben. Nach einer bestimmten Zeit werden die gesammelten Ideen geerntet.

Machen Sie Ihr Team vorab persönlich mit den Spielregeln des Collective Notebook vertraut: Frage lesen und alle Ideen dazu einzeln hineinschreiben oder skizzieren. Man darf sich auch auf bereits niedergeschriebene Ideen anderer beziehen, diese fortspinnen und weiterentwickeln. Wenn Sie so wollen, ist das Collective Notebook die Schildkröten-Version des Brainwritings.

Diese Spielregeln stehen auch noch mal ganz vorne im Buch. Es kann, darf und soll natürlich mehrfach verwendet werden. Häufig wird es zu einer ständigen und beliebten Einrichtung für kleine und große Fragen. Mit einem farbigen Post-it markieren Sie die Stelle, an der die aktuelle Frage steht, wenn bereits umgeblättert werden musste. Laden Sie alle Mitglieder Ihres Teams zur Teilnahme ein.

In regelmäßigen Abständen checken und dokumentieren Sie das Collective Notebook – zum Beispiel alle zwei Tage – und beenden die Ideensuche schließlich spätestens nach etwa zwei Wochen.

In der Praxis ist das Collective Notebook ein gebundenes Buch mit zunächst völlig leeren Seiten. Um die kreative Qualität und den künftigen Wert des Inhalts des Notebooks herauszustellen, wählen Sie ein besonders Format und den Einband in Unternehmensfarben oder besonders herausgehoben gestaltet. Ein Heft oder eine Chinakladde wirkt billig und ist dem Ziel nicht angemessen. Außen steht groß und deutlich »Collective Notebook« drauf.

Ein Collective Notebook hat mehrere Stärken: Einerseits fordert es durch sein beiläufiges Wesen in besonderem Maße kreative Ideen heraus, weil kein zeitlicher Zwang besteht, eine Idee produzieren zu müssen. Andererseits lassen sich auch Gruppen in einen Innovations- oder Kreativprozess einbeziehen, die zu groß für einen einzelnen Workshop sind.

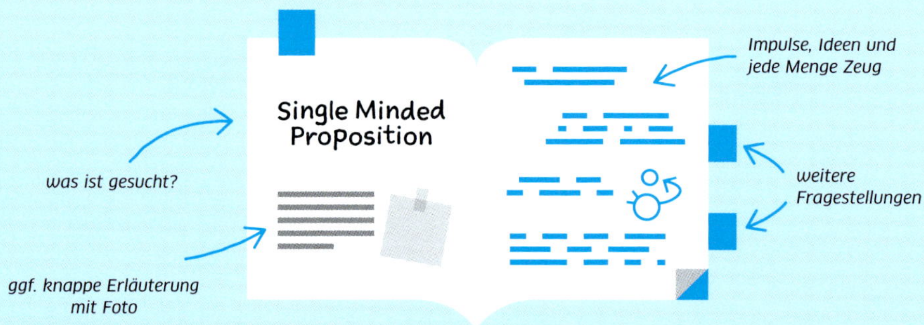

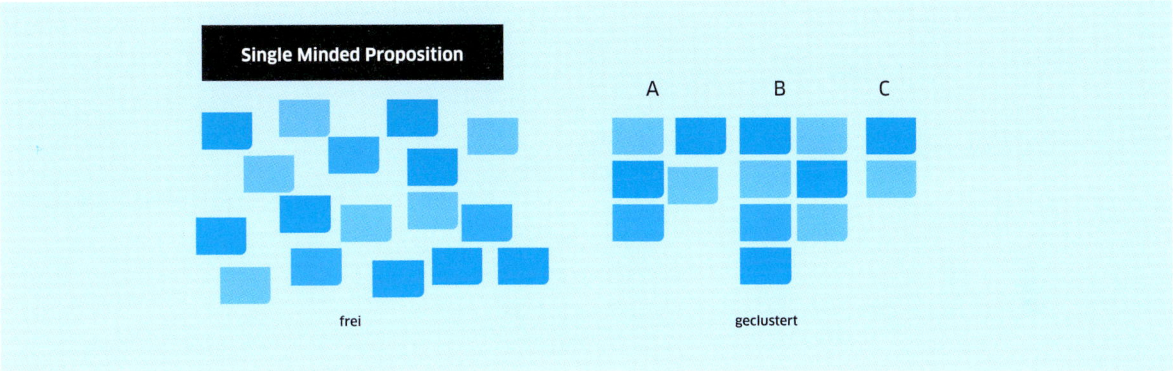


## Digitale Variante

Ein Collective Notebook kann auch digital implementiert werden. Es gibt etliche Software und Tools, die asynchrones Brainstorming, Brainwriting oder Ideensammlung generell ermöglichen. Sorgen Sie unbedingt dafür, dass Ihr Team diese Möglichkeit regelmäßig und aktiv nutzt. Der Medienwechsel zwischen Bildschirmarbeitsplatz und Papier ist aber auch ein guter kreativer Impuls.

Teilnehmerzahl: beliebig

Zeitbedarf: 1 bis 14 Tage

Material: leeres Buch oder Pinnwand beziehungsweise Whiteboard, auch digital

Vorteil: kann ein sehr großes Team involvieren

Nachteil: dauert etwas

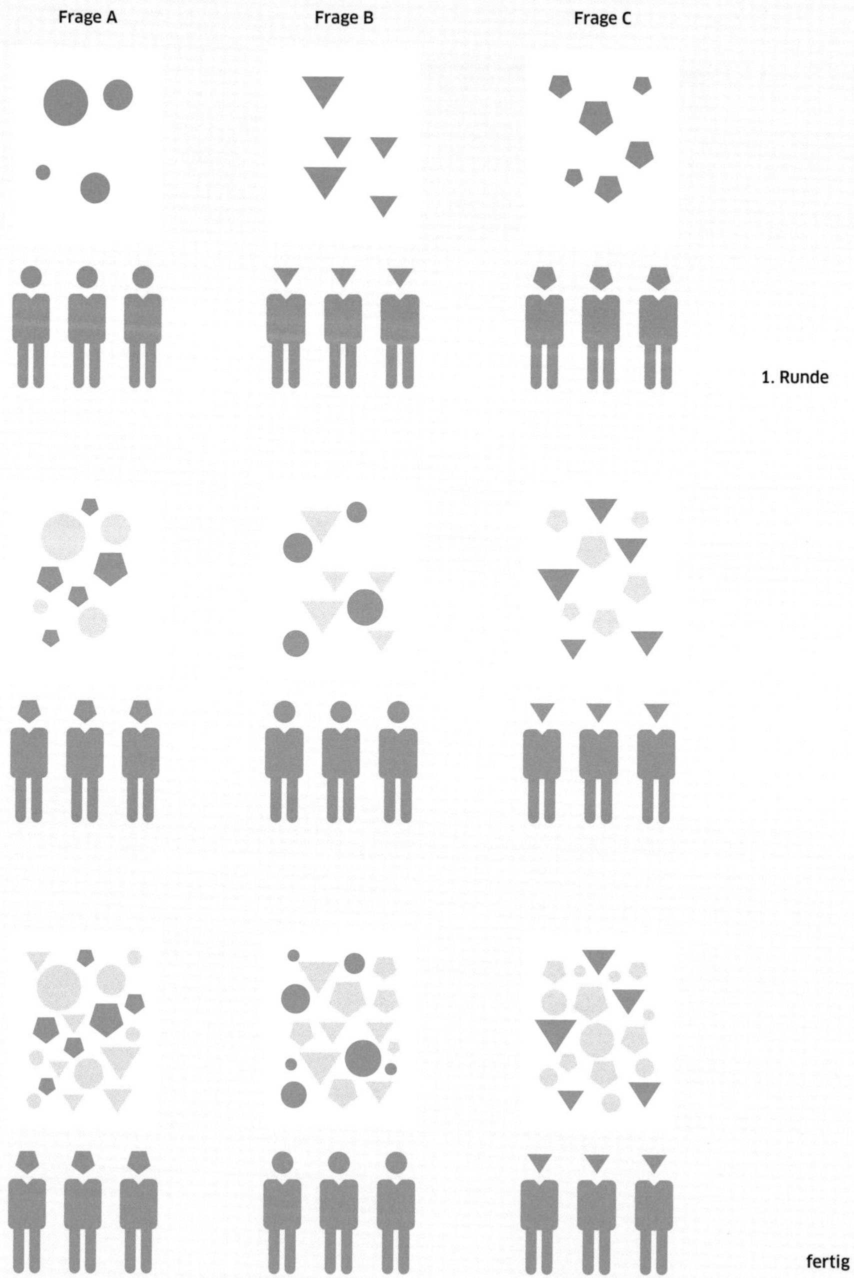
Frage A
Frage B
Frage C
1. Runde
fertig

# BrainStation, BrainRunning, WorldCafé

BrainStation, BrainRunning und WorldCafé sind Meta-Methoden: Sie sind organisatorische Anpassungen von schriftlichen und mündlichen Kreativmethoden für größere Gruppen. Das kann vor allem dann erforderlich sein, wenn Sie weitere Kreise und Stakeholder in die Ideengenerierung einbeziehen wollen ... oder müssen.
Daneben spielen zeitliche, räumliche und motorische Aspekte eine Rolle. Außerdem ist, wie bei allen Methoden für Gruppen über 10 Personen, der Aufwand für Vor- und Nachbereitung sowie Durchführung deutlich höher als bei den anderen hier vorgestellten Methoden. Wichtig ist, dass sämtliche Teilnehmer die Spielregeln für kreative Kollaboration zumindest in Grundzügen kennen und danach handeln können.

## BrainStation

Eine BrainStation-Session arbeitet mit mehreren Stationen, die die Teilnehmer gruppenweise nacheinander anlaufen. Dabei wird das Problem an jeder Station aus einer anderen Perspektive betrachtet oder eine andere These zur kreativen Beantwortung aufgestellt. Das Briefing, vielversprechende Perspektiven und Fragen in Form von Single-Minded-Propositions (SMP) müssen vorab herausgearbeitet werden – so wie bei jeder anderen Kreativ-Session auch. Außerdem sollte jede Station von einem Moderator oder Facilitator für das jeweilige Briefing, die Erläuterung der Single-Minded-Proposition, die Sicherung der Ergebnisse sowie methodische Rückfragen betreut werden.
Idealerweise nutzen Sie an jeder Einzel-Station eine andere Methode z.B. Brainwriting, Brainstorming, morphologische Matrix, Mindmap, auch wenn das einen höheren organisatorischen Aufwand erfordert. Mit einer ungeübten Gesamtgruppe verbrauchen Sie erfahrungsgemäß relativ viel Zeit für die Vermittlung der Methodik und Basis-Spielregeln. Starten Sie mit einem gemeinsamen Warm-up und einem niederschwelligen Braindump.

Als Stationen können die Ecken eines ausreichend großen Raumes oder, im Idealfall, verschiedene Räume genutzt werden. Zur Not ergeben die Enden eines langen Tisches auch schon mal zwei Stationen. Die Ausstattung der Stationen entspricht der jeweils gewählten Kreativmethode. Sie können die Ergebnisse auf BrainWriting-Bögen, Flipcharts oder Metaplanwänden festhalten. Oder auf jeweils einem eigenen digitalen Whiteboard.
Entweder startet jede Gruppe an jeder Station mit der jeweiligen Frage bei null oder Sie stellen den nachfolgenden Gruppen alle Ergebnisse oder eine Auswahl der vorherigen Gruppe zur Verfügung.
BrainStation ist rundenbasiert: Sie geben den Gruppen Zeitkontingente für die Ideations an den Stationen. Das können, je nach Anspruch an die Ergebnisse, zwischen 20 und 60 Minuten sein. Nach Ablauf der Zeit wechselt die Gruppe zur nächsten Station. Die Bewegung zwischen den Stationen, wie erwähnt im Idealfall in verschiedenen Räumen, sorgt für eine Auflockerung, besonders, wenn sie sich in unterschiedlichen Gebäudeteilen befinden.
Teilen Sie die Gesamtgruppe in Einheiten zu je bis zu 5 Personen ein. Stimmen Sie die Anzahl der Stationen mit den vorher identifizierten Fragestellungen ab. Mit 30 Teilnehmern können Sie so zum Beispiel sechs Stationen beziehungsweise Fragen gleichzeitig bearbeiten lassen und sind damit – mit Pausen – gut ca. 6 Stunden beschäftigt. Wechseln Sie anspruchsvolle und leichte Fragestellungen ab. Sorgen Sie für ausreichend Pausen, kreative Regeneration, Inspiration und Frische-Betankung.
Integrieren Sie gegebenenfalls auch manuelle, kreative Einheiten beziehungsweise Stationen: Kneten, Malen, Basteln, Knobelaufgaben lösen, Singen, kleine artistische Aufgaben, Knoten knoten für 15 bis 30 Minuten.

## Sprint: BrainRunning

BrainRunning ist die Hochgeschwindigkeits-Variante von BrainStation: Die Stationen werden laufend angesteuert ... na gut, man darf auch schnell gehen.

Sie können einen gesamten BrainStation-Zirkel als BrainRunning anlegen oder nur einzelne Stationen oder Einheiten davon. Ich habe mit Letzterem gute Erfahrungen gemacht. Mit einer kleinen Tempo-Einheit, etwa in der zweiten Hälfte eines 1-Tages-Workshops, bringen Sie Sauerstoff in die Köpfe der Teilnehmer. Dazu brauchen Sie noch ein paar Stationen mehr, die jedoch mit ganz einfachen Fragen ausgestattet sind. Die Teilnehmer bestimmen ihr Tempo individuell: Nach jeder geäußerten beziehungsweise notierten Idee zu einer Frage wechseln sie zur nächsten Station und Frage. Ein BrainRunning-Sprint kann gut und gerne 30 Minuten dauern. Unterstützen Sie diese Abschnitte gerne mit energiegeladener Musik.

## Gemach: WorldCafé

Auch hier verrät der Name etwas über die ausgeübte Geschwindigkeit: Beim WorldCafé geht es zwar gemächlich, aber sehr konzentriert zu. Ich stelle Ihnen zwei Varianten vor, die beide sehr gut funktionieren.

**World:**

Jeder Teilnehmer erhält aus einer Auswahl Single-Minded-Propositions eine, die er/sie im aktuellen Zeitintervall allein oder zu zweit bearbeiten wird. Die Teilnehmer bestimmen dabei ihr eigenes Tempo und steuern anschließend Inspirationsinseln an, die sich in einem Raum befinden können, aber nicht müssen. Die Inspirationsinseln, Kontinente oder Stationen sind im Idealfall jeweils kleine Themenwelten mit Liegestühlen, Luftmatratzen, Sonnenschirmen, Autoreifen oder einer Bar, also ungewöhnlichen Möglichkeiten, bei der Arbeit zu verweilen. Außerdem sind diese Stationen mit inspirierenden Materialien ausgestattet: Fotobücher, Videos, knappe Infotexte, historische Kataloge, technische Formelsammlungen, Postkartenbündeln, Lexika ...

Im einfachsten Fall sind es einzeln gestellte kleine Tische, an denen man gemütlich allein oder zu dritt sitzen und fabulieren kann und die ebenfalls mit Inspirationsmaterial ausgestattet sind.

**World Café**

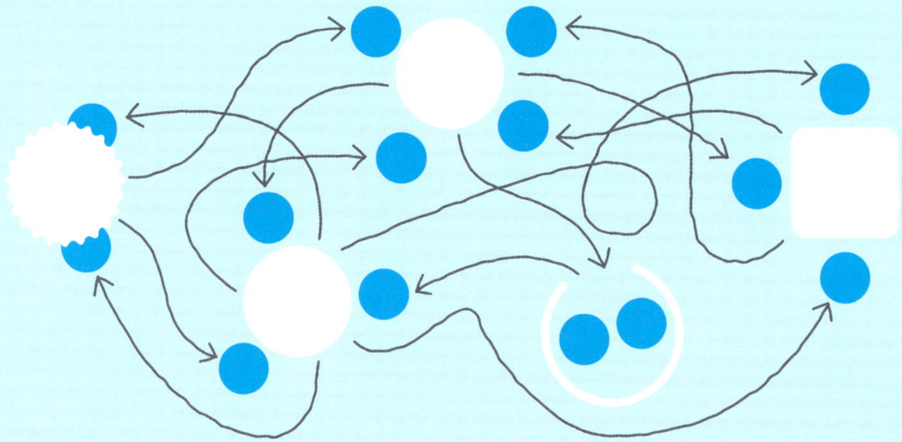

Wie eine Biene von Blüte zu Blüte wechseln Sie beziehungsweise die Teilnehmer mit ihrer Fragestellung zwischen den Inseln, lassen sich inspirieren und sammeln Ideennektar auf. Hier ist Musik hilfreich, die eine entspannende Atmosphäre erzeugt. Ein solches WorldCafé kann gut und gern 60 bis 120 Minuten laufen und sorgt mit seinem Szenenwechsel für wertvolle Impulse.

**Café:**
Die kommunikative Betriebsamkeit der Wiener Caféhauskultur stand hier wohl Pate: Die Teilnehmer verteilen sich initial zu dritt oder viert an (Caféhaus-)Tische in einem genügend großen Raum. An jedem Tisch gibt es eine kreative Fragestellung (SMP), die von den Teilnehmern zumeist in Form von Brainstorming bearbeitet wird. Nach einer gewissen Zeit, nach den ersten 20 Minuten zum Beispiel, darf jeweils ein Teilnehmer vom Tisch aufstehen und sich zu einem anderen Tisch setzen. Diese Wechselzeit wird im Folgenden stetig verkürzt und geht schließlich in ein freies Kontinuum über. Jeder Teilnehmer widmet sich dann so lange einer Frage, wie ihm Ideen dazu einfallen. Die Ideen werden an jedem Tisch schriftlich beziehungsweise in Form von Skizzen oder Mindmaps festgehalten und stehen so den neuen Besuchern zur Verfügung. Die Tische können auch mit morphologischen Matrizen ausgestattet sein.

**Guerilla**
Wem der Vorbereitungsaufwand zu groß ist, verlegt die Stationen des WorldCafés in ein großes Einkaufszentrum, einen Baumarkt oder in den Wald. Nutzen Sie die natürlichen Gegebenheiten und das abwechslungsreiche Umfeld als Alternative zu den Inspirationsinseln. Für die atmosphärische Abwechslung können Sie sich mit dem Team auch in einen externen Coworking-Space einbuchen.

Teilnehmerzahl: Gruppen bis zu ca. 30 Personen
Zeitbedarf: 2 bis 6 Stunden
Material: Flipchart, Metaplanwand, kleine Tische, mehrere Räume
Vorteil: kann ein sehr großes Team involvieren
Nachteil: aufwendige Vor- und Nachbereitung

# Bodystorming

Stellen Sie sich vor, Sie wären ein Objekt, zum Beispiel ein Smartphone. Wie fühlt es sich an, den ganzen Tag in einer dunklen Hosentasche zu verbringen, um gelegentlich hervorgekramt oder fallen gelassen zu werden? Wünschen Sie sich ein Sicherungsseil oder einen Fallschirm?

Bodystorming beruht auf den direkten und unmittelbaren Erfahrungen, die man mit einer Idee macht. Sie setzen Ihren Körper aktiv und sehr bewusst ein, um in die Rolle eines Benutzers oder eines Gegenstands zu schlüpfen. Sie betrachten – besser: erleben und begreifen – die Welt aus dessen Perspektive im realen oder möglichst realitätsnahen Umfeld.

## Szenarien und Touchpoints

Sammeln Sie Situationen, Orte und Umfelder, die im Kontext mit Ihrem Produkt oder Ihrer Dienstleistung auftreten und fassen Sie sie in Szenarien zusammen: Wo und wann wird es wie und von wem genutzt, gesehen, berührt, gestreift, daran gedacht, sich darüber informiert ...

## Rollen

Identifizieren und definieren Sie anschließend Rollen, die Sie mit Bodystorming erleben wollen: Gegenstände, ein Detail, Benutzer, Interessenten, Rohstoffe, Hilfsmittel, Informationsmaterialien ...

Für das Bodystorming selbst können Sie sich zum Beispiel in den Original-Verkaufsraum unter realen Bedingungen begeben oder diesen für einen ersten Eindruck mit Tischen, Stühlen und anderen Requisiten nachbilden – je genauer, desto besser. Wesentlich ist hier, dass Sie eine physische Kulisse haben oder schaffen, die mit dem Körper real erlebbar ist.

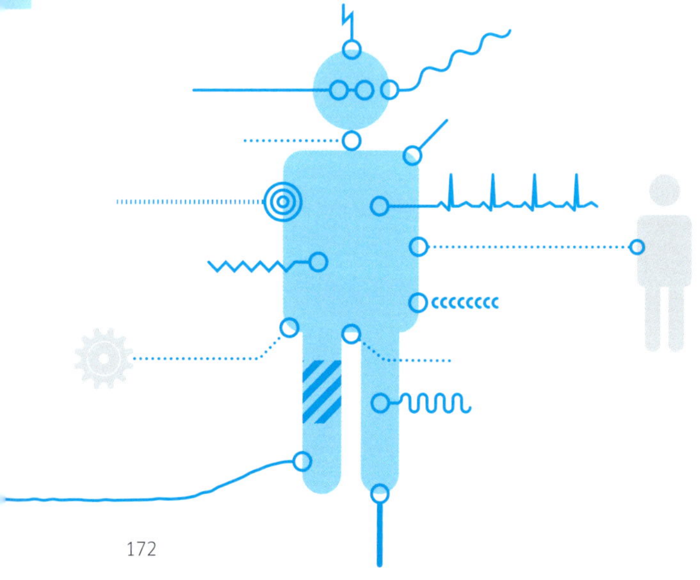

## Bodystorming

Spielen Sie ausgewählte Rollen in ausgewählten Szenarien. Spüren Sie allen Sinneseindrücken, Gefühlen, Gedanken, Handlungen, Reaktionen und Begleiterscheinungen nach, die diese Rolle beziehungsweise der Gegenstand mit sich bringt. Wenn es ein kleiner Gegenstand ist, machen Sie sich klein oder betrachten Sie Ihr Umfeld mit einer Lupe oder einem Mikroskop; wenn es sehr groß ist, stellen Sie sich auf eine Leiter oder benutzen Sie Stelzen. Tun Sie alles, um sich zu 100% in die Rolle zu versetzen und sie zu leben. Spielen Sie Ihre Rolle gut!

Protokollieren Sie Ihre Erlebnisse, sagen Sie, was Sie gerade denken, fühlen, spüren, hören, erleben: Wo tun sich Widerstände auf und warum, was ist erstaunlich leicht, wo stellen sich Fragen, was könnte geschmeidiger sein, wo sind Sie unsicher, warum und wie lange muss man wo warten – im direkten Erleben erhalten Sie Impulse und generieren Lösungsansätze und Ideen.

Teilnehmerzahl: Individuen, kleine Gruppe bis zu 5 Personen
Zeitbedarf: Minuten bis Tage
Material: reale Umgebung, Pretotyping-Toolkit
Vorteil: meist geringer Aufwand, schnell Einblicke
Nachteil: gegebenenfalls schauspielerischer Mut erforderlich

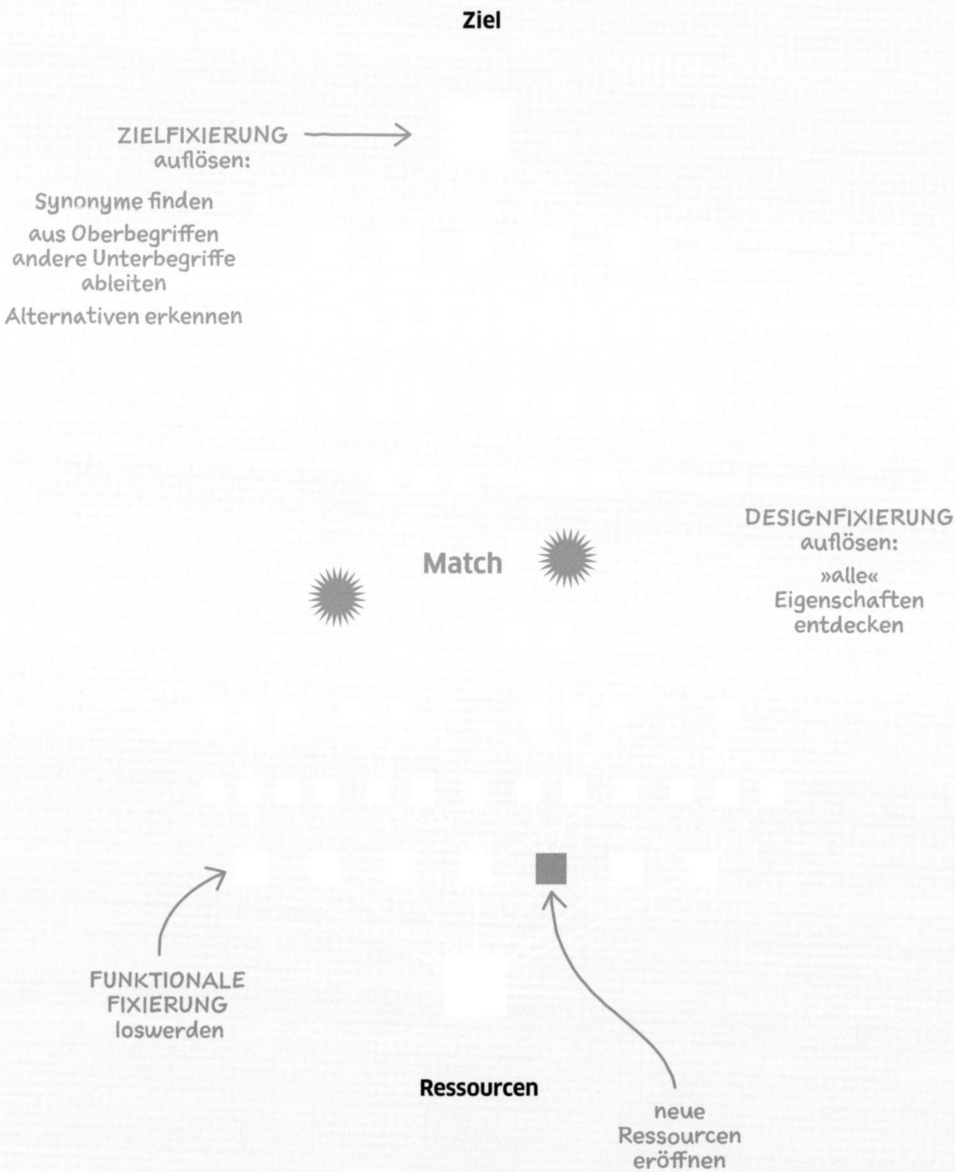
Ziel
ZIELFIXIERUNG auflösen:
Synonyme finden
aus Oberbegriffen andere Unterbegriffe ableiten
Alternativen erkennen
Match
DESIGNFIXIERUNG auflösen:
»alle« Eigenschaften entdecken
FUNKTIONALE FIXIERUNG loswerden
Ressourcen
neue Ressourcen eröffnen

# Brainswarming

Brainswarming ist als Kreativmethode noch recht jung. Sie wurde von Tony McCaffrey und Jim Pearson entwickelt, um innovative Fragestellungen ganzheitlich anzugehen. Wie ein Schwarm nehmen die Teilnehmer ein Problem von zwei Seiten in die Zange: Von der einen Seite wird das Ziel unter die Lupe genommen, von der anderen die zur Verfügung stehenden oder benötigten Ressourcen. Dazwischen entstehen Lösungsansätze. Am Beispiel eines Kuchens: als Ziel steht oben »Kuchen backen,« als Ressourcen unten Ihre Zutaten und Küchengeräte. Dazwischen, von unten ausgehend: alles, was Sie mit den Zutaten anstellen, um einen Kuchen zu bekommen, und, von oben ausgehend: alles, was Sie tun könnten, um einen Kuchen zu bekommen.

So gehen Sie das Problem also gleichzeitig von einem Top-down- und einem Bottom-up-Approach an, das heißt, Sie haben das große Ganze und die Details im Blick.

Der kreative Haupttrick des Brainswarmings besteht jedoch darin, bestimmte Denksperren bewusst und aktiv zu überlisten. Drei dieser Sperren sind die funktionale Fixierung, die Designfixierung und die Zielfixierung.

## Fixierungen

### Funktionale Fixierung

Wir nehmen Dinge meist nur als das wahr, als was wir es kennen, mit genau der einen spezifischen Funktion: Ein Bügeleisen glättet Wäsche. Unser Bewusstsein sieht in den Dingen nämlich immer nur das, was gelernt und für die jeweilige Situation und den Kontext notwendig ist – Irrelevantes wird ausgeblendet und findet in unserem Kopf nicht statt. Um durch den Alltag zu kommen, ist das enorm hilfreich, aber es kappt den Blick für Neues, Abwegiges und eben Kreatives.

Die funktionale Fixierung lässt sich allerdings ziemlich leicht austricksen: Definieren Sie ein Objekt einfach mal auf eine andere Art und Weise, ersetzen Sie dabei spezifische durch allgemeinere Begriffe und umgekehrt oder verwenden Sie Synonyme. Zerlegen Sie es in seine Elemente, die Sie ebenfalls alternativ oder beschreibend benennen. Mit unserer Sprache und Begrifflichkeit implizieren wir nämlich meist eine bestimmte Verwendung oder Funktion und schließen alle anderen damit automatisch aus.

Ein Bügeleisen ist zum Beispiel auch eine flache Wärmequelle und also kann man damit eine Mahlzeit erhitzen. Lösen Sie sich mit Sprache aus dem Kontext, aus der funktionalen Fixierung, indem Sie Funktionen anders, neu, alternativ definieren.

### Designfixierung

Bei Entwicklungsaufträgen hält man zu oft an bereits vorhandenen Produkten, Funktionswegen, Prinzipien und Designs fest und bewegt sich nur minimal davon weg: eine kleine Materialvariation hier, eine Größenänderung da – aber die wirklich interessanten Innovationen entstehen nur dort, wo Sie Eigenschaften ändern, an die bisher eben niemand gedacht hat.

Lösen Sie die Designfixierung mit einer Liste sämtlicher Eigenschaften Ihres Produkts auf – denken Sie an vorher-nebenher-nachher, wer, wann, was, wo, wie, warum-und-warum-nicht, Größe, Material, Form, Bestandteile, schauen Sie auf 360°: oben, unten, vorne, hinten, und beziehen Sie dabei alle Sinne ein ... ein Handy hat meistens keinen Hohlraum, ein

Cabrio ist nur nach einer Seite offen … identifizieren Sie alle möglichen Merkmale und lassen Sie sich davon weiter inspirieren.
Peilen Sie eine Sammlung von gut 100 Eigenschaften an – dann sind sicher welche dabei, die andere auch nicht auf dem Schirm haben. Um diese übersehenen Eigenschaften zu entdecken, nutzen Sie z.B. Kreativtechniken: Sie erweitern Ihre Blickrichtungen und geben Impulse, anders über Dinge nachzudenken. Beim systematischen Umgang mit der Liste hilft Ihnen die morphologische Matrix, Mindmapping, Brainwriting und Brainswarming.

### Zielfixierung

Auch hier ist wieder die Sprache die schärfste Schere, die Ideen abschneidet, abklemmt, kappt, abtrennt. Denn je nachdem, wie Sie eine Aufgabe formulieren, sieht auch Ihre Suche nach Lösungen aus: Wer »abschneiden« sagt, übersieht Lösungen, die abklemmen, abquetschen, abschmelzen, abrasieren, abtöten, abraspeln, abschleifen, abhobeln, weglasern, verbrennen, erodieren, … Und wer kann schon sagen, ob eines der genannten alternativen Mittel nicht besser zum Ziel führen würde?
Schauen Sie sich also Ihre kreative Zielrichtung beziehungsweise die Formulierung der Aufgabe genau an und setzen Sie Synonyme, Hyponyme (Unterbegriffe) und Überbegriffe für das Verb ein – das führt Sie sofort zu neuen Konzepten und Funktionen.
Das gilt übrigens auch für Substantive: Ersetzen Sie sie durch Überbegriffe und erweitern Sie so Ihre spezifische Fragestellung rein sprachlich zu einem größeren Suchfeld mit viel mehr Lösungsmöglichkeiten. Aus Fahrrad wird Fortbewegungsmittel mit Muskelkraft, aus Messer Trennungswerkzeug, aus Kugelschreiber wird Schreibwerkzeug oder noch eine Stufe abstrakter Markierungswerkzeug. Bei www.openthesaurus.de, synonyme.woxikon.de oder www.canoo.net finden Sie solche Begriffe.

## Swarming

Nachdem die kreative Aufgabe gestellt und als Ziel oben notiert ist, werden die Ressourcen identifiziert und unten festgehalten. Sowohl das Ziel als auch die Ressourcen können vorab definiert und in die Session mitgebracht werden. Wichtig: Klären Sie das Team über die drei Fixierungen auf und erläutern Sie, wie sie umgangen werden. Ziele lassen sich sprachlich auflösen, Ressourcen unterliegen häufig Design- und funktionalen Fixierungen.
Nun beginnt das Swarming: Jeder Teilnehmer entwickelt individuell Ideen, Varianten und Eigenschaften von der Ziel-Seite und/oder von der Ressourcen-Seite aus. Jeder Impuls wird notiert oder skizziert und anschließend an eine entsprechende Stelle auf z.B. eine ausreichend große Metaplanwand geklebt, als Kärtchen auf einen Tisch gelegt oder als digitales Post-it platziert.
Post-its dürfen und sollen verschoben, gruppiert oder als Impulse für weitere Ideen genutzt werden, neue Ressourcen und Eigenschaften sind mehr als willkommen, Neu- und Umformulierungen des Ziels und die Ableitungen daraus sind wesentliche kreative Effekte des Brainswarmings: Ziel und Ressourcen wachsen zu kreativen Lösungen zusammen. Jeder arbeitet in seinem eigenen Tempo, jedoch stets im Austausch mit den übrigen Teilnehmern: nachdenken, Ideen notieren, skizzieren, positionieren, umkleben, gruppieren, aufteilen, sich von anderen inspirieren lassen – so entwickeln sich Ideen und Lösungswege direkt auf der Arbeitsfläche, die gleichzeitig als Protokoll dient.

Teilnehmerzahl: 1 bis 20
Zeitbedarf: 30 bis 90 Minuten
Material: Metaplanwand oder Flipchart, Post-its, Stifte
Vorteil: einfache Durchführung, Teilnehmer bestimmen ihr eigenes Tempo
Nachteil: Teilnehmer müssen über Design-, Ziel- und funktionale Fixierungen informiert sein und deren Umgehung kennen

# EVALUATE

Erfahrungsgemäß entstehen in einer gut moderierten Ideate-Phase sehr viele Ideen – je nach Format, Dauer und Teamgröße können das bis zu 1.000 an einem Tag sein. Rechnen Sie bei einem 5- bis 10-köpfigen Team mit 50 bis 100 Rohideen pro Session beziehungsweise Stunde.

## Wann bewerten?

Umso wichtiger ist eine zwar abgetrennte, aber zeitnahe Auseinandersetzung mit den Rohideen. Nach einigen Tagen oder gar Wochen verschwinden auch gute Ansätze im diffusen Nebel des Ungefähren, selbst, wenn sie stichwortartig dokumentiert wurden. Idealerweise machen Sie sogenannte »Dailys«: Planen Sie nach jeder Session, am Ende eines jeden Workshop-Tags oder direkt im Anschluss an eine mehrtägige Ideation-Session Bewertungs-Sessions ein. Dann ist noch alles frisch und klar im Zusammenhang und mit den Details im Gedächtnis.

Nutzen Sie neben den hier vorgestellten Methoden auch diese Bewertungsmethoden aus der vorangegangenen Initiate-Phase:

Dotmocracy

Clustern

K.-o.-Methode

## Ideensteckbrief

Als finales Ergebnisdokument dieser Phase empfehle ich einen Ideensteckbrief für jeden vielversprechenden Ansatz.

# IMPERATORMETHODE

Abhängig von Ihrer Unternehmenskultur oder/und hierarchischen Kompetenzen kommt nicht selten auch die Imperatormethode zum Einsatz – zu Deutsch: Der Chef allein entscheidet.

Arbeiten Sie allein oder sind Sie »der Chef«, können Sie gegebenenfalls allein entscheiden, welcher Ansatz weiterverfolgt werden soll. Für alle anderen gilt: Legen Sie besser einen kommentierten, anformulierten und mit Skizzen und Argumenten angereicherten Ideen-Steckbrief vor.

Gehen Sie die ausformulierte oder kommentierte Liste einfach von oben bis unten durch und streichen Sie alle Ideen heraus, die einem nicht passen, die man nicht (mehr) versteht oder die tatsächlich schlicht Bullshit sind.

Teilnehmerzahl: 1
Zeitbedarf: nach Ideenmenge
Material: dicker roter Stift
Vorteil: Es geht schnell.
Nachteil: Auch ein Chef-Mensch übersieht möglicherweise Potenziale.

# YES, NO, WOW!

Sie dürfen es sich auch mal leicht machen – teilen Sie Ideen und Ansätze spontan aus dem Bauchgefühl heraus in drei Kategorien ein:

## YES

Idee ist okay, scheint ganz ordentlich, kann man machen, wäre eine Lösung, würde anderen auch einfallen.

## NO

Null Begeisterung, auf keinen Fall, bitte nicht, viel zu teuer, schlecht, öde, dumm, langweilig, geistlos.

## WOW!

Spannendes Detail, coole Grundidee, interessanter Twist, völlig neue Variante, macht Lust auf mehr, schön schräg, sympathisch, überraschend, genial, Begeisterung!

Arbeiten Sie nur mit den WOW-Ansätzen weiter. Kein WOW dabei? Dann bitte noch eine Runde drehen – denn wenn Sie nicht begeistert sind, wen wollen Sie dann von Ihrer Idee überzeugen?

# SECHS DENKHÜTE

Mit den sechs Denkhüten von Edward DeBono werden Ansätze aus sechs unterschiedlichen Perspektiven betrachtet. Diese Methode wird herkömmlich als generative Kreativmethode bezeichnet, doch eignet sie sich aus meiner Erfahrung wesentlich besser, um Ideen zu bewerten.

Dabei nehmen Sie als Team nacheinander jeweils eine der Perspektiven ein und beurteilen die Ideen als Gruppe. Oder Sie verteilen die sechs Perspektiven als Rollen fest an geeignete Teammitglieder, die dann entsprechend agieren.

Die sechs Denkhüte erfordern etwas Zeit für die valide Auseinandersetzung und Diskussion und eignen sich daher eher für eine bereits reduzierte Menge von Ideen.

**Der weiße Denkhut: Analytiker**

Der Analytiker ist neutraler Beobachter und sammelt objektiv sowohl dafür als auch dagegen sprechende Zahlen, Daten, Fakten, ohne zu werten.

**Der rote Hut: Persönliche Empfindungen und Meinungen**

Sie lassen alle Empfindungen, Meinungen, Bauchgefühle zu – positive wie negative. Äußerungen dürfen auch diffus, neutral oder ambivalent ausfallen.

**Der schwarze Hut: Skeptiker**

Alle sachlichen und rationalen Argumente, die Zweifel, Bedenken und Risiken beinhalten.

**Der gelbe Hut: Optimist**

Der Gegenspieler des Skeptikers sammelt und nennt alle objektiv positiven Eigenschaften, Chancen, Vorteile und Hoffnungen.

**Der grüne Hut: Kreativ**

Leicht abweichend von DeBonos ursprünglicher Methode bewerten Sie mit dem grünen Hut die Ideen hinsichtlich ihrer Originalität, Disruptivität, dem Beschreiten neuer Denkwege, Gamechanging – egal wie verrückt, absurd, bizarr, irrwitzig, abwegig oder unlogisch sie zunächst scheinen mögen.

**Der blaue Hut: Ordnung**

Der Macher bringt Ordnung, Organisation und Realitätssinn in den Ideenhaufen und sorgt für den Überblick: Was stünde als Nächstes an, wie müssten wir vorgehen, wer macht wann was womit?

Teilnehmerzahl: 1 bis 15

Zeitbedarf: nach Ideenmenge und Diskussionsanfälligkeit

Material: Raum, ändern Sie nach jedem Hut die Sitzordnung oder den Raum.

Vorteil: multiperspektiv

Nachteil: gründliche Vorbereitung erforderlich

# IDEENSTECKBRIEF

Bis jetzt bestehen die Ideen nur aus gedachten, verbal oder schriftlich geäußerten ersten Vorstellungen und vielleicht der ein oder anderen schnell hingeworfenen Skizze.

Mit einem Ideen-Steckbrief machen Sie kreative Gedanken erstmalig sichtbar und damit auch für Außenstehende kommunizierbar:

Geben Sie der Idee einen Namen und fassen Sie die ersten Gedanken, Ansätze und groben Vorstellungen zu einem knappen Text zusammen. Ergänzen Sie gegebenenfalls mit einer kleinen Skizze. Notieren Sie erkennbare Vor- und Nachteile sowie Chancen und Risiken. Nehmen Sie eine vorläufige Bewertung hinsichtlich Timing, Budget, Originalität, Bedürfnisbefriedigung oder Ähnlichem vor. Was muss als Allernächstes recherchiert, geklärt, entschieden werden und welche ersten konkreten Schritte sind notwendig?

Reduzieren Sie die Zahl der Ideen auf eine handhabbare Menge von etwa 10, bevor Sie sie in Ideensteckbriefe fassen. Damit und mit den entsprechend erledigten Arbeitsaufträgen gehen Sie in die Generate-Phase des Innovationsprozesses.

Teilnehmerzahl: das Team, das an den Ideen gearbeitet hat

Zeitbedarf: nach Ideenmenge und Anspruch an die Validität der Steckbriefe

Material: digital oder analog, ansonsten etwas Papier und Stifte

Vorteil: verdichtet die Ideen, schafft gemeinsames Verständnis, macht Ideen kommunizierbar

Nachteil: Auch ein guter Ideensteckbrief ist noch keine Blaupause für das fertige Produkt.

**Name der Idee**

**Beschreibung** mit Skizze

**Stärken, Chancen**

**Schwächen, Risiken**

| **Erstbeurteilung** | **0** | **5** | **10** | **15** |
|---|---|---|---|---|
| Timing | ☐ nicht absehbar | ☐ passt vielleicht | ☐ ok | ☐ easy |
| Budget | ☐ außerhalb | ☐ knapp drin/drüber | ☐ ok | ☐ günstig machbar |
| Originalität | ☐ langweilig | ☐ me-too | ☐ ja | ☐ einzigartig |
| Attraktivität | ☐ nicht | ☐ tlw. interessant | ☐ charmant | ☐ sehr attraktiv |
| Gesamtwertung | ☐ **kein Potenzial** | ☐ **gewisses Potenzial** | ☐ **gutes Potenzial** | ☐ **hohes Potenzial** |

**Weitere Abklärungen**

**Erste konkrete Schritte**

**Verfasser**

**Ideen-Pate(n)**

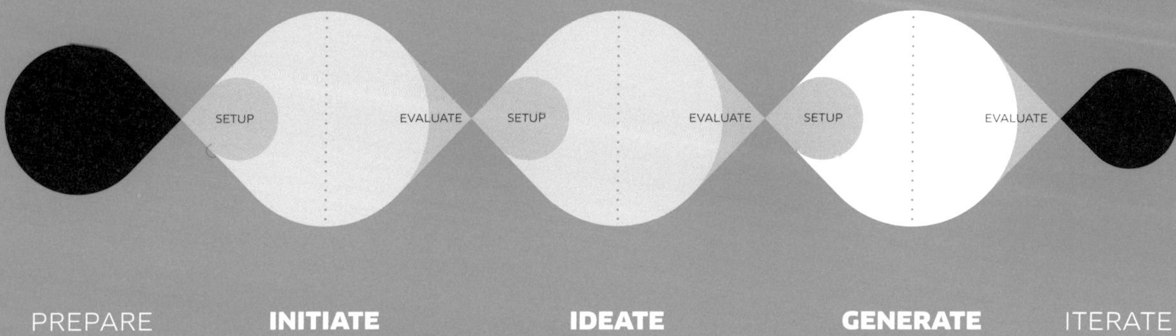
SETUP
EVALUATE
SETUP
EVALUATE
SETUP
EVALUATE
PREPARE
INITIATE
IDEATE
GENERATE
ITERATE

# GENERATE

Auch eine gute Idee ist noch kein fertiges Produkt. Arbeiten Sie sich in drei Schritten von einem vielversprechenden Innovations-Ansatz zur Marktreife voran.

## Erweitern und Verdichten

In dieser Phase geht es um die Gewinnung vertiefter Einsichten in die gewonnenen Ideen. Betrachten Sie die bisher generierten Impulse aus möglichst vielen Perspektiven. Identifizieren Sie Chancen und Risiken, Stärken und Schwächen. Erkennen Sie dabei spannende Alternativen, bisher verborgene Möglichkeiten und neue Wege. Verdichten Sie Ihre Ergebnisse und arbeiten Sie sie anschließend wieder weiter aus. Die hier vorgestellten Methoden und Tools führen Sie systematisch an Nutzerverhalten, Produktkategorien, Dienstleistungen, Prozesse und Geschäftsmodelle heran, um Ihre Ideen aus möglichst vielen Perspektiven betrachten zu können. Denn ein Produkt könnte auch eine Dienstleistung oder ein Geschäftsmodell werden und umgekehrt. Denken Sie in Möglichkeiten, Ihre Ideen umzusetzen. Suchen Sie nach ungewöhnlichen Chancen – nicht nach Hinderungsgründen.

## Ausarbeiten

Anschließend bringen Sie die weiter ausgearbeiteten Ideen als Grobkonzepte, Innovationssteckbriefe oder Prototypen in eine greifbare und kommunizierbare Form. Sie beziehen ganzheitlich wirtschaftliche, technologische, rechtliche Perspektiven ein. Das hilft Ihnen nicht nur bei der Vorstellung der Innovationsansätze bei Entscheidungsträgern, Stake- und Shareholdern, sondern auch bei Beta-Testern und allen anderen Involvierten. Und vor allem: bei Ihnen selbst. Erst wenn Sie alle Fragen rund um eine Idee beantworten können, haben Sie sie selbst verstanden.

## Next Stop Marktreife

Hat einer Ihrer Ansätze schließlich alle Hürden genommen, wollen Sie ihn natürlich auch zur Marktreife bringen. Wie Sie Ihre Prozesse und das Projektmanagement führen können, wie Sie mit Stakeholdern umgehen sollten, was es beim internen Innovationsmarketing zu beachten gilt und was zu einem Businessplan gehört, erfahren Sie im letzten Abschnitt dieses Kapitels.

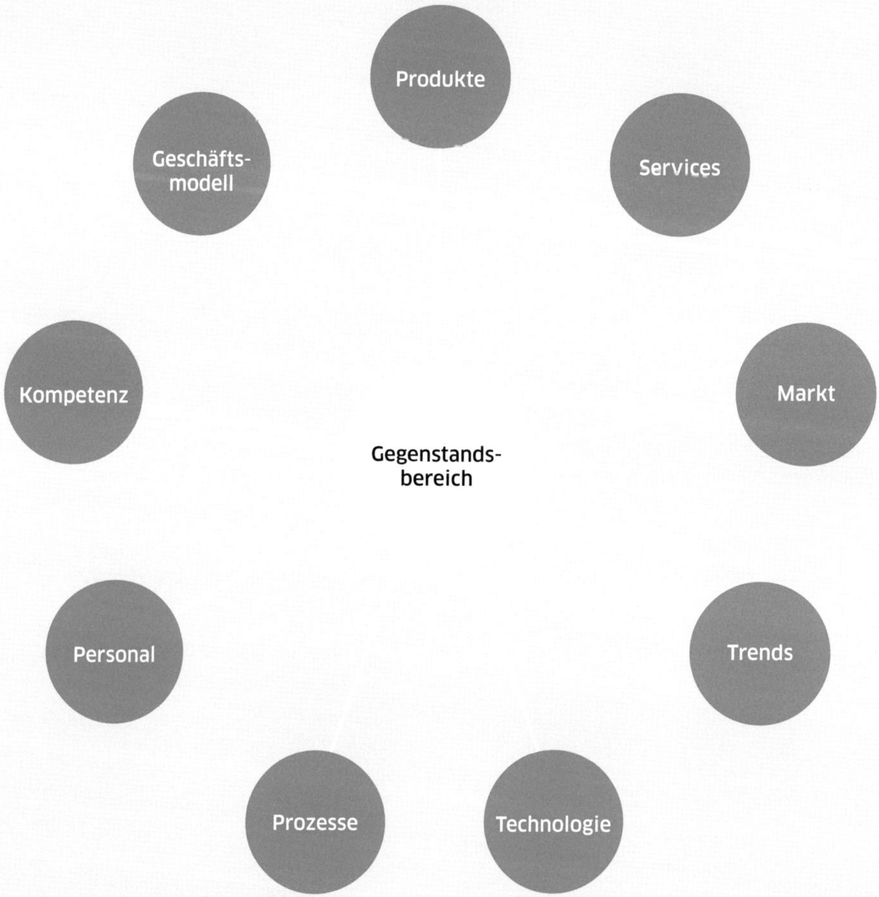
Produkte
Services
Markt
Trends
Technologie
Prozesse
Personal
Kompetenz
Geschäfts-
modell
Gegenstands-
bereich

# ERWEITERN UND VERDICHTEN

## Divergenz-Map

Wie zu Beginn des Innovationsprozesses sollten Sie in dieser Phase auch wieder in Möglichkeiten denken und jetzt die generierten Impulse erneut aus verschiedenen Perspektiven betrachten. Auch wenn Ideen aus einem bestimmten Handlungsfeld heraus entstanden sind, lohnt es sich, sie erneut unter diese Lupe zu nehmen und jetzt Alternativen, andere Blickwinkel, Kombinationen, Möglichkeiten, Chancen und neue Wege zu entdecken.

Denken Sie in Produkten, Dienstleistungen, Prozessen, Geschäftsmodellen, neuen Kompetenzen, Kunden und Nutzern, Märkten, Technologien, Trends und Alleinstellungsmerkmalen. Jetzt allerdings nicht aus einer globalen Flughöhe, sondern aus Sicht der Idee: In welchem Bereich bietet der Ansatz noch spannende Möglichkeiten, an welchen Stellschrauben müssen Sie dafür drehen?

Lassen Sie sich einfach noch mal von den Gegenstandsbereichen aus der Initiate-Phase inspirieren.

## Filterfragen: Bewertungskriterien

Was macht eine gute Idee aus? Stellen Sie sich Filterkriterien zusammen, anhand derer sie die Qualität einer Idee bewerten wollen. Hier spielen auch die Werte und Treiber Ihrer Innovationsstrategie hinein.

## Fast-Cheap-Good

Sie kennen das: Es gibt drei Eigenschaften »schnell, billig, gut« – sie dürfen nur zwei wählen. Die beiden umsetzungsorientierten Kriterien Geschwindigkeit und Preis des Projekts stehen dabei oft im Widerspruch zur Güte des Ergebnisses.

## Ressourcen und Kompetenzen

Ihr Innovationsprojekt soll ausschließlich oder mit möglichst vielen Ihrer bestehenden eigenen Ressourcen und Kompetenzen umsetzbar sein? Inhouse mit Ihrem Maschinenpark, der vorhandenen Hard- und Software und dem aktuellen Personal- und Raumangebot? Kann man machen, wenn man ganz am Anfang der Innovationsaktivitäten steht, um zunächst das eigene Potenzial auszuloten. Kreativität und somit Innovation entsteht jedoch aus dem Zusammentreffen von altem Wissen mit neuen Erkenntnissen – sorgen Sie für viele dieser unerwarteten Begegnungen.

## Begeisterung

Lesen Sie schnell noch mal beim Kano-Modell nach: Haben Ihre Ideen und Ansätze Begeisterungs- und Leistungsmerkmale? Oder erfüllen sie lediglich Standarderwartungen ganz okayisch?

## Originalität

Die Lösung soll möglichst neu und kreativ sein, idealerweise Alleinstellungsmerkmale beinhalten, hervorheben oder erzeugen? Auf jeden Fall ist sie unerwartet.

Das müssen nicht unbedingt absolute, also Weltneuheiten sein. Auch relative Cross-Innovations können, wenn sie erstmalig in einem neuen Umfeld angewandt werden, sehr originell und überraschend sein.

# 2x2-Matrix

Die 2x2-Matrix ist das Tool für alle Fälle, um Ideen zu bewerten, einzuordnen, zu vergleichen, aufzuteilen, zu clustern. Bekannte Beispiele sind die Boston-Consulting-Group-Matrix zur Portfolio-Bewertung – daher kommt übrigens die bekannte Cash-Cow – oder die Eisenhower-Matrix zum Zeit- und Selbstmanagement.

Legen Sie dazu einfach ein Koordinatenkreuz an und benennen Sie die beiden Achsen nach Bewertungskriterien. Setzen Sie diejenigen Kriterien ein, die Ihnen jetzt am wichtigsten sind: Originalität, Umsetzungszeitraum, ressourcenschonend, ökologisch, Planungssicherheit, Marktwachstum, Strategie-Fit …

Für ein Beispiel sollen es »Wert für den Nutzer« und »Implementations-Zeitraum« sein. Links beziehungsweise unten stehen negative Ausprägungen (also z.B. geringer Nutzwert, langer Zeitraum), rechts und oben positive Ausprägungen (hoher Nutzwert, kurzer Zeitraum, Kosten).

Diskutieren und bewerten Sie jeden Ansatz bezüglich dieser beiden Kriterien und ordnen Sie sie entsprechend ein. Mit den Ideen aus dem rechten oberen Quadranten gehen Sie in die nächste Runde. Die übrigen kommen ins Ideen-Zwischenlager. Oder erhalten eine zweite Chance, wenn Sie darüber nachdenken wollen, an welchen Stellschrauben Sie drehen wollen, um eine semigeil bewertete Idee trotz aller Nachteile doch noch in die Umsetzung zu bekommen.

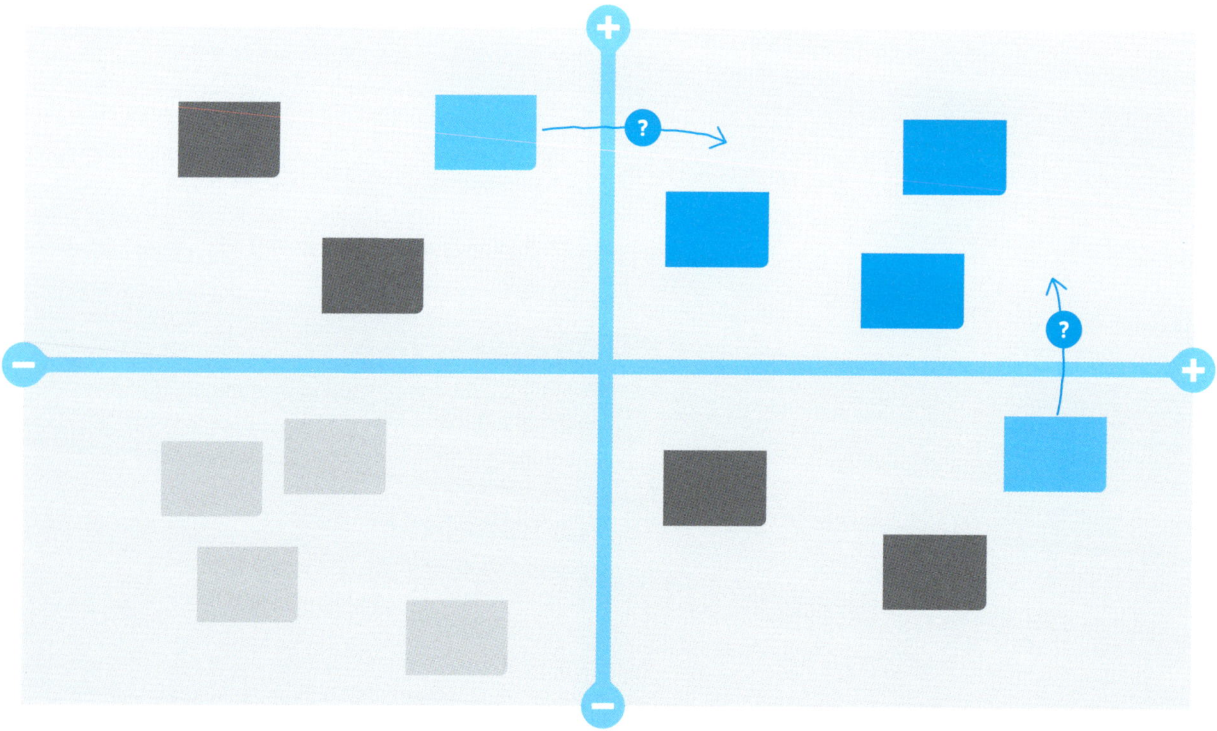

# Empathy-Map

Um schnell eine Vorstellung von den Bedürfnissen und Einschätzungen Ihrer potenziellen Nutzer zu erhalten, versetzen Sie sich in deren Lage und tragen Ihre (möglichen) Gedanken zusammen: Was sieht, hört, sagt, tut und denkt Ihre Zielgruppe in Bezug auf den Ideen-Ansatz? Wie, wann, wo, warum würden sie es benutzen? Wie, wann, wo, warum nicht? Was stört sie, was finden sie gut, was erwarten sie, was überrascht sie? Da eine Empathy-Map die Antworten von Nutzern lediglich simuliert, ist deren Aussagekraft natürlich eingeschränkt. Wichtig ist daher, dass Sie vollkommen aufrichtig, selbstkritisch und neutral in Bezug auf die angenommenen Antworten sind: Reden Sie sich Ideen nicht schön. Stellen Sie Fehler, Nachteile, Mängel, Schwächen klar und offen heraus. Legen Sie den Finger in die Wunde. Welche Fragen bleiben offen? Nur so werden Sie weitere Insights für die weitere Ausarbeitung der Idee generieren.
Idealerweise gehen Sie in der Generate-Phase noch einen Schritt weiter und nutzen die Empathy-Map als Interview-Leitfaden mit echten Nutzern oder Beta-Testern Ihres Prototyps.

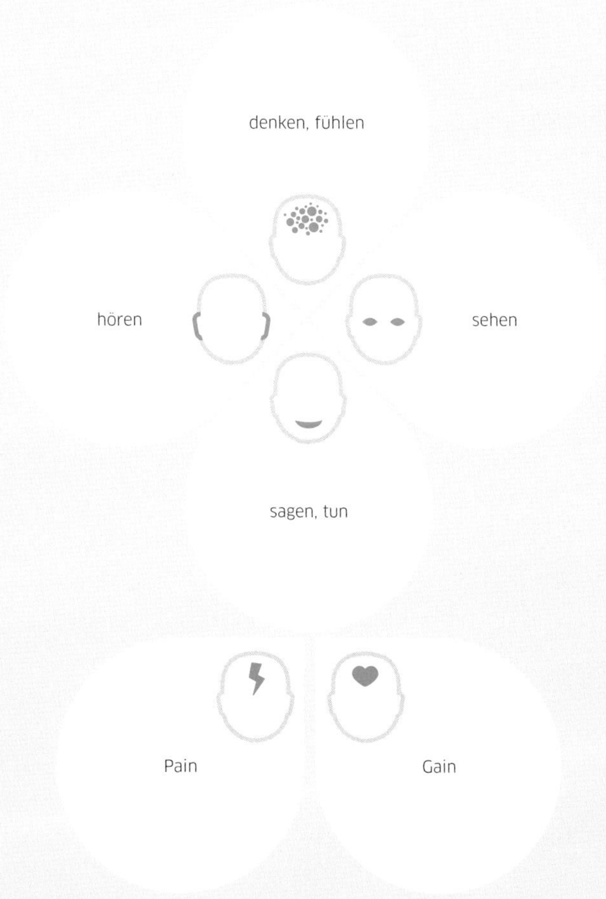

# Pretotyping

Pretotyping ein fantastisches Werkzeug, um zusätzliche Impulse für erste Ideen-Ansätze zu generieren. Ein Pretotype, Kurzform von Pretendotype, ist die sehr grobe Vorstufe eines Prototyps – eine Art Simulation. Es hat einige Merkmale wie vielleicht Größe, Gewicht, gegebenenfalls ungefähres Aussehen, vielleicht sogar ein bewegliches Teil, ist aber ansonsten völlig unfunktional. Denn alle weiteren Ideen sammeln und generieren Sie, indem Sie lediglich in Ihrer Imagination so tun, als würden Sie den Pretotype in der beabsichtigten Weise benutzen. Das kann ein kleines Test-Zeitfenster, aber auch Stunden, Tage oder Wochen sein: Verhalten Sie sich stets so, als würde der Pretoytype bereits funktionieren. Simulieren Sie dessen angedachte Verwendung oder Funktion: Unter welchen Umständen kommt er zum Einsatz, auf welchen Knopf muss man zuerst drücken, wie lange dauert die Nutzung, wie macht er auf sich aufmerksam, wann stört er, wo kommt er nachts hin, welche Messwerte liefert er ...?

Vielleicht noch stärker als ein Prototyp ist auch der Pretendotype eher ein Objekt des Lernens, Verbesserns und Fehler-Erkennens.

Eine Anekdote erzählt die Geschichte des Palm Pilot, eines der ersten Personal Digital Assistants (PDA) und Vorläufer der Smartphones: Anstatt zeit- und kostenaufwendig Prototypen entwickeln zu lassen, testete Jeff Hawkins seine Ideen zum PDA mit einem kleinen, mit Post-its beschrifteten Holzbrettchen, das er für eine Weile mit sich herumtrug und so tat, als funktioniere es.

In der Software-Entwicklung skizzieren Sie mit ein paar Bleistiftstrichen auf Post-its eine App – dann bitten Sie jemanden, die App zu benutzen, während Sie selbst die eigentlichen Aufgaben der Software für den Probanden mit dem Verschieben von Zettelchen simulieren. Sowohl konzeptionelle Fehler und Verbesserungen als auch coole Features lassen sich auf diese Weise leicht entdecken.

Wie auch beim Bodystorming sammeln und generieren Sie Ideen über das (sich) Beobachten, Tun und Beschäftigen. Sie müssen nicht alles komplett von A bis Z vorab fertig denken, delegieren Sie das ans Pretotyping.

## Schnell: Lo-Tech

Ein großer Vorteil von Pretotypes sollte sein, dass sie schnell und billig gemacht sind – zur Orientierung: Es gibt immer auch den »1-$ Prototype«. Stecken Sie also so wenig Zeit und Aufwand in den Bau wie möglich – verwenden Sie Pappe, Klebstoff und Schere. Je aufwndiger der Pretotype, desto verliebter sind Sie in ihn und halten an ihm fest. Lassen Sie das nicht zu. Kill your darlings.

## Retropolation und Re-Gnose

Spannend und spekulativ: Probieren Sie sich als Science-Fiction-Autor und formulieren Sie »Was wäre, wenn ...«-Storys. Entwickeln Sie Szenarien, die Ihre Idee als bereits umgesetzt beschreiben. Denken Sie dabei an verschiedene Zeitpunkte: Markteinführung, frühe Marktakzeptanz und Etablierung. Wie reagieren Kunden, Nutzer, Mitarbeiter, der Markt, Ihre Mitbewerber? Und vor allem: Wie sind die dorthin gekommen? Ergeben sich Folge- und Umfeld-Innovationen, entstehen Produkt-Ökosphären, bilden sich neue Nutzer- oder gar Fan-Gruppen? Machen Sie (natürlich fiktive) Beobachtungen, schauen Sie genau hin, was hat sich verändert, welche Effekte sind eingetreten, welche Hindernisse waren zu überwinden? Gewinnen Sie ein »Picture of the Future«.

Erstellen Sie eine Roadmap, indem Sie Zeitpläne zurückrechnen sowie Abhängigkeiten und Risiken identifizieren. Natürlich ist das alles rein spekulativ, allerdings hilft es Ihnen, ein lebendiges Bild Ihrer Idee zu gewinnen. Wie gefällt es Ihnen?

## Must-have, should-have, nice-to-have

Welche Eigenschaften, Funktionen, Nutzen, Werte, Features muss Ihre Innovation unbedingt aufweisen? Welche sollte sie tunlichst oder idealerweise haben und welche wären die Kirsche auf der Sahne?

Teilen Sie die generierten Ideen nach dem Kano-Modell (*siehe Seite 13/14*) anhand ihrer jeweiligen Basis-, Leistungs- und Begeisterungsmerkmale ein. Legen Sie anschließend fest, ob und wenn ja, welche Eigenschaften Sie ergänzen oder ausfeilen müssten, damit sich der Ansatz weiter nach oben bewegt.

Die Ansätze mit den meisten Begeisterungsmerkmalen kommen eine Runde weiter.

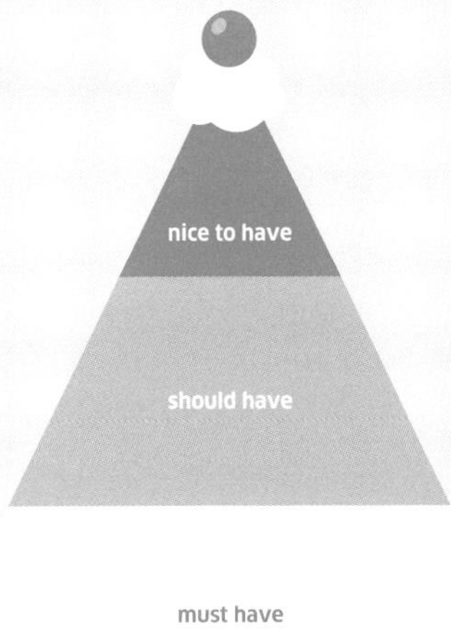

# IDEA SWOT

In der Initiate-Phase haben Sie die Innovationspotenziale Ihres Unternehmens mit dem Blick nach innen auf Stärken, Schwächen, Chancen und Risiken hin abgeklopft.

Jetzt bewerten Sie die generierten Ideen und Ansätze nach diesen Kriterien. Schätzen Sie jede Idee einzeln ein: Welche ihrer Stärken sind Chancen, welche Risiken – und welche Schwächen eröffnen Chancen beziehungsweise stellen Risiken dar?

Vergleichen Sie anschließend die Ideen miteinander: Welche Idee hat die meisten Chancen und Stärken? Welche birgt mehr Risiken und Schwächen? Sind die Risiken akzeptabel, vielleicht kompensierbar, vernachlässigbar oder vielleicht unwahrscheinlich?

Nehmen Sie die Gewinner-Typen mit in die nächste Runde. Die anderen warten auf eine zweite Chance im Ideen-Reservelager.

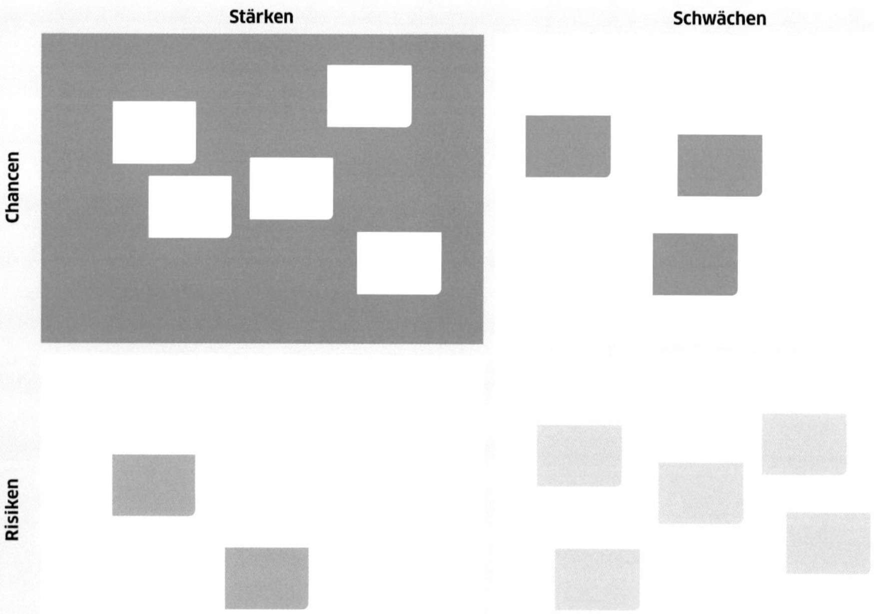

# Ambidextrie

Für nachhaltigen Unternehmenserfolg benötigen Sie sowohl effiziente und effektive Produkte und Dienstleistungen für das Tagesgeschäft als auch kreative und wandlungsfähige Innovationen und Ziele für den Erfolg von morgen.

Organisationale Ambidextrie beschreibt die Fähigkeit eines Unternehmens, gleichzeitig Bestehendes effizient auszunutzen – Exploitation – als auch flexibel mit Neuem umzugehen – Exploration. Exploitation setzt auf inkrementelle Verbesserungen, auf Effizienz in Kosten, Margen, Profit, Produktivität, Zeit, Stabilität und Risikominimierung. Exploration auf radikale Innovation, Agilität, Visionen, Experimente, Wachstum, Meilensteine und nimmt Risiken in Kauf. In der Elektromobilität ist das derzeit gut zu beobachten: Fahrzeughersteller handeln beidhändig und setzen auf reife und junge Technologien gleichermaßen.

Bauen Sie sich eine 2x2-Matrix mit der x-Achse »technologischer Fortschritt« und der y-Achse »Effizienz«. Bewerten und platzieren Sie jede Idee bezüglich dieser beiden Werte: je neuer, ungewöhnlicher, kreativer und wandlungsfähiger, desto weiter rechts von der Mitte. Und gleichzeitig, wie sehr steigert die Idee die Effizienz der Lösung? An einem Beispiel: Um einen Nagel einzuschlagen, könnte man einen Hammer konstruieren, der sein Ziel nie verfehlt: große Effektivität, geringe Kreativität – links oben. Eine Innovation, die Nägel überflüssig macht, weil eine andere Form der sofortigen und dauerhaften Verbindung gefunden wurde, mag zunächst vielleicht etwas teurer und damit weniger effizient sein, ist aber kreativer: rechts unten. Eine Innovation, die den Nagel nie verfehlt, weil er bis zum Einschlagen vom Werkzeug gehalten und nachgeladen wird: rechts oben. Viele Elektro-Werkzeuge mit Akkus steigern die Effizienz, weil der kabelbedingt eingeschränkte Aktionsradius und die Unabhängigkeit maximal vergrößert werden.

Widmen Sie Ansätzen im rechten oberen Bereich Ihre volle Aufmerksamkeit. Spendieren Sie Ansätzen im rechten unteren Bereich eine eigene Kreativ-Session, um Ideen zu deren Effektivitätssteigerung zu generieren.

# Experten: Delphi-Methode

Das Orakel von Delphi war eine Weissagungsstätte im antiken Griechenland. Statt Götter fragen wir heute Experten. Unsere Opfergabe: gut ausformulierte und verständliche Ideen-Steckbriefe (siehe dort). Anders als in der Antike wissen unsere Experten jedoch nichts voneinander.

Profitieren Sie von der Erfahrung, Kompetenz und Urteilsfähigkeit ausgewiesener Fachleute aus verschiedenen Disziplinen: Technologie, Controlling, Marketing, Produktion, Personal, Beschaffung ... Je unterschiedlicher, desto breiter gefächert die Ergebnisse. Dabei dürfen Sie sowohl externe als auch interne Experten für das Projekt begeistern – Verschwiegenheitsvereinbarung inklusive.

Legen Sie ihnen die Ideen-Steckbriefe zur Einschätzung vor. Idealerweise mit ein paar Fragen zur Validität der bisherigen Beurteilung der Ideen und natürlich mit der Bitte um eine Einschätzung und Kommentierung aus dem jeweiligen fachlichen Domänenwissen.

Besonderheit: Die Experten dürfen nicht untereinander kommunizieren, um das Ergebnis nicht durch Gruppendynamik zu beeinflussen. Vielleicht lassen Sie sie auch gar nicht erst wissen, dass sie Teil einer Gruppe sind. Die Größe der Expertengruppe bestimmen Sie beziehungsweise Ihr Ressourcen-Budget.

Nach einer angemessenen Frist sammeln Sie die Einschätzungen ein und werten Sie für Ihre eigene finale Beurteilung aus. Sollten sich starke Diskrepanzen bei den Einschätzungen ergeben, formulieren Sie diese und geben die entsprechend ergänzten Steckbriefe erneut in die Expertenrunde. Jetzt mit der Bitte, zu den Widersprüchen Stellung zu nehmen. Das wiederholen Sie so lange, bis einigermaßen Konsens erreicht ist (oder Ihre Ressourcen für den Innovationsprozess aufgebraucht sind).

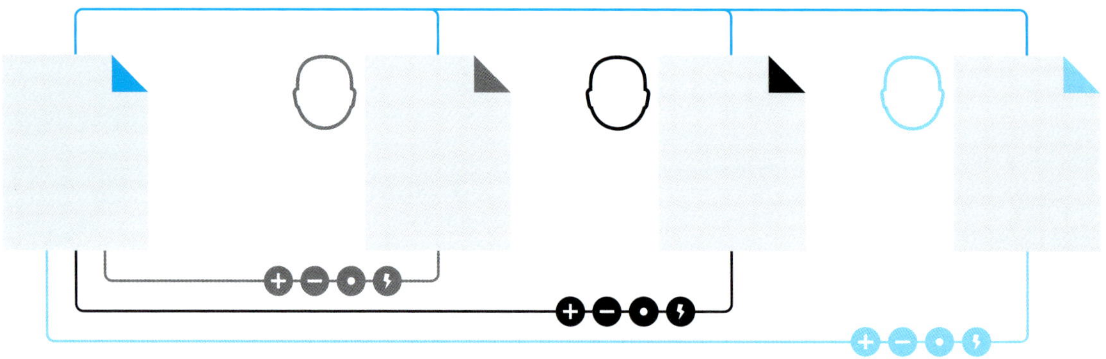

# Value-Proposition-Design

Sieben von zehn neuen Produkten fallen bei den Nutzern durch – aus den merkwürdigsten und verschiedensten Gründen. Alex Osterwalder und Yves Pigneur analysierten das manchmal komplizierte Verhältnis von Produkten und Dienstleistungen und deren Nutzern und identifizierten mangelnde Werthaltigkeit als einen der Hauptgründe für das Scheitern neuer Produkte.

## Value-Proposition-Canvas

Ein Value-Proposition-Canvas (VCP) hilft, die Bedürfnisse von Kunden und Nutzern (Customer Profile, CP) und die vom Produkt beziehungsweise Service gelieferten Werte (Value-Map, VM) in Einklang zu bringen. Hier gibt es Ähnlichkeit zur »Jobs-to-be-done«-Methode.

Das Customer-Profile beschreibt, welche Aufgabe der Nutzer erledigen oder welches Ziel er mit dem Produkt beziehungsweise dem Service erreichen möchte – welchen Job er erledigt haben möchte. Dafür gibt es verschiedene Gründe: rein funktionale, aber auch soziale – wie etwa Integration, Ansehen oder Prestige – und emotionale, wie Zufriedenheit erlangen. Daneben beschreibt es, was Kunden daran hindert, stört, nervt, die Aufgabe oder das Ziel, in der von ihm/ihr beabsichtigten oder gewünschten Weise zu erreichen und die zu Enttäuschungen und Frustration führen (Pains). Positive Erfahrungen und Erwartungen fassen Sie unter Gains zusammen: Vorteile, Features, Funktionen, konkrete Ergebnisse, Freude, Ease-of-Use ...

Auf der anderen Seite beschreibt die Value-Map die Produkte und Services in ihrer Funktion als schmerzlindernde Lösung (Pain Relievers) für die negativen Erfahrungen: Wie hilft das Produkt, mindert oder eliminiert Probleme bei der Bewältigung der Aufgabe? Wie macht es das Leben des Nutzers einfacher? Außerdem sammelt man alle positiven Eigenschaften, die das Produkt beziehungsweise den Service noch ein bisschen besser, schneller, einfacher, günstiger machen, optimieren, überraschen, begeistern ... (Gain Creators).

Anschließend gleichen Sie die Value-Map mit dem Customer Profile ab: Je mehr der konkreten Pains vom Produkt gelöst werden und je mehr der positiven Erwartungen unterstützt und verstärkt werden, desto besser.

Achtung: Konkrete Pains lassen sich nicht mit egal wie vielen Gain Creators kompensieren. Erst wenn Sie für jedes relevante Pain ein Schmerzmittel bereitstellen können, hat Ihr Produkt Aussicht auf Erfolg. Natürlich dürfen Sie sich auch auf bestimmte Pains und Gains konzentrieren und so eine Teillösung anbieten.

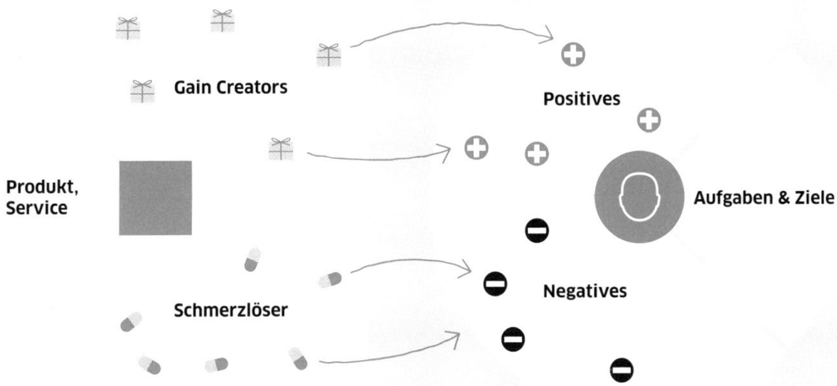

## TRIZ

Die »Theorie des erfinderischen Problemlösens« hält eine Menge nützlicher Prinzipien parat, die insbesondere für technische Innovationen hilfreich sind, aber auch konzeptionell sehr produktive Impulse liefern. TRIZ ist ein insgesamt viel umfassenderes System, aus dem hier lediglich die innovativen Prinzipien herausgepickt wurden. Sie können die TRIZ-Prinzipien in der Ideengenerierung, aber auch in der Ausarbeitung nutzen.

Gehen Sie mit Ihrer Idee alle Begriffe nacheinander sorgsam durch und überlegen Sie im Team oder Kopfkino, welche Effekte, Veränderungen und Möglichkeiten sich so ergäben. Glücklicherweise sind die Namen aller Prinzipien selbsterklärend – dort, wo es vielleicht nicht ganz so passend scheint, dürfen Sie für das kreative Potenzial etwas an den Haaren herbeiziehen oder überspringen.

**Segmentierung und Zerlegung**
**Abtrennung**
**Örtliche Qualität**
**Asymmetrie**
**Kopplung**
**Universalität**
**Verschachtelung**
**Gegenmasse**
**Vorgezogene Gegenwirkung**
**Vorgezogene Wirkung**

**Vorbeugemaßnahmen**
**Äquipotenzial**
**Funktionsumkehr**
**Kugelähnlichkeit/Krümmung**
**Dynamisierung**
**Partielle/überschüssige Wirkung**
**Höhere Dimension**
**Mechanische Schwingung**
**Periodische Wirkung**
**Kontinuität**

**Durcheilen/Überspringen**
**Schädliches in Nützliches verwandeln**
**Rückkopplung/Feedback**
**Mediator/Vermittler**
**Selbstversorgung/Selbstbedienung**
**Kopieren**
**Billige Kurzlebigkeit**
**Mechanik ersetzen**
**Pneumatik/Hydraulik**
**Biegsame Hüllen/dünne Folien**

**Poröse Werkstoffe**
**Farbänderung**
**Homogenität/Gleichartigkeit**
**Beseitigung und Regeneration**
**Eigenschaftsänderung/Parameteränderung**
**Phasenübergänge**
**Wärmeausdehnung**
**Starke Oxidationsmittel**
**Inertes Medium**
**Zusammengesetzte Stoffe**

# Four-Actions-Framework

Was wollen Sie einführen oder stärken, was verringern oder eliminieren? Auf diese einfache Formel lässt sich das Four-Actions-Framework aus dem Wirtschaftsbestseller »Blue Ocean Strategy« von Chan Kim und Renée Mauborgne zusammenfassen. Die Blue Ocean Strategy gibt damit Impulse, aus der traditionellen Mikro-Differenzierung von Konkurrenz-Produkten auszusteigen und stattdessen völlig neue Märkte mit Wertinnovationen zu schaffen.
Nehmen Sie also Ihren Ansatz noch einmal mit diesen vier Impulsen intensiv unter die Lupe. Schalten Sie Ihr Kopfkino auf höchster Leistungsstufe ein und spielen Sie die Szenarien durch.

## Eliminieren

Welche branchenüblichen Leistungsmerkmale oder Faktoren sollen weggelassen werden?

## Reduzieren

Welche typischen Merkmale sollen unter die Branchen-Standards gesenkt werden?

## Aufstocken

Welche Merkmale sollen die Branchenstandards weit übertreffen?

## Erzeugen

Welche Merkmale, Features, Eigenschaften sollen eingeführt werden, die es in der Branche bisher nicht gab?

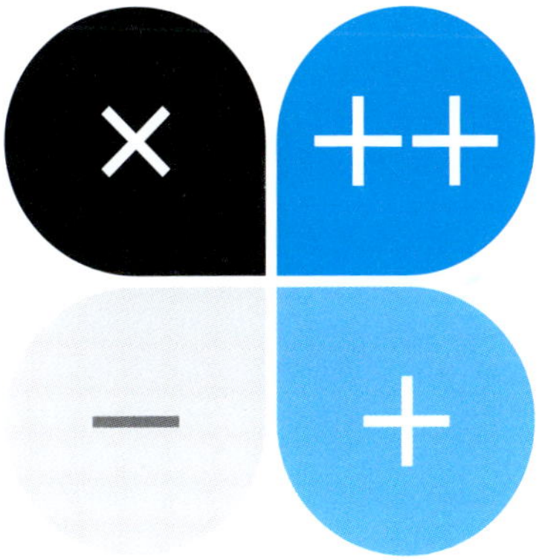

# AUSARBEITEN

Idealerweise haben Sie am Ende der Ideation-Phase besonders vielversprechende Ansätze mit Ideen-Steckbriefen in eine vergleichbare und kommunizierbare Form gebracht. Damit konnten Sie in der ersten Generate-Phase »Erweitern und Verdichten« Ideen genauer unter die Lupe nehmen, an Stellschrauben drehen, feintunen, modifizieren, erweitern, drehen, wenden, feilen, polieren, ausarbeiten, optimieren – und aussortieren.

Jetzt geht es darum, eine ganzheitlichere Perspektive einzunehmen: Ideen nicht mehr nur für sich, sondern in einem Kontext von Unternehmensmöglichkeiten, Marktpotenzialen, Wettbewerbssituationen, Dienstleistungskonzepten, Geschäftsmodellen, Gesetzen und Patenten, strategischem Fit, Kooperationen und nicht zuletzt der Wirtschaftlichkeit zu betrachten. Weitere Konkretisierungen zu schaffen, Arbeits- und Entscheidungsmaterial für nächste Phasen zu erarbeiten, Ausweich-Realisierungen und Alternativen finden, Risiken identifizieren und den Umgang damit definieren. Jetzt ist endlich auch die Zeit für Prototypen.

# Grobkonzept

Das Grobkonzept ist ein erster, vorläufigen Plan, mit dem Sie die Innovation der Straße ein Stück näherbringen. Jede Idee, jeder Ansatz benötigt ein eigenes Grobkonzept. Kleine Routine-Innovationen können Sie detailliert und granular planen, Verbesserungs-Innovationen enthalten häufig einige Unsicherheiten, die sich zum Projektstart oft nicht einschätzen und das Ende im Nebel unsichtbar werden lassen. Radikale Innovationen enthalten so viele Unwägbarkeiten, dass Sie sie »auf Sicht« und agil steuern müssen.

Nicht nur, wenn Sie in einem Team arbeiten, hilft Ihnen die Strukturiertheit des Grobkonzepts, leichter aus der freien kreativen Phase in die komplexere Generate-Phase überzugehen.

Auch wenn jede Innovationsart unterschiedlich ist – darüber sollten Sie in Ihrem Grobkonzept zumindest einmal nachdenken:

**Kurzbeschreibung der Innovation**

Hier können Sie den angereicherten Ideensteckbrief nutzen.

**Systemgrenze**

Was soll Bestandteil des Projekts sein, was nicht?

**Rahmenbedingungen**

Sie kennen das: Zeit, Budget, Qualität, Personen, Priorität, Orte

**Ziele & Erwartungen**

Welche Aufgaben wollen Sie erledigen, welche Ziele erreichen? Die Erarbeitung des Innovations-Steckbriefs, Entwicklung der Prototypen oder Analyse der Risiken wären z.B. solche Aufgaben.

**Rollen & Aufgaben**

Wer übernimmt wann welche Aufgabe, hat welche Kompetenzen und verantwortet was?

**Ressourcen**

Welche Ressourcen wollen, dürfen, können, müssen Sie wann in welchem Umfang nutzen?

**Risiken**

Welche Risiken zeichnen sich ab und sollten genauer unter die Lupe genommen werden?

*Wird vor lauter Kreativität gerne übersehen, aber Innovationsmanagement ist eben auch solides Projektmanagement:*

**Kommunikation & Dokumentation**

Wie und womit kommunizieren Sie? Wie, wo und in welcher Form sollen Ergebnisse dokumentiert werden?

**Timing**

Welche Phasen, Meilensteine und Termine gibt es?

# Innovationssteckbrief

Erinnern Sie sich an den Ideen-Steckbrief? Nehmen Sie jetzt eine ganzheitlichere Sichtweise ein. Neben einer sehr detaillierten Beschreibung der Idee selbst beziehen Sie nun auch den Kontext von Unternehmensmöglichkeiten, Marktpotenzialen, Wettbewerbssituation, Dienstleistungskonzepten, Geschäftsmodellen, Gesetzen und Patenten, Risiken, strategischem Fit, Kooperationen und nicht zuletzt der Wirtschaftlichkeit ein. Damit bringen Sie sie mit bereits bestehenden Produkten und Dienstleistungen auf einen Informationsstand und machen sie besser vergleichbar. Außerdem mindern Sie das Risiko von Ressourcenvergeudung. Ebnen Sie den Weg von der Idee zum Businessplan.

**Allgemeine Beschreibung**

Was ist die innovative Idee? Welche Hauptfunktion, welches Wirkprinzip, welche besondere Features hat es?

**Marktpotenzial**

Wie groß ist das Marktpotenzial, welche Zielmärkte, Ziel- und Kundengruppen, Marktsegmente gibt es?

**Wettbewerb**

Welche anderen gibt es (schon), wie groß und intensiv ist der Wettbewerb, sind Sie Early Adopter eines Trends, welche Alleinstellungsmerkmale hat Ihre Innovation?

**Produkt- und Dienstleistungskonzept**

Gibt es ein Gesamtkonzept, zu dem Ihre Innovation gehören würde? Welche Besonderheiten oder Abhängigkeiten gibt es?

**Geschäftsmodell**

Gibt es ein eigenes, besonderes Geschäftsmodell? Wovon wäre der Erfolg abhängig?

**Standards, Gesetze, Richtlinien**

Welche Vorgaben müssen gegebenenfalls eingehalten werden und kennen Sie sich damit aus?

**Patent- und Technologie-Check**

Müssen Patente oder Technologien eingekauft werden, gibt es die benötigten Technologien überhaupt schon?

**Kooperationen**

Welche Partner oder Kooperationen brauchen Sie oder wären enorm hilfreich?

**Strategie-Fit**

Passt die Innovation zur strategischen Ausrichtung des Unternehmens beziehungsweise zum Produktportfolio?

**Risikomanagement**

Welche Risiken bestehen und wie gehen Sie damit um (siehe Abschnitt *Risikomanagement*)?

**Realisierungs-Konzept**

Welche Ressourcen benötigen Sie voraussichtlich wann in welchem Umfang?

**Wirtschaftlichkeit**

Welche Investitionen in welchem Bereich sind voraussichtlich erforderlich?

**Anhänge**

Fassen Sie alles, was Ihnen an Zahlen, Daten, Fakten, Überschlagsrechnungen, Tests, Umfragen, Skizzen bereits zur Verfügung steht, zusammen.

# Risikomanagement

No risk – no fun. In jedem Innovationsprojekt werden sich Unsicherheiten, Störungen und Risiken auftun. Antizipieren Sie sie, erkennen Sie sie, bewerten Sie sie und erstellen Sie Aktions- und Reaktions-Szenarien mit Maßnahmenplänen für den Fall des Eintritts beziehungsweise zur Verhinderung.

## Prozessmanagement von Risiken

Identifizieren Sie zunächst Risikobereiche – wo und wann können Fehler und Gefahren auftreten: bei der Realisierung oder bei der Nutzung? Sind sie technischer, sozialer, ökologischer, terminlicher, finanzieller, qualitativer, politischer oder rechtlicher Natur?

Klären Sie für sich, wie Sie damit generell und im Einzelnen umgehen wollen (oder dürfen). Untersuchen Sie anschließend Ihren Innovations-Ansatz nach Anzeichen von Risiken und identifizieren Sie sie. Nach einer vorläufigen und prospektiven Risikoanalyse entscheiden Sie, ob und wie Sie das Risiko bewältigen, monitoren oder nicht eingehen wollen.

## Umgang mit Risiken

Ein Risiko muss kein Show-Stopper sein. Hier ein paar Handlungsoptionen mit abnehmender Risikobereitschaft:

**Akzeptieren:** Restrisiko hinnehmen

**Kompensieren:** mögliche Schäden in Preisgestaltung einbeziehen, Hilfe-Kits oder Ersatz bereithalten, Airbag

**Überlagern:** Kooperationen, Partner gewinnen, möglichen Schaden minimieren z.B. durch Versicherungen

**Vermindern:** stärker und häufiger kontrollieren, Fallbacks und Redundanzen etablieren

**Vermeiden:** Ausweg oder Alternative finden, Poka Yoke* einbauen oder doch aussteigen

**Poka Yoke**

ポカヨケ

Das japanische Fehlervermeidungs-Prinzip »Poka Yoke« antizipiert schon bei der Konzeption mögliche Fehler und sorgt so u.a. dafür, dass USB-Anschlüsse nur in einer Ausrichtung verbunden werden können (Seufz), SIM-Karten nicht falsch herum in den Slot gelegt und das Bargeld in einem Bankautomaten erst nach Entnahme der Karte ausgegeben wird, damit sie nicht im Automaten vergessen wird.

# Prototyp, Mockup, MVP

Sie haben Ideen generiert, Vorstellungen fabuliert, sich Szenarien ausgemalt, Skizzen gezeichnet ... jetzt ist es an der Zeit, Ihren Ideen etwas mehr Leben einzuhauchen.

Und um vorab mit einer weitverbreiteten Fehlannahme aufzuräumen: Nein, ein Prototyp ist kein schnell zusammengezimmertes Provisorium für das finale Produkt. Prototypen sind Lernobjekte zum Prüfen des Konzepts, zum frühzeitigen Aufspüren von Fehlern und zur Kommunikation mit den Stakeholdern. Sie werden iterativ verbessert. Konzentrieren Sie sich daher auf die wesentlichen Funktionalitäten und Leistungsmerkmale und ver(sch)wenden Sie gerade am Anfang weniger Zeit auf hübsche Nebensächlichkeiten. Es sei denn, wesentliche Stakeholder legen Wert auf Chichi und Bling-Bling ... dafür gibt's glücklicherweise die Mockups.

Je nachdem in welcher Branche und auf welchem Niveau Sie innovieren, sollten Ihre Prototypen entsprechend anspruchsvoll, belastbar und aussagekräftig sein. Die Zeit der Ein-Dollar-Prototypen aus Küchenutensilien und Bastelresten ist mit ziemlicher Sicherheit vorbei.

Wahrscheinlich benötigen Sie für verschiedene Projektabschnitte unterschiedliche Arten von Prototypen. Der klassische Prototyp ist ein in wesentlichen Teilen funktionales Objekt oder eine Teilkomponente davon. Er liegt damit zwischen zwei extremeren Ausprägungen: dem Mockup und dem Minimum-Viable-Produkt (MVP).

## Mockup

Mockups sind Demonstrationsmodelle oder Attrappen in einem mittleren bis späten Stadium der Produktentwicklung. Sie bieten eine ungefähre Vorstellung von Aussehen und Dimensionierung und umfassen oder simulieren auch rudimentäre Funktionen. Sie sind visuelle und haptische Oberflächen, die jedoch wertvolle Hinweise auf die User und Customer Experience liefern können. Das ist insbesondere bei Gestaltung von User Interfaces enorm wichtig.

## Minimum Viable Product

Ein Minimum Viable Product, also ein »minimal arbeitsfähiges Produkt«, hingegen ist ein in seinen essenziellen Kernfunktionalitäten real lauffähiges Objekt, das von Test-Nutzern ausprobiert werden kann. Sie stehen üblicherweise am Anfang einer iterativen technischen Entwicklung oder dienen als Ausgangspunkt für anderes. Als lauffähiges Produkt können sie aber auch einer speziellen Zielgruppe, den »Early Adoptern«, als Vorserienmodelle zur Verfügung gestellt werden. Einerseits um Marktakzeptanz und -potenziale zu testen, andererseits um Buzz zu erzeugen.

## Prototyping

Je nach Innovationsart und Projekttyp starten Sie an verschiedenen Stellen mit Ihrem Prototyp.

**Explorativ:** Sie wollen testen, ob die Idee oder das Konzept überhaupt funktioniert.

**Evolutionär:** Sie drehen an Stellschrauben und verbessern oder erweitern Funktionalitäten.

**Experimentell:** Sie sammeln erste Erfahrungen mit Nutzertests und analysieren auftretende Probleme.

**Vertical:** Man muss nicht alles komplett durch-prototypen – beginnen Sie mit dem wichtigsten Teilaspekt, den Sie jedoch in seiner vollständigen Funktionalität von A bis Z durchziehen. Das bietet sich für Prozesse an und zeigt Probleme bei Wechselwirkungen auf.

**Horizontal:** Begrenzen Sie sich auf eine Ebene, die dann ebenfalls weitestgehend abgebildet wird, zum Beispiel dem User-Interface.

# Service-Potenziale 2

Haben Sie bereits in der Initiate-Phase Service-Potenziale berücksichtigt und vielleicht den einen oder anderen Impuls daraus generieren können? Bestens.

Wenn nicht: Jetzt sollten Sie es unbedingt tun. Wechseln Sie die Perspektive von Ihrem Unternehmen oder Team auf die Idee.

Bei Dienstleistungen geht es im Kern stets darum, anderen Menschen oder Unternehmen Aufgaben abzunehmen, die diese aus den verschiedensten Gründen nicht selbst erbringen wollen, können oder dürfen. Sei es insgesamt oder partiell, permanent oder temporär, vorsätzlich oder beiläufig.

Klopfen Sie also Ihre Idee daraufhin ab, welche Aktivität Sie Ihrem Kunden oder Nutzer in Bezug auf das angedachte Produkt abnehmen könnten. Wo fehlt Wille, Zeit, Mittel, Wissen, Können oder Befugnis?

**Mittel**

Welche Mittel (Werkzeuge, Logistik, Flächen, Kapital) können Sie anbieten, damit Kunden das Produkt besser, leichter, einfacher, schneller, häufiger, unabhängiger, kontinuierlicher, überhaupt nutzen?

**Zeit**

Welche zeitlichen Aspekte können Sie im Zusammenhang mit der Produktidee anbieten? Lieferung, Hol- und Bringservice, Verbrauchsmaterial selbstständig nachschieben, Lernaufwand verkürzen, Wartezeiten minimieren oder überbrücken?

**Wille**

Wie können Sie dem Kunden die Verwendung des Produkts möglichst bequem und einfach machen?

**Wissen**

Mit welchem Wissen helfen Sie dem Kunden bei der Auswahl, Nutzung, Wartung oder Reparatur des Produkts?

**Können**

Mit welchen Fertigkeiten helfen Sie dem Kunden bei der Aufgabe, die mit dem neuen – oder modifizierten alten – Produkt bewältigt wird?

**Dürfen**

Mit welchen Qualifikationen, Zertifizierungen, Zulassungen, Eignungsprüfungen erweitern Sie den Wirkungskreis des neuen Produkts?

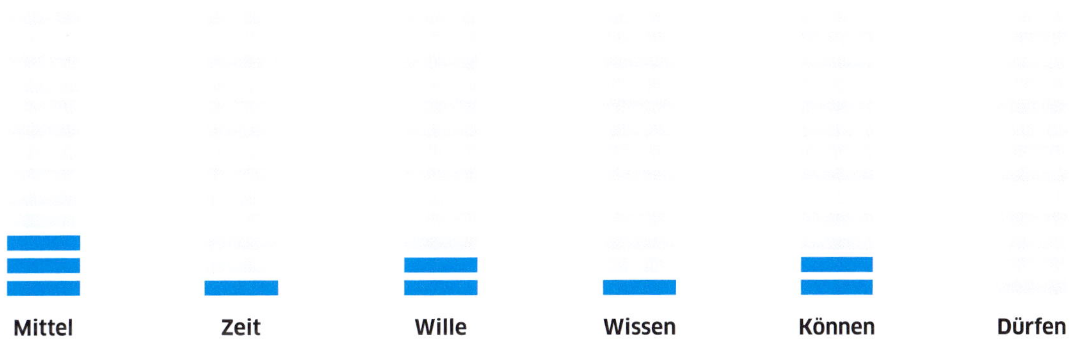

# Geschäftsmodelle

Wenn Sie bisher in Produkten oder Dienstleistungen gedacht haben, dann lohnt sich der Blick auf Geschäftsmodelle erst recht. Denn es ist nicht nur spannend, was für ein neues Produkt Sie in den Markt bringen, sondern auch wie. So gelang es einem bekannten Kaffeeröster auf der Suche nach neuen Absatzmöglichkeiten für seine Standard-Büro-Brühgeräte, eine ganze Economy-Sphäre – inklusive Hype – rund um seine Koffein-Kapseln aufzubauen: nebenbei eine neue Premium-Kaffee-Liga zu etablieren, lange Zeit Mitbewerber aus dem Markt fernzuhalten und dementsprechend einen weit überdurchschnittlichen Preis durchzusetzen. Das Beispiel ist drastisch, verdeutlicht aber das Momentum, das in der Anwendung von Geschäftsmodellen steckt.

Es gibt eine ganze Reihe von Geschäftsmodellen, die sich prinzipiell für die allermeisten Produkt- beziehungsweise Service-Kategorien eignen. Gehen Sie mit Ihren Basis-Ansätzen einfach mal alle vorgestellten Modelle systematisch durch und probieren Sie im Kopfkino die verschiedenen Möglichkeiten und Konsequenzen aus.

Bleiben Sie ausdauernd und hartnäckig – was anfangs vielleicht ungewohnt und absurd scheinen mag, stellt sich vielleicht als disruptiv in Ihrem Segment heraus.

## Razor & Blade

Könnte auch »Kaffemaschine & Kapsel« oder »Drucker & Tinte« heißen: Das Basisprodukt wird zu einem sehr niedrigen Preis, wenn nicht gar kostenlos, angeboten – das Verbrauchsmaterial jedoch zu relativ höheren Preisen. Inkompatibilität zu Mitbewerber-Produkten inklusive. Wie lässt sich Ihre Idee in Basisprodukt und Verbrauchsmaterial aufteilen?

## Freemium

Kostenlose Basisversion, nützliche kostenpflichtige Leistungsmerkmale: große Verbreitung garantiert. Was könnten Sie kostenlos anbieten, was würden Power-User darüber hinaus erwarten und dafür zahlen?

## Add-on

Basisangebot und etliche zubuchbare Extras. Airlines machen es vor: Sie wollen fliegen? Sie wollen mehr Gepäck mitnehmen? Sie wollen schnell einchecken? Sie wollen etwas essen?

In welche Leistungspakete ließe sich Ihr Produkt oder Service segmentieren?

## Flatrate

Einmal zahlen, grenzenlos nutzen. Funktioniert unter anderem schon bei Telefontarifen, ÖPNV-Monatstickets und exzessiven Alkoholpartys. Wie ließe sich Ihre Idee als Flatrate-Modell anbieten?

## Abonnement

Regelmäßige Einnahmen für regelmäßigen Zugriff auf gleichmäßige Leistungen. Welche Leistungen Ihres Produkts können Sie in dosierten Mengen zur Verfügung stellen?

## Franchising

Sie sind Markeninhaber, besitzen die Produkte und die Corporate Identity – Franchisenehmer übernehmen den operativen Part vor Ort und profitieren von der Bekanntheit der Marke, Qualität der Produkte beziehungsweise Dienstleistungen und Ihren Kompetenzen. Was können Sie sich von Gastronomie, Augenoptikern, Kaffeeröstern, Blumeneinzelhandel und Reifendiensten abgucken?

## Peer-to-Peer

Eine Ausprägung der Sharing-Economy: Teilen, Tauschen, Handeln, Mieten innerhalb einer Gruppe. Mit wem wollen Sie eine Gruppe bilden und was können sie gemeinsam nutzen? Vielleicht gründen Sie diese Gruppe?

## Supermarkt

Der 1-Stop-Shop: alles unter einem Dach. Was können Sie rund um Ihr Produkt oder Ihre Dienstleistung anbieten?

## Selfservice

Das IKEA-Prinzip: Teile der Wertschöpfungskette werden vom Kunden beziehungsweise Nutzer selbst erledigt, was den Preis reduziert. Was können Ihre Kunden und Nutzer gegebenenfalls selbst übernehmen?

## Auktion

Der Meistbietende erhält den Zuschlag. Kunden zahlen das, was sie bereit sind auszugeben. Hier spielt auch künstliche Verknappung eine Rolle. Machen Sie damit Ihr Produkt wertvoller als den rein faktischen Wert?

## Direct Selling

Lassen Sie den Handel aus – funktioniert für Nischenprodukte und Online hervorragend. Vorwerk und Tupperware machen es vor.

# NEXT STOP MARKTREIFE

## Business Model Generation

Im vorigen Kapitel wurden Geschäftsmodelle vorgestellt, die sich bereits in zahllosen Unternehmen bewährt haben. Was, wenn Ihr Produkt oder Ihr Service so recht in keine der vorhandenen Muster passen will? Dann schaffen Sie sich Ihr eigenes Geschäftsmodell mit Alex Osterwalders und Yves Pigneurs »Business Model Generation« (BMG). Allerdings wird eine im Rahmen dieses Buches auf wenige Seiten komprimierte Darstellung dieser komplexen Methode leider überhaupt nicht gerecht. Dennoch stelle ich Ihnen BMG vor, damit Sie einschätzen können, ob sich eine intensivere Beschäftigung für Ihre Idee lohnt. Empfehlung: Holen Sie sich dafür einen BMG-erfahrenen Moderator oder Coach ins Team und planen Sie Zeit für Analyse und Synthese ein.

### Business Model Canvas

Neun Bausteine unterstützen Sie bei der Analyse Ihrer Kunden, Wertangebote, Kanäle, Kosten, Einnahmequellen, Schlüsselressourcen, -partner und -aktivitäten. Sie liefern aufschlussreiche Impulse und bereiten damit die Entwicklung neuer, modifizierter oder alternativer Geschäftsmodelle vor. Arbeiten Sie sich mit Ihrem Team in dieser Reihenfolge durch die Themen und dokumentieren Sie die Ergebnisse auf dem möglichst groß dimensionierten Canvas. Ob analog oder digital – die gemeinschaftliche Arbeit daran fördert Verständnis, Analytik, Diskussion und Kreativität.

### 1. Kundensegmente

Wer sind Ihre wichtigsten Kunden und für wen schöpfen Sie Wert?
Massenmarkt, Nischenmarkt, segmentiert, diversifiziert mit sehr unterschiedlichen Ansprüchen und Problemen, Multi-Sided Platforms, die ganz unterschiedliche Bedarfsgruppen bedienen.

### 2. Wertangebote

Welchen Wert vermitteln Sie, welche Probleme helfen Sie zu lösen, welche Kundenbedürfnisse erfüllen Sie, welche Produkt- und Dienstleistungspakete bieten Sie jedem Kundensegment an?
Charakteristika, Neuheit, Leistung, Anpassung an Kundenwünsche, die Arbeit erleichtern, Design, Marke/Status, Preis, Kostenreduktion, Risikominderung, Verfügbarkeit, Bequemlichkeit/Anwenderfreundlichkeit

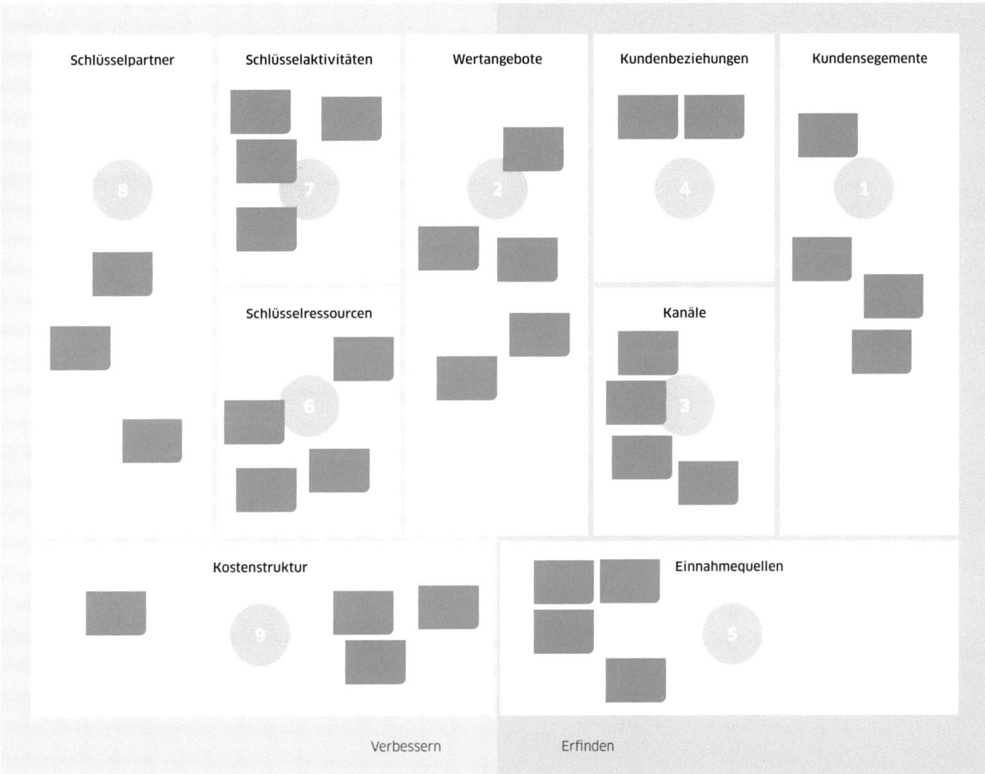
Schlüsselpartner
8
Schlüsselaktivitäten
7
Schlüsselressourcen
6
Wertangebote
2
Kundenbeziehungen
4
Kanäle
3
Kundensegemente
1
Kostenstruktur
9
Einnahmequellen
5
Verbessern
Erfinden

## 3. Kanäle

Über welche Kanäle wollen die Kundensegmente erreicht werden? Wie erreichen Sie sie jetzt? Welche funktionieren am besten? Wie integrieren Sie sie in Ihre Kundenabläufe?

**Kanaltypen:** Verkaufsabteilung, Internetverkauf, eigene Filialen, Partnerfilialen, Großhändler

**Kanalphasen:** Aufmerksamkeit, Bewertung, Kauf, Vermittlung, nach dem Kauf

## 4. Kundenbeziehungen

Welche Art von Kundenbeziehung erwartet jedes Ihrer Kundensegmente von Ihnen?

Persönliche Unterstützung, individuelle persönliche Unterstützung, Selbstbedienung, automatisierte Dienstleistungen, Communitys, Mitbeteiligung

## 5. Einnahmequellen

Für welche Werte sind Ihre Kunden wirklich bereit zu zahlen? Wofür bezahlen sie jetzt?

Wie viel trägt jede Einnahmequelle zum Gesamtumsatz bei?

**Einnahmequellen:** Verkauf von Wirtschaftsgütern, Nutzungsgebühr, Mitgliedsgebühren, Verleih/Vermietung/Leasing, Lizenzen, Maklergebühren, Werbung

**Festpreise:** Listenpreis, abhängig von Produkteigenschaften, abhängig vom Kundensegment, abhängig von der Menge

**Variable Preise:** Verhandlung, Ertragsmanagement, Echtzeitmarktwert, Auktionen

## 6. Schlüsselressourcen

Welche Schlüsselressourcen erfordert Ihr Wertangebot?

**Kategorien:** physisch, intellektuell, menschlich, finanziell

## 7. Schlüsselaktivitäten

Welche Schlüsselaktivitäten erfordert Ihr Wertangebot?

**Kategorien:** Produktion, Problemlösung, Plattform/Netzwerk

## 8. Schlüsselpartnerschaften

Wer sind Ihre Schlüsselpartner, Schlüssellieferanten? Welche Schlüsselressourcen beziehen Sie von Partnern? Welche Schlüsselaktivitäten über Partner aus?

**Motivation von Partnerschaften:** Optimierung und Mengenvorteil, Minderung von Risiken und Unsicherheiten, Akquise bestimmter Ressourcen und Aktivitäten

**Arten von Partnerschaften:** Strategische Allianzen, Coopetition (Kooperation und Wettbewerber), Joint Venture, Käufer-Anbieter-Beziehung

## 9. Kostenstruktur

Welches sind die wichtigsten mit Ihrem bisherigen Geschäftsmodell verbundenen Kosten? Welche Schlüsselressourcen sind am teuersten? Welche Schlüsselaktivitäten sind am teuersten? Ist das Geschäftsmodell kostenorientiert oder wertorientiert? Merkmale von Kostenstrukturen: Fixkosten, variable Kosten, Mengenvorteile, Verbundvorteile

Das Business Model Canvas bildet nun Ihr Geschäftsmodell ab: Links finden sich kosten- und infrastrukturorientierte Aktionsfelder, die die Effizienz steigern können. Rechts ist die Werte- und kundenorientierte Seite, die auf das Werte- und Innovationskonto einzahlen. Mit dem Four-Actions-Framework (siehe Abschnitt *Four-Actions-Framework*) können Sie einfach Modifikationen und Verschiebungen vornehmen: Wo können/wollen Sie reduzieren oder eliminieren, wo erzeugen oder aufstocken? Änderungen links haben Auswirkungen rechts und umgekehrt.

# Prozesslandkarte

Mit einer Prozesslandkarte erarbeiten Sie sich einen sehr guten Überblick über Einflussgrößen, Abhängigkeiten und Wechselwirkungen, Informations- und Materialflüsse, notwendige Inputs und mögliche Outputs. Sie eignet sich besonders für die Entwicklung von Dienstleistungen. Die Prozesslandkarte schafft Struktur und Transparenz, sie deckt Fehler, Lücken, Blind-Spots und Optimierungspotenziale auf. Und Sie können mit ihr den Service beziehungsweise zugrunde liegende Prozesse später sogar noch steuern.

## Stellen

Die Prozesslandkarte arbeitet mit dem Konzept der »Stellen« – das sind Orte, Abteilungen, Bereiche, Zuständigkeiten, Personen ..., in denen Outputs bearbeitet werden.

Basis-Regel ist, dass jede Service-Stelle mindestens einen Input und einen Output hat. Der Output ist gleichzeitig der Input für eine andere Stelle. Inputs kommen von oben, Outputs gehen zur Seite.

Identifizieren Sie zunächst die erste Stelle in Ihrem Service: Womit beginnt der Prozess? Beim Nutzer, der eine Frage zu einem Produkt oder einer Störung hat? Dem Service-Center, das Kunden auf neue Funktionen oder Angebote hinweist? Der IT, die ein Update empfiehlt? Wo gibt es keinen Input beziehungsweise wo gehört der Input oberflächlich betrachtet nicht zu Ihrem System – warum eigentlich nicht? Welche neuen Aspekte ergäben sich, wenn Sie ihn in Ihren Prozess integrieren?

Definieren Sie anschließend alle Perspektiven und Stellen, die in dem Prozess eine Rolle spielen, spielen könnten oder spielen sollten. Stellen Sie Verbindungen her: Welche Outputs sind die Inputs für welche Stellen? Wo ergeben sich Kettenreaktionen? Wo haben Sie bisher Lücken, wo Blind-Spots, wo keine Empfänger-Stellen für Outputs? Wo kristallisieren sich neue Möglichkeiten und Potenziale heraus? Diskutieren Sie im Team über diese Ansätze. Sie müssen dabei nicht logisch oder linear vorgehen und können zunächst einzelne Inseln auf der Landkarte besetzen. Ob, wo und wie sich diese zu einer zusammenhängenden Prozess-Landmasse verbinden, bestimmen Sie.

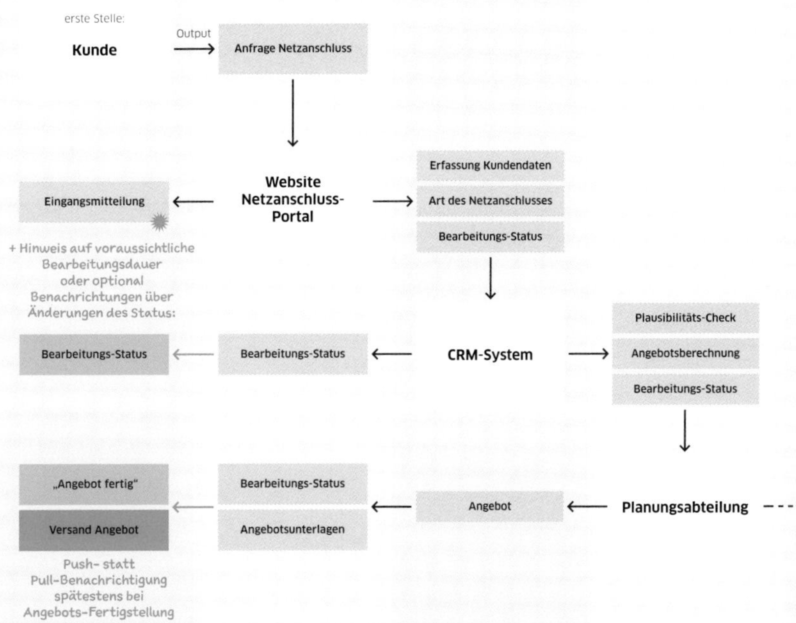

# Innovationsmarketing

Ihre Ideen und Innovationsansätze müssen nicht nur den Markt überzeugen – die erste Hürde sind die eigenen Kollegen, die das Projekt nicht kennen, weil sie bislang nicht in den Prozess involviert waren. Das heißt, Sie müssen Akzeptanz nach außen und innen schaffen.

Stellen Sie dabei Wettbewerbsvorteile klar heraus. Nutzen Sie Marketing als Instrument der Einführung und Durchsetzung. Und bauen Sie mit einer stringenten Informationsstrategie Unsicherheiten ab – je komplexer und radikaler Ihr Innovationsvorhaben ist, desto früher sollten Sie damit beginnen.

## Interne Vorbereitungen

Leisten Sie Überzeugungsarbeit nach innen: Identifizieren Sie Gegner, Bremser, Skeptiker und Promotoren. Suchen Sie Fach-, Prozess- und Technologie-Promotoren. Sichern Sie sich die Unterstützung von Macht- und Beziehungspromotoren. Gehen Sie wie beim Stakeholder-Management (s.S.x) mit Ihnen um. Information, Transparenz und Zwanglosigkeit zahlen sich aus: Machen Sie Informationsangebote, vielleicht gibt es einen Innovations-Newsletter, Inno-Events, ein Projekt-Logbuch oder Inno-Portal. Vielleicht bilden sich sogar neue interne Netzwerke. Nutzen Sie alle zur Verfügung stehenden internen Kommunikationsmedien, um offen und regelmäßig über das Vorhaben und möglichst alle seine Aspekte zu informieren.

## Vorfeld

Binden Sie Test- und Schlüsselkunden, Influencer im positiven Sinne und Early Adopter ein. Erläutern und diskutieren Sie den Innovationsnutzen. Passen Sie gegebenenfalls das Produkt- beziehungsweise Service-Konzept an. Erstellen Sie sich ein Markteinführungs-Konzept: Wann, wo, wie mit wem, in welchen Medien wollen Sie in den Markt gehen?

## Pilot

Sammeln Sie erste Erfahrungen in einem Marktsegment, beseitigen Sie erkannte Schwächen, feilen Sie an Ihrem Marketingkonzept für den Produkt-Launch. Bereiten Sie den Launch vor.

## Produkt-Launch

Das Produkt geht in den Markt. Monitoren und messen Sie die Wirkung der gewählten Marketingmaßnahmen. Lassen Sie es in das allgemeine Marketing hinübergleiten.

# Stakeholder-Management

In einen Innovationsprozess ist mehr als nur das kreative Kernteam involviert. Und je weiter das Projekt fortschreitet, desto größere Personenkreise wollen informiert, abgeholt, gefragt, konsultiert, involviert und auch mal gebauchpinselt werden: Da sind höhere Managementebenen, Fachbereiche, die Arbeiterschaft, Kunden, Lieferanten, Banken, Fachpresse, vielleicht die Gesellschaft an sich und natürlich nicht zuletzt die Anteilseigner (Shareholder). Es gilt den Innovationsprozess in seinem sozioökologischen und -ökonomischen Gesamtkontext zu sehen. Denn Innovation bedeutet immer auch Veränderung – und mit der können betroffene Menschen unterschiedlich gut, verständig und entspannt umgehen.

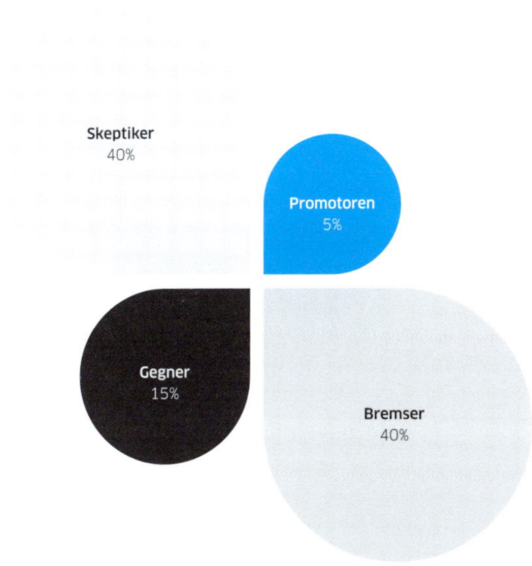


Stellen Sie sich drei Fragen:

## 1. Wie stehen Stakeholder zur Innovation?

Identifizieren Sie zunächst wesentliche Stakeholder und deren tatsächliche oder prospektive Einstellung zur Innovation: fördernd, neutral, hemmend. Welche Motivation, Erwartung, Einstellung, Lage führt zu dieser Haltung, welche Interessen wollen gewahrt werden?

## 2. In welcher Art und Weise können Sie den weiteren Prozess beeinflussen?

Wie könnten oder werden Sie den Innovationsverlauf beeinflussen – passiv oder aktiv? Mit welchen Kompetenzen sind sie ausgestattet? Wie intensiv kann der Gegenwind werden?

## 3. Wie können Sie auf die Stakeholder einwirken?

Gegner sind nur durch Erfolge zum Umdenken zu bewegen. Behalten Sie sie gut im Auge, versuchen Sie, sie vorsichtig zu passivieren. Bremser lassen sich von persönlichen Vorteilen beeindrucken, Skeptikern muss die Notwendigkeit nahegebracht werden. Promotoren sollten Sie von Anfang an in das Projekt integrieren.

Mit welchen Maßnahmen könnten Sie gegebenenfalls proaktiv gegensteuern, reagieren, aufklären, besänftigen? Wie können Sie passive Befürworter zu aktiven Unterstützern machen?

Je stärker die Innovation möglicherweise in entsprechende Strukturen eingreift, desto früher sollten Sie mit den Stakeholdern in Dialog treten.

*»Wenn Du kritisiert wirst,
dann musst Du irgendetwas richtig machen.
Denn man greift nur denjenigen an,
der den Ball hat.«*

**Bruce Lee**
Kung-Fu-Legende

# Innovation-Roadmap

Innovationen sind keine Routine- oder Standardprojekte: Die Aufgabenstellung ist letztlich offen und die Komplexität häufig unüberschaubar. Um so ein Projekt dennoch erfolgreich managen und steuern zu können, zerlegen Sie es in Projektphasen, Ziele, Aufgaben, Meilensteine und Verantwortlichkeiten – und zwar so gut recherchiert und verbindlich wie moglich. Die Teilinformationen bringen Sie anschließend in eine sinnhafte Reihenfolge und bilden so Ihre Innovation-Roadmap, die den avisierten Projektverlauf skizziert. Aber der Reihe nach:

## Ziele

Definieren Sie die Ziele des Projekts. In Abhängigkeit von den identifizierten Themen, Paketen und Aufgaben auch entsprechende Teilziele.

## Rahmenbedingungen

In welche Strukturen sind Sie gegebenenfalls eingebunden? Wie ist darin das Innovationsteam positioniert? Beschränkt sich Ihr innovativer Handlungsraum auf einen bestimmten unternehmerischen Bereich? Welche Ressourcen können/dürfen/müssen Sie nutzen? Wann werden von wem welche Ergebnisse erwartet?

## Themen

Identifizieren Sie relevante Themen. Zerlegen Sie gegebenenfalls in Teilthemen und/oder fassen Sie sie zu Themenpaketen zusammen.

## Aufgaben definieren

Beschreiben Sie alle zu den Themenpaketen gehörenden Aufgaben so weit derzeit möglich. Schnüren Sie Aufgabenpakete. Schätzen Sie auch deren angenommene Dauer und definieren Sie vorläufige Fertigstellungstermine.

## Tätigkeiten

Welche Aktivitäten, Tätigkeiten, Experimente könnten erforderlich, nützlich, sinnvoll, vielversprechend sein?

## Abhängigkeiten

Welche Ziele, Themen und Aufgaben sind wie und in welcher Weise voneinander abhängig?

## Phasen, Zeiten, Meilensteine, Termine

In welche Phasen können Sie das Projekt aufteilen? Vergessen Sie die Vorbereitungsphase des Projekts nicht, in der Sie Machbarkeit und voraussichtlichen Zeit- und Ressourcenbedarf abschätzen sowie die Ergebnisqualität bestimmen. Welche Meilensteine und Termine können/wollen Sie selber festsetzen, an welche externen sind Sie gebunden?

## Ressourcen

Welche internen und externen Ressourcen werden wann benötigt? Was müssen Sie davor, während und nach der Nutzung beachten? Müssen Sie dafür besondere Budgets freischaufeln?

## Organisation und Verantwortlichkeiten

Wie ist Ihr Innovationsteam organisiert, welche Rollen (s.Sx prepare-Rollen) haben Sie besetzt? Wer leitet was und wen? Klären Sie agil, wer wann mit wem wie an welchen Aufgaben zusammenarbeitet. »Zuständige« sind nur für Inputs autorisiert – Verantwortliche für Output und Ergebnisse.

## Kooperationen

Mit wem wollen oder müssen Sie wie und wann zusammenarbeiten? Welche Berater, Lieferanten, Spezialisten brauchen Sie temporär, welche permanent? Planen Sie hier Anbahnungs- und Vorbereitungsphasen ein. Fassen Sie anschließend alle zeitlich definierten Aufgabenpakete, Tätigkeiten, Abhängigkeiten, Ressourcenverfügbarkeiten, Meilensteine und Termine zu Ihrer Roadmap zusammen. Gehen Sie dabei vom Zielpunkt aus und legen Sie alle Arbeitspakete rückwärts ab. Durch die Retropolierung der Zeitpläne ergibt sich ein Startpunkt, der idealerweise nicht in der Vergangenheit liegt.

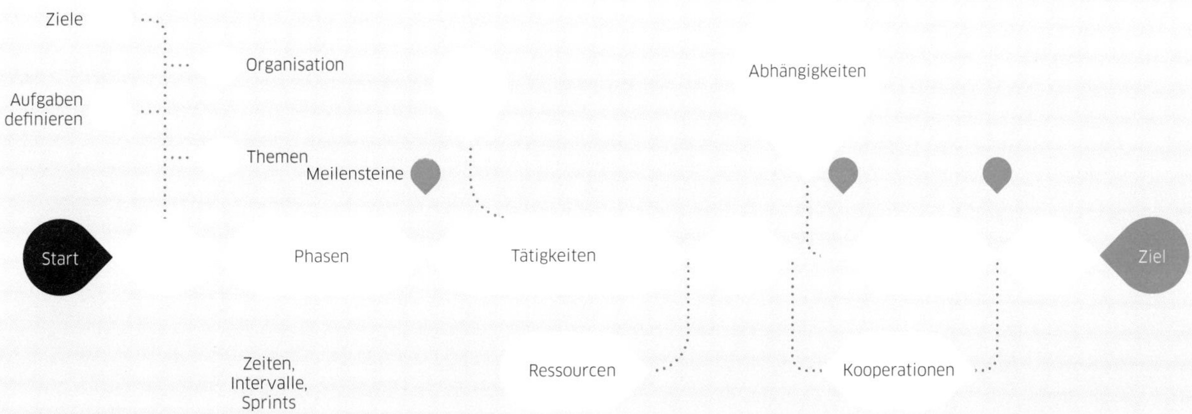

# Businessplan

Dieses letzte Unterkapitel/Tool soll Ihnen helfen, aus der gut ausgearbeiteten Idee ein marktfähiges, erfolgreiches Produkt zu machen. Denn um erfolgreich im weitesten Sinne zu sein, muss Ihr Produkt oder Ihr Service nicht nur ein Innovations-, Wert- und Qualitätsversprechen erfüllen und bei den Nutzern und Kunden gut ankommen, sondern auch planerischen und wirtschaftlichen Anforderungen standhalten, um langfristig bestehen zu können. Shareholder und andere Geldgeber wollen sehen, dass Sie auch die ökonomische Komponente Ihrer eigenen Idee verstanden haben. Bei der »Höhle der Löwen« ist das immer der peinliche Moment, wenn die Innovatoren nach Zahlen und Euros gefragt werden.

Aber wie in allen Phasen des Innovationsprozesses dürfen und sollten Sie sich auch hier Hilfe von Experten einholen. Die unterstützen Sie, wo erforderlich: bei den Finanzen, beim Marketing, bei der IT, bei der Leistungserstellung, im Projektmanagement ...

Wenn Sie alle Tools aus der Generate-Phase ausprobiert haben, ist Ihr Businessplan schon halb fertig. Den können Sie übrigens auch für interne Pitches, also Wettbewerbspräsentationen und das interne und Vorfeld-Marketing nutzen.

## Zusammenfassung

Das kann der Innovationssteckbrief sein.

## Worin besteht die Marktleistung?

Abgrenzung zu bestehenden Lösungen, Produkten und Dienstleistungen. Stellen Sie heraus, was Ihre Innovation besonders, einzigartig, kreativ, begehrlich, günstiger, schneller, einfacher, nachhaltiger ... macht.

## Technologie

Beschreiben Sie, auf welcher technologischen Basis Ihre Innovation gegebenenfalls beruht oder welche externen Technologien eingesetzt, eingekauft, lizenziert werden sollen.

## Strategie-Fit

Wie passt die Innovation zum Unternehmen, ins Unternehmen, zu den übrigen Produkten und Dienstleistungen? Fügt sie sich in das Bild der Corporate Identity, zur Unternehmenskultur?

## Markt & Kunden

Welche(s) Marktsegment(e) bedienen Sie? Welche Kunden sprechen Sie an und welche könnten noch interessant sein?

## Konkurrenz

Welche Mitbewerber gibt es? Worin unterscheiden sich die Produkte und Dienstleistungen? Was machen die anderen (derzeit noch) besser? Worin besteht Ihr Wettbewerbsvorsprung und für voraussichtlich wie lange?

## Marketing

Führen Sie klar aus, welche Maßnahmen Sie in welchen Phasen planen und welche Mittel Sie dafür bereithalten wollen.

## Leistungserstellung

Das reine Doing: Was soll wann, von wem in welcher Verantwortlichkeit und Qualität gemacht werden? Inhouse oder extern? Abhängig von der Art der Innovation, Ihrer Branche und dem voraussichtlichen Technologie- und Ressourcen-Einsatz kann dieser Abschnitt entsprechend umfassend werden. Stellen Sie hier genügend Transparenz her, damit der Umsetzungsplan akzeptiert werden kann.

## IT

Welche besonderen IT-Lösungen oder -Strukturen benötigen Sie? Server, Software, Rechte?

## Risikomanagement

Gehen Sie auf Realisierungs- und Verwendungs-Risiken ein. Beschreiben Sie Ihren geplanten Umgang damit (siehe Abschnitt *Risikomanagement*).

## Finanzen

Was soll der Spaß kosten und was bringt er ein? Wenn Sie kein ausgewiesener Experte sind, sollten Sie sich unbedingt die Unterstützung eines Betriebswirts sichern. Betrachten Sie Kosten- und Einnahmemodelle mit verschiedenen Szenarien und Geschäftsmodellen.
Beziehen Sie ganzheitlich alle Kosten ein: Projekt- und Produktmanagement, Beratungen, Lizenzen, Ressourcen, Marketing, Kommunikation, Vertrieb ...

## Umsetzungsplan

Das ist die Innovation-Roadmap: Projektmanager laufen hier zur Höchstform auf. Beschreiben Sie die wesentlichen Projektphasen, Ziele, Meilensteine, Termine und Verantwortlichkeiten.

# EVALUATE

Durch die intensive Befassung mit den Ideen und deren Ausarbeitung in Form von Innovationssteckbriefen, Grobkonzepten, Businessplänen oder Ähnlichem haben Sie jetzt eine sehr gute und quantifizierbare Grundlage, um Finalisten für die Realisierungsphase auszusieben.

## PMI

Für eine schnelle und einfache Auswahl bietet sich die PMI-Tabelle an. Sammeln Sie rasch und unkompliziert mit dem Team PMI-Feedbacks für jeden Ansatz ein. Ideen mit vielen P und I kommen eine Runde weiter.

### Plus

Was spricht dafür, welche Stärken und Vorteile gibt es?

### Minus

Was spricht dagegen, welche Risiken und Nachteile gibt es?

### Interessant

Was ist daran interessant, besonders, kreativ, neu oder bemerkenswert?

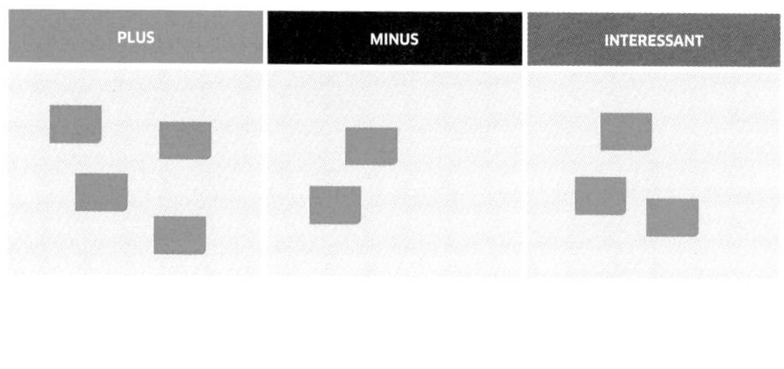

# Elevator-Pitch

Stellen Sie sich vor, Sie treffen den Technologie-Vorstand eines bedeutenden Konzerns oder eine andere für Ihr Innovationsprojekt äußerst relevante Persönlichkeit zufällig im Fahrstuhl: Sie haben jetzt genau eine Minute Zeit, sie von Ihrem Projekt zu überzeugen.

Bereiten Sie für jeden Ihrer prä-finalen Ansätze einen Elevator-Pitch vor und probe-präsentieren Sie sie idealerweise vor einem Publikum, das das Innovationsprojekt noch nicht kennt. Zum Beispiel beim Abendessen mit Ihrem Partner – kommt eine Anschlussfrage, haben Sie den Job gut gemacht, lautet sie »Gibst Du mir mal bitte den Käse?« leider doch nicht. Fassen Sie die wesentlichen Vorzüge, Besonderheiten, Einzigartigkeiten, Chancen so präzise wie nötig und dabei so verständlich wie möglich zusammen. Die Idee muss zünden, der Funke überspringen – und das ohne PowerPoint und Flipchart. Besinnen Sie sich auf die Kernvorzüge und bringen Sie die Idee mit der richtigen Dramaturgie auf den Punkt. Wer sind Sie, was kann die Idee, was haben andere davon und was soll Ihr Ansprechpartner denken und tun? Was dürfen Sie voraussetzen, wo müssen Sie wahrscheinlich etwas erklären oder herleiten, was ist nebensächlich und kann weggelassen werden, welche Zahlen, Daten, Fakten sind essenziell, welche lenken ab oder stiften gar Verwirrung?

Sinn des Elevator-Pitches ist es, grundsätzliches Interesse zu wecken, aus den Reaktionen zu lernen sowie Verbesserungsvorschläge und Feedback einzusammeln. Verabredungen für weitere Gespräche, Unterstützungsangebote oder gar spontane Entscheidungen sind das i-Tüpfelchen.

# Paarvergleich

Wenn nur noch eine überschaubare Zahl von Ideen übrig ist, bestimmen Sie mit dem direkten Vergleich aller Ansätze einen Gesamtsieger oder zumindest eine Spitzengruppe. Legen Sie dafür zunächst fest, welche bis zu etwa vier Bewertungskriterien die essenziellsten sind. Das können Kosten sein, die Attraktivität für den Markt, Originalität der Lösung oder Strategie-Fit, also ob und wie gut das avisierte Produkt, die geplante Dienstleistung tatsächlich zum Unternehmen passt – oder eben nicht. Welche Kriterien sind Ihre finalen Bewertungsmaßstäbe?

Nummerieren Sie die Ansätze durch und vergleichen Sie anschließend jeden einzelnen mit jedem anderen hinsichtlich der gewählten Bewertungskriterien im K.-o.-Verfahren: Auch wenn eine Idee nur ein bisschen besser ist, so ist sie doch besser und erhält den Sieg.

Ansatz 2 ist teurer als Ansatz 1? Kosten-Punkt für Ansatz 1.

Ansatz 2 ist origineller als Ansatz 1? Originalitätspunkt für Ansatz 2.

Ansatz 1 hat den besseren Strategie-Fit als Ansatz 2? Strategic-Fit-Punkt für Ansatz 1.

Summe: 2 Punkte für Ansatz 1, 1 Punkt für Ansatz 2.

Gehen Sie systematisch sämtliche Paarbegegnungen durch. Bei 5 Ansätzen sind das 4+3+2+1 = 10 Paarvergleiche, bei 7 Ansätzen schon 21. Mit der keilförmigen Tabelle behalten Sie die Übersicht: Tragen Sie die Ergebnisse jeweils im entsprechenden Begegnungsfeld ein.

## Einfache Auswertung

Summieren Sie einfach alle Siegerpunkte jeder einzelnen Idee auf: Der Ansatz mit den meisten Punkten ist Ihr Champion und wird zum Produkt weiterentwickelt.

## Gefächerte Auswertung

Schlüsseln Sie die Siegerpunkte zusätzlich nach deren Teilsieg bezüglich der Bewertungskriterien auf. So erhalten Sie ein aussagekräftigeres Bild für den Vergleich innerhalb einer Top-Scorer-Gruppe. Welches der Sieger-Konzepte hat die meisten Originalitäts-Punkte, scheint am günstigsten umzusetzen zu sein oder hat den besten Strategie-Fit? Was ist Ihnen am wichtigsten?

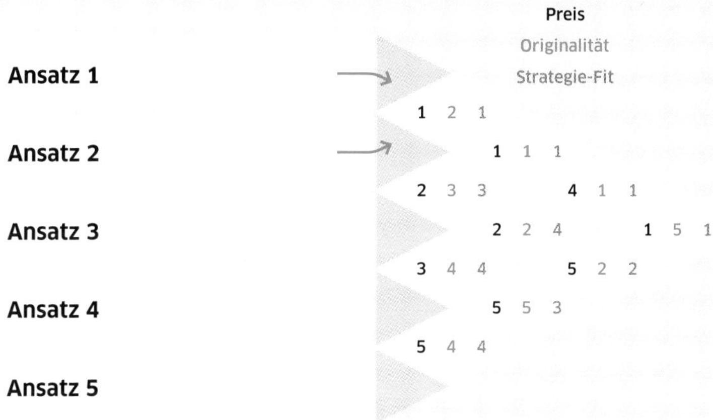


| Ansatz 1 | Ansatz 2 | Ansatz 3 | Ansatz 4 | Ansatz 5 |
|---|---|---|---|---|
| 9 | 6 | 4 | 6 | 5 |

| | Ansatz 1 | Ansatz 2 | Ansatz 3 | Ansatz 4 | Ansatz 5 |
|---|---|---|---|---|---|
| Preis | 3 | 2 | 1 | 1 | 3 |
| Originalität | 2 | 3 | 1 | 2 | 2 |
| Strategie-Fit | 4 | 1 | 2 | 3 | 0 |

## Relevanz-Diagramm

Die Beurteilung Ihrer Ideen ist komplex und hängt von vielen Kriterien ab? Nehmen Sie sich die Zeit, alle Ansätze aus der Sicht sämtlicher Kriterien zu würdigen. Finden Sie heraus, welche die relevantesten Ideen sind.

Welche Kriterien sind für Ihr neues Produkt wichtig? Für Sie, für Ihre Produktrange, für das Unternehmen und den Markt? Das kann die Gewinnspanne sein oder der Nutzen für die Kunden, die sinnvolle Ergänzung bestehender Produkt- und Dienstleistungsangebote, der erhoffte Innovationsvorsprung gegenüber den Marktbegleitern oder die Nutzung vorhandener Technologien und Ressourcen. Folgen Sie den Marktbedürfnissen ebenso wie den Werten Ihrer Innovations-Strategie (siehe Abschnitt Innovationsstrategie).

Erstellen Sie sich eine 2x2-Matrix (siehe Abschnitt *Erweitern und Verdichten*) und belegen Sie die Achsen in der ersten Runde mit zwei der Bewertungskriterien, zum Beispiel Gewinn und Kundennutzen. Beurteilen Sie jetzt alle Ansätze nach diesen beiden Kriterien. Rechts und oben werden Ideen mit hoher Relevanz platziert, die in diesem Beispiel also hohe Gewinne versprechen und sehr guten Nutzen für die Kunden bieten. Markieren Sie sie mit einem Sternchen. Unten und links landen Ideen, die die jeweiligen Kriterien schlecht, kaum oder gar nicht erfüllen. Nun ändern Sie die Kriterien – zum Beispiel zu »Innovationsvorsprung« und »Ergänzung der eigenen Produktrange« – und platzieren und markieren die Ideen erneut. Das wiederholen Sie so lange, bis alle Ansätze nach allen Kriterien bewertet wurden.

Abschließend vergleichen Sie, wie häufig einzelne Ideen hohe Relevanz – viele Sternchen – erreicht haben, und gehen mit einer entsprechenden Auswahl in die Realisierung.

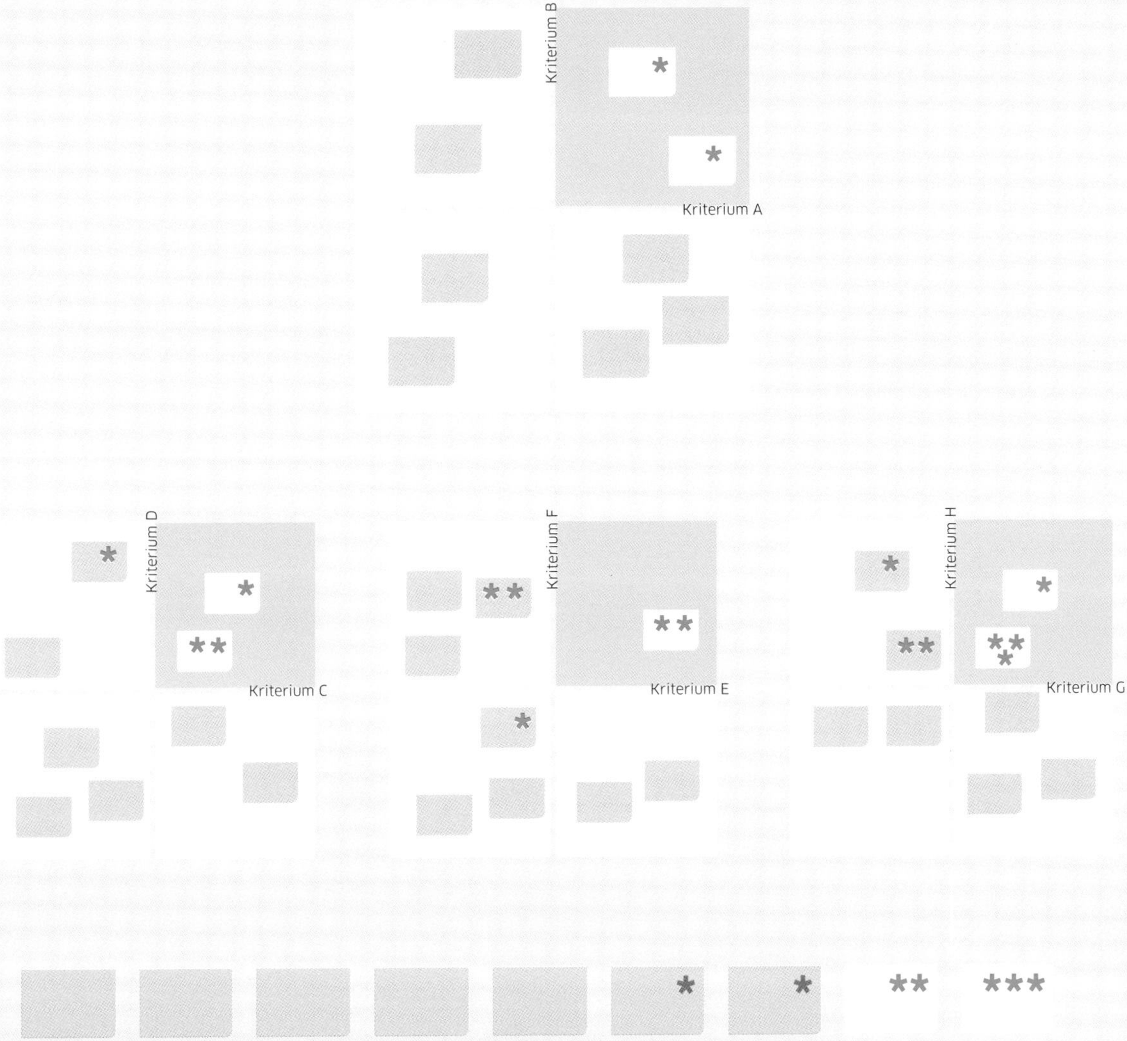
Kriterium B
Kriterium A
Kriterium D
Kriterium C
Kriterium F
Kriterium E
Kriterium H
Kriterium G

## Fundraising

Wenn Sie komplexe Bewertungskriterien berücksichtigen wollen oder müssen, hilft Ihnen die natürliche Schwarmintelligenz eines heterogenen Teams. Dieses Auswahlverfahren eignet sich gut für bis zu 10 Ansätze und nutzt dabei spielerische, aber durchaus wirkungsvolle Elemente.

Für die Ungeduldigen: Schauen Sie noch mal schnell bei Dotmocracy (siehe Abschnitt 1.3) nach und ersetzen Sie in der 10-Punkte-Variante den Begriff »10 Punkte« durch »10.000 Spielgeld-Euros«. Der Rest ergibt sich.

Für alle anderen: Plündern Sie das Spielgeld aus einem Monopoly-Spiel. Laden Sie das Team zur Auswahl-Session ein und stellen Sie jeden Ansatz mit seinem Innovationssteckbrief, Grobkonzept oder Businessplan vor. Sammeln Sie anschließend von allen Teilnehmenden reihum fachlich begründete, aber sehr knappe Statements ein: besonders hervorzuhebende Stärken, Vorteile, Chancen, besonders schwerwiegende Schwächen und Risiken. Je nach Zeitbudget können Sie das für jeden Ansatz einzeln machen oder einmal für alle Ansätze zusammen.

Begrenzen Sie in beiden Fällen die Statement-Redezeit auf eine Minute, die Sie mit einem Timer rigoros nach 60 Sekunden akustisch und faktisch abschneiden. Das zwingt die Teilnehmenden, sich auf das wirklich Wesentliche zu beschränken.

Anschließend erhält jeder Teilnehmer 10.000 Euro Spielgeld, das er als »Anschubfinanzierung« frei auf die Ansätze verteilen muss. Lassen Sie keine strategischen Absprachen zu.

So erhalten Sie eine fundierte Beurteilung mit dem impliziten Hintergedanken, dass für Innovationsprojekte auch (beschränkte) Finanzmittel bewegt werden müssen.

# Scoring-Modell

Mit dem Scoring-Modell lassen sich belastbare Ergebnisse schnell, leicht und objektiv erzielen und später sehr gut nachvollziehen. Es ist daher überaus nützlich bei der Argumentation gegenüber Auftraggebern. Es liefert ein sauber differenziertes und sachlich fundiertes Ergebnis und eignet sich sowohl für Gruppen als auch für die Arbeit im stillen Kämmerlein.

Kristallisieren Sie zunächst eine Handvoll Bewertungskriterien heraus, die für die Innovation von besonderer Bedeutung sind. Meist gehören die Filterfragen dazu, also zum Beispiel geringe Herstellungskosten und kurze Entwicklungszeit. Aber auch, ob ein bestimmter Aspekt (zum Beispiel Handhabbarkeit, schnelle Serienproduktion, Kompatibilität zu anderen Produkten …) mit der Idee besonders gut getroffen werden kann oder ist. Immer dabei ist das Kriterium Kreativität mit den Ausprägungen Originalität, Einzigartigkeit, Aufmerksamkeitsstärke, Neuheitswert. Schauen Sie auch hier wieder auf Marktbedürfnisse und den Strategie-Fit.

Anschließend legt man eine Rangfolge der Bedeutung der ca. vier bis sieben Kriterien fest und vergibt Gewichtungsfaktoren. Das wichtigste Kriterium erhält mit 4 den höchsten Gewichtungsfaktor, das am wenigsten wichtige den Faktor 1. Dazwischen können beliebige, ganzzahlige Werte vergeben werden. Gewichtungsfaktoren dürfen auch zweimal vergeben werden, wenn Kriterien gleich wichtig eingeschätzt werden.

Dann bereitet man eine Tabelle nach abgebildetem Muster vor und bewertet jede Idee einzeln hinsichtlich der ausgewählten Kriterien.

Am Ende werden die vergebenen Punkte mit dem Gewichtungsfaktor multipliziert und für jede Idee einzeln aufaddiert. Die Idee mit den meisten Punkten wird Favorit.

Im Beispielprojekt habe ich vier Kriterien: Ein Produkt soll vor allem klein und handlich sein, was mit 4 hoch gewichtet wird. Außerdem soll sich das Projekt schnell realisieren lassen – Faktor 3 – und dabei einigermaßen originell sein: Gewichtung 2. Der Produktionspreis ist nicht so wichtig und bekommt daher den niedrigsten Faktor 1.

Drei Ideen A, B und C haben es in die Endrunde geschafft:

Idee A ist sehr handlich, lässt sich nur einigermaßen schnell realisieren und der finanzielle Aufwand hält sich im Rahmen. Leider ist sie nicht sehr originell. Die Einzelpunkte werden mit dem jeweiligen Faktor multipliziert und ergeben aufsummiert 26.

Idee B ist nicht ganz so handlich wie A, dafür aber sehr originell (4 Punkte). Es ist teuer (nur 1 Punkt) und lässt sich auch nicht so schnell umsetzen. Summe 24.

Idee C ist sehr handlich, lässt sich schnell umsetzen und kostet relativ wenig, ist dafür aber nur so lala originell: Summe 32.

| Kriterium | Faktor | Idee A | | Idee B | | Idee C | |
|---|---|---|---|---|---|---|---|
| Handlichkeit | 4 x | 4 | = 16 | 3 | = 12 | 4 | = 16 |
| Time-to-Market | 3 x | 2 | = 6 | 1 | = 3 | 3 | = 9 |
| Originalität | 2 x | 1 | = 2 | 4 | = 8 | 2 | = 4 |
| Herstellungspreis | 1 x | 2 | = 2 | 1 | = 1 | 3 | = 3 |
| | Summen | | 26 | | 24 | | 32 |

# Evaluations-Steckbrief

Sie lieben Übersicht und vertrauen auf Zahlen? Auf einem Evaluations-Steckbrief lassen sich alle Kriterien und individuellen Bewertungen tabellarisch auf einen Blick zusammenfassen. Außerdem macht er Ihre Ansätze untereinander noch objektiver vergleichbar.

Notieren Sie in einer Tabelle jedes Bewertungskriterium in je einer Zeile und bieten Sie daneben Ausprägungsgrade auf einer Skala von minus 2 bis plus 2 an. Beurteilen Sie jede Idee hinsichtlich jedes Kriteriums mit Werten von -2 (gegenteilig wirksam), -1 (eher hinderlich), 0 (okay, weder hinderlich noch besonders fördernd), +1 (positiv), +2 (erfüllt das Kriterium voll).

Die unterschiedliche Relevanz der Kriterien können Sie mit einem Gewichtungsfaktor ausgleichen: Besonders wichtige Kriterien erhalten den Faktor 5, weniger bedeutende den Faktor 1.

Multiplizieren Sie den eingetragenen Ausprägungsgrad mit dem Gewichtungsfaktor des Kriteriums. Summieren Sie schließlich alle Werte zur Gesamtpunktzahl auf.

Für jedes Grobkonzept beziehungsweise jeden Businessplan füllen Sie einen Evaluations-Steckbrief aus und vergleichen die jeweils erreichten Gesamtpunktzahlen.

Je weiter eine Idee gereift ist, desto spezifischer sind die Bewertungskriterien, einige typische und universelle sind hier als Anregung für Sie zusammengetragen:

## Markt- und Kundenpotenzial

Wie schätzen Sie die Reaktion des Marktes und der Kunden ein? Wie involviert sie oder interagiert sie mit dem Markt?

## Neuigkeitswert

Wie überraschend, neu, unerwartet, verblüffend, innovativ ist die Idee?

## Kundennutzen

Welche Bedürfnisse werden besser, einfacher, simpler, billiger befriedigt als bisherige Lösungen?

## Image

Wie stark wirkt sich die Innovation auf das Imagekonto aus?

## Kosten und Ressourcen

Kann die Innovation mit geringem Kosten- und Ressourcen-Einsatz realisiert werden?

## Technologie

Ist die Idee mit geringem technologischem Aufwand umsetzbar oder müssen zusätzliche Innovationen gesucht, geschaffen, lizenziert werden?

## Time-to-Market

Wie überschaubar und kurz ist die voraussichtliche Produkteinführungszeit?

## Risiken

Ist die Idee risikoarm oder müssen besondere Risiken befürchtet werden?

## Trend-Fit

Folgt die Idee bestimmten Trends, bedient sie damit zusammenhängende Strömungen? Antizipiert sie gegebenenfalls Gegentrends?

## Strategie-Fit

Wie stark unterstützt die Idee Ihre Innovations-Strategie, Visionen und Firmenziele?

| | Faktor | -2 | -1 | 0 | 1 | 2 | Wert |
|---|---|---|---|---|---|---|---|
| **Markt- und Kundenpotenzial** | | | | | | | |
| **Neuigkeitswert** | | | | | | | |
| **Kundennutzen** | | | | | | | |
| **Image** | | | | | | | |
| **Kosten und Ressourcen** | | | | | | | |
| **Technologie** | | | | | | | |
| **Time-to-Market** | | | | | | | |
| **Risiken** | | | | | | | |
| **Trend-Fit** | | | | | | | |
| **Strategie-Fit** | | | | | | | |
| **...** | | | | | | | |
| | | | | | | Summe | |

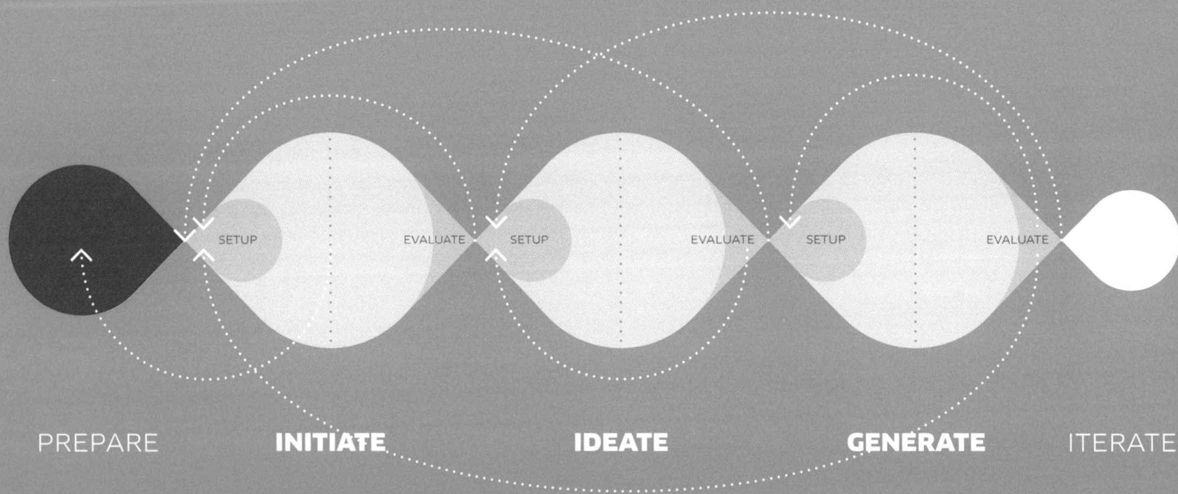
SETUP
EVALUATE
SETUP
EVALUATE
SETUP
EVALUATE
PREPARE
INITIATE
IDEATE
GENERATE
ITERATE

# ITERATE

Nach der Innovation ist vor der Innovation. Warten Sie nicht auf den nächsten Zufallstreffer, sondern verstetigen Sie besonders produktive Phasen für Routine-Innovationen. Lernen Sie aus den bisherigen Schritten und nutzen Sie sie für Verbesserungsinnovationen. Iterieren und wiederholen Sie Abschnitte, um außergewöhnlichen Ideen noch näher zu kommen. Verfeinern und entwickeln Sie Ideen und Ansätze weiter, indem Sie einzelne Phasen erneut durchlaufen.

## Iterieren

Geben Sie sich nicht mit dürftigen Ansätzen, mittelmäßigen Ideen oder halb garen Ergebnissen zufrieden. Sind Sie am Ende eines Initiate-Ideate-Generate-Zyklus noch nicht vom Resultat überzeugt, tauchen Sie mit dem ganzen Ansatz oder alternativen Aspekten davon noch einmal an entsprechender Stelle in den Prozess ein.

Haben Sie zum Beispiel einen guten Ansatz aus der Initiate-Phase zu spannenden Ideen in der Ideate-Phase entwickelt, sind aber mit der geplanten Umsetzung als Produkt oder Geschäftsmodell noch nicht so recht zufrieden? Kein Problem: Gehen Sie mit den Ideen erneut in die Generate-Phase und stellen Sie einfach die Weichen diesmal etwas anders. Denken Sie in dieser Iterationsschleife vielleicht mehr in Richtung Prozesse und Dienstleistungen oder nehmen Sie diesmal andere und abwegiger scheinende Business-Modelle ins Visier.

Sie dürfen und sollten sogar jede Phase so oft durchlaufen, bis die generierten Ideen Lust auf mehr machen, Zustimmung, Motivation und Begeisterung bei allen Teamern und Stakeholdern entfachen.

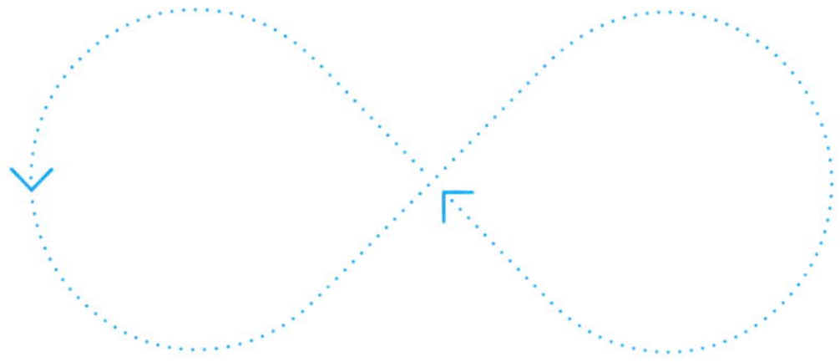

## Inception

In dem Film »Inception« sind Träume in Träumen mehrfach verschachtelt. Dasselbe können Sie mit Ihrem Innovationsprozess anstellen: Bestehende Geschäftsmodelle passen nicht zu Ihrer Idee? Null Problem: Generieren Sie sich mit den Kreativtechniken ihr eigenes, super-individuelles Business-Modell. Was wäre zum Beispiel das Gegenteil von Freemium, Add-on oder Flatrate? Vielleicht liefert Ihre Risiko-Analyse den Startpunkt für eine neue Produktkategorie? Für eine begeisternde Idee gibt es (noch?) keinen Markt? Bestens: Erfinden Sie mit den drei Phasen Ihren ganz eigenen, neuen Markt. Bevor Apple iPads angeboten hat, wusste auch niemand, dass und wofür man ein Tablet nutzen würde – heute liegt eins in jedem Haushalt.

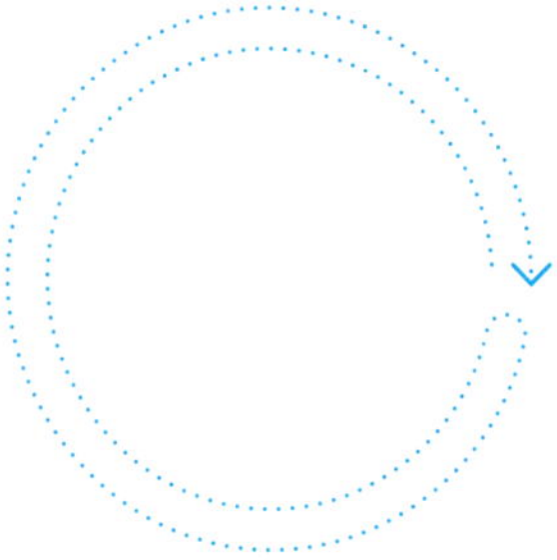

## Prozesse

Sie haben die Phasen Initiate, Ideate und Generate mindestens einmal komplett durchgezogen? Bestens. Welche Methoden, Techniken und Tools haben Ihnen am besten gefallen, sind beim Team gut angekommen und/oder haben die besten Resultate erzielt? Mit welchen kamen Sie weniger gut zurecht, wo fehlte Ihnen Expertise, welche haben Sie als wenig zielführend empfunden und warum? Welche würden Sie künftig wieder nutzen, welche eher nicht?

Innovationsmanagement können Sie als singuläres Event verstehen, das hoffentlich stattfindet, bevor man wirtschaftlich mit dem Rücken zur Wand steht. Oder als lebendigen Bestandteil der Prozesskette im Unternehmen, Bereich oder Team.

Verstetigen und etablieren Sie den Innovationsprozess. Machen Sie ihn zum Teil der Unternehmenskultur. In Japan kommt alle 14 Tage eine neue KitKat-Sorte auf den Markt. Bereiten Sie sich auf Ihre »Next Generation« vor. Führen Sie jenseits konkreter Innovations-Projekte auch regelmäßige Innovations-Events ein – dazu gleich mehr.

## Unternehmenskultur

Gut, dass Sie hier weiterlesen. Denn um Innovationen dauerhaft auch dann entstehen zu lassen, wenn es niemand konkret forciert, sollte Ihr Team von einer grundsätzlichen Kreativ- und Innovationskultur angetrieben und getragen sein. In einer von Hierarchien, starren Strukturen und Strafen geprägten »Kultur« werden Sie das schwerlich hinbekommen.

Fördern Sie Freiräume statt Legebatterien. Seien Sie so transparent wie möglich und kommunizieren Sie so offen wie möglich. Arbeiten Sie mit Belohnungen statt mit Strafen, lassen Sie stetiges Infragestellen in alle Richtungen zu. Und bauen Sie Innovationsbarrieren wie Machtansprüche, Silodenken und Instantkritik ab. Ausführlicheres dazu finden Sie im *Prepare*-Kapitel.

Bieten Sie dem Team Gelegenheit, seine kreative und innovative Methodenkompetenz laufend zu trainieren. Innovative Methodenkompetenz und auch Freiräume bekommen Sie übrigens sehr gut mit Innovation-Events hin: Das können wöchentliche, monatliche oder vierteljährliche Veranstaltungen sein. Formate, Dauer, Inhalte und Umfänge passen Sie an die Bedürfnisse und Möglichkeiten Ihres Unternehmens an. Zelebrieren Sie eine Willkommens-Kultur für alles Neue. Ermutigen Sie zum innovativen Denken in allen Bereichen.

## Trost

Falls alles nichts geholfen hat, verrate ich Ihnen das Rezept meines Lieblingskuchens zum Trost für Sie und das Team:

### Jamaican Banana-Bread

Zerdrücken Sie vier sehr reife, süße Bananen zu einem Brei, mit 100 g weicher Butter und 150 g Zucker verquirlen, dann 2 Eier feincremig einmixen. 250 g Mehl in zwei Portionen mit einem Kochlöffel unterheben, 100 ml Milch karibisch gelassen unterrühren. Abschließend je 1 Teelöffel Backpulver, Salz, Zimt und gemahlene Vanilleschote gemächlich einrühren. In einer gefetteten Kastenform bei 180°C genau eine Stunde im Ofen backen. Die fruchtig-würzige karibische Leckerei ist dann »nice, spongy and fluffy«.

# DEEP DIVE

## TIEFER EINTAUCHEN

Format und Umfang dieses »Plug & Play« sind für den sofortigen Einstieg in der Praxis konzipiert. An vielen Stellen lohnt sich tieferes Ein- und Abtauchen in weitere Details.

### Konsultieren

»Das große Handbuch Innovation – 555 Methoden und Instrumente«
Benno van Aerssen, Christian Buchholz, Vahlen

»Design sprint«
Richard Branfield, C. Todd Lombardo, Trace Wax, O'Reilly

»Making Ideas happen«
Scott Belsky, Penguin

»make space«
Scott Doorley, Scott Witthoft, Wiley

»How to research trends«
Els Dragt, BIS Publishers

»Das Neue und seine Feinde«
Gunter Dueck, Campus

»33 Erfolgsprinzipien der Innovation«
Oliver Gassmann, Sascha Friesike, Hanser

»Der St. Galler Business Model Navigator: 55+ Karten zur Entwicklung von Geschäftsmodellen«
Oliver Gassmann, Karolin Frankenberger, Michaela Choudury, Hanser

»Synectics: The development of creative capacity«
William Gordon, Harper & Brothers

»Gamestorming«
Dave Gray, Sunni Brown, James Macanufo, O'Reilly

»Spaces for Innovation«
Kursty Groves, Oliver Marlow, Frame

»TRIZ – Innovation mit System«
Claudia Hentschel, Carsten Gundlach, Horst Thomas Nähler, Hanser

»Handbuch für Zukunftsagenten«
Matthias Horx, Zukunftsinstitut

»Innovationskultur: Vom Leidensdruck zur Leidenschaft«
Jürgen Jaworski, Frank Zurlino, Campus

»Und plözlich macht es Klick!«
Bas Kast, Fischer

»Creative Confidence: Unleashing the Creative Potential Within Us All«
David und Tom Kelley, Harper Collins

»The ten faces of innovation«
Tom Kelley, Jonathan Littman, Currency Doubleday

»Innovationskultur«
Rainer Krumm, Christian Buchholz, Gabal

»Das Design Thinking Toolbook«
Michael Lewrik, Patrick Link, Larry Leifer, Vahlen

»Kreativ! Auf Knopfdruck systematisch neue Ideen generieren«
Lutz Lungershausen, mitp

»Neues Entdecken – BrainSwarming«
Tony McCaffrey, Jim Pearson, Havard Business Manager 4/2016

»Change Playbook«
Markus Müller, Haufe

»Business Model Generation«
Alexander Osterwalder, Yves Pigneur, Campus

»Kribbeln im Kopf«
Mario Pricken, Verlag Hermann Schmidt Mainz

»33 Werkzeuge für die digitale Welt«
Leila Summa, Christine Kirbach, Redline

»Not invented here – Cross Industry Innovation«
Ramon Vullings, Marc Heleven, BIS Publishers

»Neugier Management«
Zukunftsinstitut

## Inspirieren

»Rorys Story Cubes«
Würfelspiel und App

»1000 Extraordinary Objects«
Colors, Taschen Verlag

»Die 100 wichtigsten Dinge«
Institut für Zeitgenossenschaft, Hatje Cantz

»1000 ideas for creative reuse«
Garth Johnson, Quarry Books

»Chindogu oder 99 (un)sinnige Erfindungen«
Kenji Kawakami, DuMont

»Steal like an artist: 10 things nobody told me about the creative life«
Austin Kleon, Workman Publishing Company

»What if? Wirklich wissenschaftliche Antworten auf absurde hypothetische Fragen«
Randall Munroe, Albrecht Knaus Verlag

»Lexikon der dämlichsten Erfindungen«
Felix R. Paturi, Eichborn Verlag

»365: A daily creativity journal – Make something everyday and change your life«
Noah Scalin, Voyageur Press

»Variations on normal«
Dominic Wilcox, Random House

»75 Tools for creative thinking«
Wimer Hazenberg, Menno Huismann

## Kollaborieren

Digitale Tools, mit denen sich hervorragend nicht nur in verteilten Teams arbeiten lässt und mit denen sich einzelne Sessions, ganze Workshops und Sprints planen, durchführen und organisieren lassen. Laufen im Browser, einige gibt's auch als App:

Mural.com – Whiteboard

Miro.com – Whiteboard

Hoylu.com – Whiteboard

Conceptboard.com – Whiteboard, in Deutschland gehostet

Freehand von InvisionApp.com – Whiteboard, von Microsoft Teams unterstützt

FigJam von Figma.com – Whiteboard

Trello.com – Sprints und Aufgaben

Weitere Tools: BrightIdea, Crowdworx, Enobis Ideenmanagement, IdeaDrop, IdeaScale, Innolytics, Viima

## Interagieren

Freemind, Software

Mindmeister, Software und App

BrainSparker, App

Mindmaple, App

Mindy, App

oflow, App

Triz, App

Scrumlr.io, Web-App

# DANKE

Die Erfahrungen aus zahlreichen Workshops rekapitulieren und aus der zeitlichen Distanz neu bewerten, schreiben, recherchieren, illustrieren ... habe ich allein im ruhigen Homeoffice mit wunderbarer Aussicht gemacht. Aber es gibt ein paar, die mir das so ermöglicht haben – Zeit, Danke zu sagen:

Erstens: der ansonsten ungeduldigsten Person in meinem Universum, meiner Frau Miss Gabrielle, für Verständnis, fürs Zeit- und Raumlassen, Rückenfreihalten und die nachhaltigsten Impulse meines Lebens.
Zweitens: Sören Mohr, kreativer Schnelldenker, Möglichkeiten-Entdecker und Geschäftsführer bei New Communication. Danke, dass ich auch hier einen Teil unserer strategischen Denke ausplaudern durfte. Frederik Bernard, Mastermind hinter »40° Labor für Innovation«, der Prozesse und Businessmodels schon komplett durchdrungen hat, wenn andere erst beginnen zu ahnen, worum es überhaupt geht. Danke für taktische Blitzdiskurse, Burst-Mode-Kommunikation und viel gesparte Zeit. Markus Müller, die Seele hinter »Soulworxx« in der Schweiz, für entspannten und gehaltvollen Input und Austausch zu Innovationskultur und Change.
Drittens: Den Teilnehmern der vielen großen und kleinen, analogen und digitalen Workshops, die so oft nichts ahnend als Versuchskaninchen herhielten, wenn ich neue Methoden und Tools an und mit ihnen ausprobiert habe.
Schließlich: Dem mitp-Verlag für das dritte Mal Vertrauen in meine Arbeit, insbesondere meiner Lektorin Katja Völpel für die sehr angenehme und respektvolle Zusammenarbeit.

# INDEX

## E



## F



## G

## H



## I



## J



## K



## L

## M



## N



## O



## P